21 世纪全国高职高专土建系列技能型规划教材

建筑工程测量

主　编　王金玲　周无极
副主编　郭兆军　刘　娟　李　强
　　　　吴学麟　付必涛
主　审　曾致远

内 容 简 介

本书是高职高专土建系列技能型规划教材，共 13 章。全书主要分为三大部分：测量学的基本理论、地形测量和施工测量。第一部分包括第 1~6 章，主要介绍测量学的基本理论、测量常规仪器的使用、测量的基本工作及测量误差的基本知识；第二部分包括第 7~9 章，主要介绍小地区控制测量、大比例尺地形图的测绘和地形图的应用；第三部分包括第 10~12 章，主要介绍施工测量的基本工作、工业与民用建筑测量以及线路测量。本书在第 13 章对测绘新技术 GPS(卫星定位系统)进行了介绍。

本书可作为建筑工程、土木工程、市政工程、环境工程、土地管理、工程管理、工程造价、建筑结构等专业的工程测量教材，也可供测绘工程技术人员参考使用。

图书在版编目(CIP)数据

建筑工程测量/王金玲，周无极主编. —北京：北京大学出版社，2008.5
(21 世纪全国高职高专土建系列技能型规划教材)
ISBN 978-7-301-13578-5

Ⅰ. 建… Ⅱ. ①王… ②周… Ⅲ. 建筑测量—高等学校：技术学校—教材 Ⅳ. TU198

中国版本图书馆 CIP 数据核字(2008)第 045123 号

书　　　名：	建筑工程测量
著作责任者：	王金玲　周无极　主编
责 任 编 辑：	吴　迪
标 准 书 号：	ISBN 978-7-301-13578-5/TU·0048
出　版　者：	北京大学出版社
地　　　址：	北京市海淀区成府路 205 号　100871
网　　　址：	http://www.pup.cn　http://www.pup6.com
电　　　话：	邮购部 62752015　发行部 62750672　编辑部 62750667　出版部 62754962
电 子 邮 箱：	pup_6@163.com
印　刷　者：	北京飞达印刷有限责任公司
发　行　者：	北京大学出版社
经　销　者：	新华书店
	787 毫米×1092 毫米　16 开本　16 印张　363 千字
	2008 年 5 月第 1 版　2013 年 8 月第 4 次印刷
定　　　价：	26.00 元

未经许可，不得以任何方式复制或抄袭本书之部分或全部内容。
版权所有，侵权必究　　举报电话：010-62752024
　　　　　　　　　　　电子邮箱：fd@pup.pku.edu.cn

前　　言

本书是全国高职高专土建系列技能型规划教材，是根据高等职业技术教育的培养目标，围绕高职高专的教学特点进行编写的。为使本教材具有较强的技能性、实用性、通用性和先进性，各院校的参编老师进行了多次的研讨和交流，广泛征求了一些测绘单位和施工单位测量专家的意见，并结合测量规范，力求突出高职高专教育的特点，注重理论与实践相结合，特别强调学生实际动手能力的培养。

本书主要特点如下。

（1）技能性：注重测量基本技能的叙述，概念阐述准确、简明扼要；仪器操作和观测方法步骤的叙述条理清晰、通俗易懂，强调操作的关键点和技巧。

（2）通用性：本书适用于土建大类各专业的测量教学，各个专业可根据专业的性质和特点在教学中合理地进行选择。

（3）实用性：本书按照高职高专教育的培养目标，理论教学以"必需、够用"为度，突出"实用性"，重点介绍实际作业方法、步骤，力求与工程特点密切结合，达到学以致用的目的。

（4）先进性：本书是根据最新的测量规范进行编写的，对传统的测绘内容进行了删减、补充、改进和提高；增添了数字化测图、GPS定位技术等测绘新技术，并突出其原理与特点。

参加本书编写的人员皆是在本专业有多年教学经验的教师和工程实践单位的工程技术人员。本书由湖北水利水电职业技术学院的王金玲和周无极主编，济南铁道职业技术学院的郭兆军、太原大学的刘娟、湖南城建职业技术学院的李强、绵阳职业技术学院的吴学麟、华中科技大学的付必涛担任副主编。参编人员分工如下：王金玲编写第5章、第10章，周无极编写第1章、第9章，郭兆军编写第3章、第12章，刘娟编写第2章、第8章、第11章，吴学麟编写第4章、第7章，付必涛编写第13章，李强编写第6章。全书由王金玲统稿。

本书由华中科技大学曾致远教授主审，在此致谢！

由于编者水平有限，书中难免存在缺点和疏忽，敬请读者批评指正。如发现问题、有待改进或建议，请发电子邮件至 wjlclpc@163.com，在此特表谢意。

编　者
2008年4月

目 录

第1章 测量学的基本知识 …………… 1
  1.1 测量学研究的对象及建筑工程测量的任务 …………… 1
    1.1.1 测量学的概念及研究对象 …………… 1
    1.1.2 测量学的学科分支 ……… 2
    1.1.3 建筑工程测量的任务 …… 2
  1.2 地球的形状和大小 …………… 3
  1.3 地面点位置的确定 …………… 4
    1.3.1 地面点的坐标 …………… 4
    1.3.2 地面点的高程 …………… 8
  1.4 测量工作中用水平面代替水准面的限度 …………… 9
    1.4.1 对水平距离的影响 ……… 9
    1.4.2 对高差的影响 …………… 10
  1.5 测量工作概述 ………………… 11
    1.5.1 测量的基本工作 ………… 11
    1.5.2 测量工作的基本原则 …… 11
  本章小结 …………………………… 12
  思考与练习 ………………………… 13

第2章 水准测量 …………………… 14
  2.1 水准测量原理 ………………… 14
    2.1.1 水准测量的概念 ………… 14
    2.1.2 水准测量的基本原理 …… 15
  2.2 水准测量的仪器和工具 ……… 15
    2.2.1 DS_3型水准仪 …………… 16
    2.2.2 水准尺 …………………… 18
    2.2.3 尺垫 ……………………… 19
  2.3 水准仪的使用 ………………… 19
    2.3.1 水准仪的使用方法 ……… 19
    2.3.2 水准仪使用注意事项 …… 20
  2.4 普通水准测量 ………………… 21
    2.4.1 水准点及水准路线 ……… 21
    2.4.2 普通水准测量的施测 …… 22
    2.4.3 水准测量的检核方法 …… 23
    2.4.4 水准测量的注意事项 …… 24
  2.5 三、四等水准测量 …………… 24
    2.5.1 三、四等水准测量的技术要求 ………………… 24
    2.5.2 三、四等水准测量的施测方法 …………………… 25
    2.5.3 成果计算 ………………… 27
  2.6 水准测量的成果计算 ………… 27
    2.6.1 内业成果计算的方法 …… 27
    2.6.2 算例 ……………………… 28
  2.7 水准仪的检验与校正 ………… 32
    2.7.1 水准仪的轴线及各轴线应满足的几何条件 ……… 32
    2.7.2 水准仪的检验与校正方法 ……………………… 32
  2.8 水准测量的误差分析 ………… 35
    2.8.1 仪器误差 ………………… 35
    2.8.2 观测误差 ………………… 35
    2.8.3 外界条件影响的误差 …… 36
  2.9 自动安平水准仪和电子水准仪简介 …………………… 37
    2.9.1 自动安平水准仪 ………… 37
    2.9.2 电子水准仪 ……………… 38
  本章小结 …………………………… 39
  思考与练习 ………………………… 40

第3章 角度测量 …………………… 43
  3.1 角度测量原理 ………………… 43
    3.1.1 水平角测量原理 ………… 43
    3.1.2 竖直角测量原理 ………… 44
  3.2 角度测量仪器和工具 ………… 44
    3.2.1 DJ6光学经纬仪的构造 … 44

3.2.2 DJ6 光学经纬仪的读数方法 …… 46
3.2.3 测钎、标杆、觇板 …… 48
3.3 DJ6 光学经纬仪的使用 …… 48
  3.3.1 经纬仪的安置 …… 48
  3.3.2 瞄准 …… 50
  3.3.3 读数 …… 50
3.4 水平角的观测 …… 50
  3.4.1 测回法 …… 50
  3.4.2 方向观测法 …… 51
3.5 竖直角的观测 …… 53
  3.5.1 竖直度盘的构造 …… 53
  3.5.2 竖直角计算公式的确定 …… 54
  3.5.3 竖直角的观测、记录与计算 …… 55
  3.5.4 竖盘指标差 …… 55
3.6 经纬仪的检验与校正 …… 56
  3.6.1 经纬仪轴线及应满足的几何条件 …… 56
  3.6.2 经纬仪的检验与校正 …… 57
3.7 角度测量的误差分析 …… 60
  3.7.1 仪器误差 …… 60
  3.7.2 观测误差 …… 61
  3.7.3 外界条件影响 …… 62
3.8 其他经纬仪简介 …… 63
  3.8.1 DJ2 光学经纬仪 …… 63
  3.8.2 电子经纬仪简介 …… 64
  3.8.3 激光经纬仪 …… 65
本章小结 …… 65
思考与练习 …… 66

第 4 章 距离测量 …… 68

4.1 概述 …… 68
4.2 钢尺量距 …… 69
  4.2.1 丈量工具 …… 69
  4.2.2 钢尺量距方法 …… 70
  4.2.3 钢尺量距的误差分析及注意事项 …… 78
4.3 视距测量 …… 79
  4.3.1 视距测量原理 …… 79
  4.3.2 视距测量方法 …… 81
  4.3.3 视距测量误差及注意事项 …… 81
4.4 光电测距 …… 82
  4.4.1 光电测距原理 …… 82
  4.4.2 D3000 系列红外测距仪简介 …… 84
  4.4.3 测量距离的步骤 …… 85
4.5 全站仪简介 …… 86
  4.5.1 全站仪的基本构造 …… 86
  4.5.2 科力达全站仪 KTS－552 简介 …… 87
本章小结 …… 90
思考与练习 …… 90

第 5 章 方向测量 …… 91

5.1 直线定向 …… 91
  5.1.1 标准方向的种类 …… 91
  5.1.2 直线方向的表示方法 …… 92
5.2 坐标方位角的推算 …… 94
  5.2.1 正、反坐标方位角 …… 94
  5.2.2 坐标方位角的推算 …… 94
5.3 坐标计算原理 …… 95
  5.3.1 坐标正算 …… 96
  5.3.2 坐标反算 …… 96
5.4 用罗盘仪测定直线磁方位角 …… 97
本章小结 …… 98
思考与练习 …… 99

第 6 章 测量误差的基本知识 …… 100

6.1 测量误差概述 …… 100
  6.1.1 测量误差的概念 …… 100
  6.1.2 测量误差的来源 …… 101
  6.1.3 测量误差的分类 …… 101
  6.1.4 偶然误差的特性 …… 102
6.2 衡量精度的指标 …… 103
  6.2.1 中误差 …… 104
  6.2.2 相对中误差 …… 104
  6.2.3 极限误差 …… 105
6.3 误差传播定律及其应用 …… 105

6.3.1 观测值倍数函数的中误差及其应用 …… 105
6.3.2 观测值和或差函数的中误差及其应用 …… 106
6.3.3 观测值线性函数的中误差及其应用 …… 107
6.3.4 观测值一般函数的中误差及其应用 …… 108
6.3.5 应用误差传播定律求观测值函数中误差的计算步骤 …… 109
本章小结 …… 109
思考与练习 …… 109

第7章 小地区控制测量 …… 111

7.1 控制测量概述 …… 111
　7.1.1 平面控制测量 …… 112
　7.1.2 高程控制测量 …… 114
7.2 导线测量 …… 115
　7.2.1 导线测量概述 …… 115
　7.2.2 导线测量的外业工作 …… 116
　7.2.3 导线测量的内业工作 …… 118
7.3 交会定点测量 …… 124
　7.3.1 前方交会 …… 124
　7.3.2 侧方交会 …… 126
　7.3.3 后方交会 …… 126
　7.3.4 测边交会 …… 126
7.4 高程控制测量 …… 127
　7.4.1 三、四等水准测量 …… 127
　7.4.2 三角高程测量 …… 127
本章小结 …… 129
思考与练习 …… 130

第8章 大比例尺地形图的测绘 …… 131

8.1 地形图的基本知识 …… 131
　8.1.1 地形图的比例尺 …… 132
　8.1.2 地形图的分幅与编号 …… 133
8.2 地形图符号及在地形图上的表示方法 …… 134
　8.2.1 地物符号 …… 134

　8.2.2 地貌符号 …… 138
　8.2.3 几种典型地貌的表示方法 …… 139
　8.2.4 等高线的分类 …… 141
　8.2.5 等高线的特性 …… 141
8.3 测图前的准备工作 …… 142
　8.3.1 图纸的选用 …… 142
　8.3.2 绘制坐标方格网 …… 142
　8.3.3 控制点的展绘 …… 144
8.4 经纬仪测图法 …… 144
　8.4.1 作业步骤 …… 144
　8.4.2 碎部点的选择 …… 146
　8.4.3 地物和地貌的勾绘 …… 147
　8.4.4 地形图的拼接、检查与整饰 …… 148
8.5 全站仪测图简介 …… 149
　8.5.1 全站仪数字化测图的优点 …… 149
　8.5.2 全站仪数字化测图中点的表示方法 …… 150
　8.5.3 全站仪数字化测图的作业过程 …… 151
本章小结 …… 151
思考与练习 …… 152

第9章 地形图的应用 …… 154

9.1 地形图应用的基本内容 …… 154
9.2 面积量算 …… 156
9.3 地形图在工程建设中的应用 …… 159
　9.3.1 绘制已知方向的纵断面图 …… 159
　9.3.2 按限制坡度选择最短线路 …… 160
　9.3.3 确定汇水面积 …… 161
　9.3.4 确定水库库容 …… 161
9.4 地形图在平整土地中的应用及土石方估算 …… 162
　9.4.1 将地面平整成水平场地 …… 162

9.4.2 将地面平整为倾斜场地 …… 163
9.5 电子地图应用简介 …… 164
  9.5.1 电子地图应用体系的结构 …… 165
  9.5.2 电子地图应用体系的技术基础 …… 165
本章小结 …… 167
思考与练习 …… 167

第10章 施工测量的基本工作 …… 169

10.1 施工测量概述 …… 169
  10.1.1 施工测量的目的和内容 …… 169
  10.1.2 施工测量的原则 …… 169
  10.1.3 施工测量的精度要求 …… 170
  10.1.4 施工测量的特点 …… 170
10.2 施工测量基本工作 …… 171
  10.2.1 已知水平距离的测设 …… 171
  10.2.2 已知水平角的测设 …… 172
  10.2.3 已知高程的测设 …… 173
10.3 点的平面位置的测设 …… 174
  10.3.1 极坐标法 …… 174
  10.3.2 直角坐标法 …… 176
  10.3.3 角度交会法 …… 176
  10.3.4 距离交会法 …… 177
10.4 已知坡度的测设 …… 177
本章小结 …… 178
思考与练习 …… 179

第11章 工业与民用建筑测量 …… 180

11.1 建筑场地施工控制测量 …… 180
  11.1.1 施工平面控制网的建立 …… 181
  11.1.2 建筑基线的放样 …… 182
  11.1.3 建筑方格网的放样 …… 183
  11.1.4 施工坐标与测图坐标系的换算 …… 184
  11.1.5 施工高程控制网的建立 …… 185
11.2 民用建筑施工测量 …… 185
  11.2.1 施工测量前的准备工作 …… 185
  11.2.2 建筑物的定位与放线 …… 186
  11.2.3 基础施工测量 …… 188
  11.2.4 主体施工测量 …… 189
  11.2.5 高层建筑物的施工测量 …… 190
11.3 工业建筑施工测量 …… 191
  11.3.1 厂房矩形控制网的放样 …… 191
  11.3.2 厂房基础施工测量 …… 192
  11.3.3 厂房构件的安装测量 …… 193
11.4 烟囱、水塔施工测量 …… 196
11.5 房屋建筑物的变形观测 …… 198
  11.5.1 沉降观测 …… 198
  11.5.2 倾斜观测 …… 200
  11.5.3 裂缝观测 …… 201
11.6 竣工测量 …… 202
本章小结 …… 203
思考与练习 …… 204

第12章 线路测量 …… 205

12.1 概述 …… 205
  12.1.1 线路测量的任务和内容 …… 206
  12.1.2 线路测量的基本特点 …… 206
  12.1.3 线路测量的基本过程 …… 206
12.2 中线测量 …… 207
  12.2.1 交点和转点的测设 …… 207
  12.2.2 转向角的测设 …… 209
  12.2.3 中桩的设置 …… 210
12.3 圆曲线测设 …… 210
  12.3.1 圆曲线要素的计算 …… 211

12.3.2 圆曲线主点里程的计算 ……… 212
12.3.3 曲线主点的测设 ……… 212
12.3.4 圆曲线细部点的测设 ……… 212
12.4 线路纵、横断面测量 ……… 216
　12.4.1 线路纵断面测量 ……… 216
　12.4.2 纵断面图的绘制 ……… 216
　12.4.3 线路横断面图测量 ……… 218
　12.4.4 横断面图的绘制 ……… 219
12.5 线路施工测量 ……… 220
　12.5.1 施工控制桩的测设 ……… 220
　12.5.2 路基边桩的测设 ……… 220
12.6 管道施工测量 ……… 222
　12.6.1 地下开挖管道施工测量 ……… 222
　12.6.2 架空管道施工测量 ……… 224
　12.6.3 顶管施工测量 ……… 225
本章小结 ……… 227
思考与练习 ……… 228

第13章 GPS简介 ……… 229

13.1 概述 ……… 229
13.2 GPS组成 ……… 229
　13.2.1 GPS卫星星座 ……… 230
　13.2.2 地面监控系统 ……… 230
　13.2.3 用户接收机 ……… 231
13.3 GPS定位的基本原理 ……… 232
　13.3.1 概述 ……… 232
　13.3.2 伪距测量 ……… 232
　13.3.3 伪距定位方程 ……… 234
　13.3.4 载波相位测量方法 ……… 234
　13.3.5 GPS定位的几个基本概念 ……… 235
13.4 GPS测量主要技术指标 ……… 237
13.5 全球卫星定位系统测量实施 ……… 238
　13.5.1 测前准备 ……… 238
　13.5.2 外业实施 ……… 239
　13.5.3 数据处理 ……… 240
本章小结 ……… 241
思考与练习 ……… 242

参考文献 ……… 243

第 1 章　测量学的基本知识

【教学目标】

了解测量学的研究对象及建筑工程测量的 3 项任务；理解测量工作的基准面和基准线；理解用水平面代替水准面的限度；掌握地面点位的确定方法，包括地面点的坐标和高程的表示方法；掌握测量的基本工作和测量工作的基本原则。

【教学要求】

知识要点	能力要求	相关知识
建筑工程测量的任务	（1）理解测量学的研究对象及概念 （2）了解测量学的学科分支 （3）掌握建筑工程测量的 3 项任务，即地形图测绘、施工放样和变形监测	（1）测量学的概念及研究对象 （2）测量学的学科分支 （3）地物、地貌以及地形图的概念 （4）施工放样的概念 （5）变形监测的目的和作用
测量工作的基准线和基准面	（1）能够理解铅垂线是测量工作的基准线 （2）能够理解大地水准面是测量工作的基准面	（1）地球的形状和大小 （2）水准面及大地水准面 （3）水准面的特性 （4）参考椭球体
地面点位确定	（1）能够根据经、纬度确定地面点的地理坐标 （2）能够建立独立平面直角坐标系 （3）能够计算各投影带中央子午线的经度 （4）能够确定地面点的高程	（1）经度和纬度的概念 （2）测量独立平面直角坐标系 （3）高斯投影 （4）中央子午线经度的计算 （5）高斯平面直角坐标系的建立 （6）绝对高程和相对高程的定义 （7）高差
用水平面代替水准面的限度	（1）能够根据距离确定用水平面代替水准面的距离误差和高差误差 （2）能够理解用水平面代替水准面的限度	（1）水平面代替水准面对距离的影响 （2）水平面代替水准面对高差的影响
测量的基本工作和测量工作的基本原则	（1）能够根据 3 个基本要素确定地面点相对位置关系 （2）能够根据测量工作的基本原则实施测量工作	（1）测量的基本工作 （2）测量工作的基本原则

1.1　测量学研究的对象及建筑工程测量的任务

1.1.1　测量学的概念及研究对象

测量学是研究整个地球的形状和大小以及确定地面点位关系的一门学科。其研究的对象主要是地球和地球表面上的各种物体，包括它们的几何形状及空间位置关系。测量学将地表物体分为地物和地貌。地物是地球表面上各种自然物体和人工建筑物；地貌是指地势高低起伏的形态。地物和地貌总称为地形。

1.1.2　测量学的学科分支

测量学是一门综合学科，测量学按照研究范围、研究对象及其采用的技术手段不同，可分为以下几个学科分支。

1. 大地测量学

大地测量学研究整个地球的形状、大小和外部重力场及其变化、地面点的几何位置，解决大范围的控制测量工作。大地测量学是测量学各分支学科的理论基础，它的主要任务是为测制地形图和工程建设提供基本的平面控制和高程控制。按照测量手段的不同，大地测量学又分为常规大地测量学、空间大地测量学及物理大地测量学等。

2. 普通测量学

普通测量学是研究地球表面一个较小的局部区域的形状和大小。由于地球半径很大，就可以把球面当成平面看待而不考虑地球曲率的影响。地形测量学的主要任务是图根控制网的建立、地形图的测绘及工程的施工测量。

3. 工程测量学

工程测量学是研究工程建设在规划设计、施工和运营管理各个阶段所进行的各种测量工作。工程测量学的主要任务就是这3个阶段所进行的各种测量工作。

工程测量学是一门应用学科，按其研究对象可分为：建筑、水利、铁路、公路、桥梁、隧道、地下、管线（输电线、输油管）、矿山、城市和国防等工程测量。

4. 摄影测量与遥感

摄影测量与遥感技术主要是利用摄影或遥感技术来研究地表形状和大小的科学。其主要任务是将获取地面物体的影像，进行分析处理后建立相应的数字模型或直接绘制成地形图。根据影像获取方式的不同，摄影测量又分为地面摄影测量和航空摄影测量等。

5. 制图学

制图学主要是利用测量所获得的成果资料，研究如何投影编绘成图，以及地图制作的理论、方法和应用等方面的科学。

测量学各分支学科之间相互渗透、相互补充、相辅相成。本课程讲述的主要内容就属于普通测量学和工程测量学的范畴。

1.1.3　建筑工程测量的任务

测量学的任务包括测设和测定两方面。测定是将地球表面上的地物和地貌缩绘成各种比例尺的地形图；测设是将图纸上设计好的建筑物的位置在地面上标定出来，作为施工的依据。

建筑工程测量属于工程测量的范畴，是测量学的一个组成部分。它是研究建筑工程在勘测设计、施工建设和运营管理各阶段所进行的各种测量工作的理论和技术的学科。其任务主要有以下3个方面。

1. 地形图测绘

要进行勘测设计，必须要有设计底图。而该阶段测量工作的任务就是为勘测设计提供地形图，进行地形图测绘，也即测定。地形图测绘是使用各种测量仪器和工具，按一定的测量程序和方法，将地面上局部区域的各种地物和地势的高低起伏形态、大小，按规定的符号及一定的比例尺缩绘在图纸上，供工程建设使用。

2. 施工放样

在工程施工建设之前，测量人员要根据设计和施工技术的要求把建筑物的平面位置和高程在地面上标定出来，作为施工建设的依据，这步工作即为测设。施工放样是联系设计和施工的桥梁，一般来讲，需要较高的精度。

3. 变形监测

在建筑物施工过程中，要进行变形监测，以指导和检查工程的施工，确保施工的质量符合设计的要求；在建筑物建成后的运营管理阶段，也要进行变形监测，对建筑物的稳定性及变化情况进行监督测量，了解其变形规律，以确保建筑物的安全。

总之，在工程建设的勘测、设计、施工和运营管理各个阶段都要进行测量工作，测量工作贯穿于整个工程建设的始终。因此，从事工程建设的工程技术人员，必须掌握工程测量的基本知识和技能。

1.2 地球的形状和大小

1. 地球的形状和大小

地球是一个南北极稍扁，赤道稍长，平均半径约为 6371km 的椭球。测量工作是在地球表面进行的，地球自然表面有高山、丘陵、平原、盆地及海洋等，呈复杂的起伏形态，是一个不规则的曲面。地表上最高的珠穆朗玛峰高达 8844.43m（这个数据是 2005 年 10 月 9 日国家测绘局公布的最新测量数据，高程测量精度为 ±0.21m，峰顶冰雪深度为 3.50m）。最深的马里亚纳海沟深达 11022m。地表的高低起伏约 20km。虽然如此，但与地球的半径 6371km 比较起来仍是可以忽略不计的。通过长期的测绘工作和科学调查，了解到地球表面上海洋面积约占 71%，陆地面积约占 29%，因此，可以认为地球的形状是被海水所包围的球体。

2. 测量工作基准面和基准线

在地面上进行测量工作应掌握重力、铅垂线、水准面、大地水准面、参考椭球面的概念和关系。

由于地球的自转运动，地球上任一点都要受到离心力和地球引力的双重作用，这两个力的合力称为重力。重力的方向线称为铅垂线，铅垂线是测量工作的基准线。设想一个静止的海水面向陆地延伸通过大陆和岛屿形成一个包围地球的闭合的曲面，这个曲面就称为水准面。水准面是一个处处与铅垂线垂直的连续曲面，由于海水受潮汐的影响，海水面有高有低，所以水准面有无数个，其中与平均海水面相吻合的水准面，称为大地水准面，如图

1.1 所示。大地水准面是测量工作的基准面。大地水准面所包围的地球形体称为大地体。

用大地水准面代表地球表面的形状和大小是恰当的,但由于地球内部质量分布不均匀,引起铅垂线的方向产生不规则的变化,致使大地水准面成为一个复杂的曲面,如图 1.1 所示。如果将地球表面上的图形投影到这个复杂的曲面上,是无法进行测量工作的,为此选用一个非常接近大地水准面,并可用数学式表达的规则几何形体来作为地球的参考和大小,这个旋转椭球体称为参考椭球体。

参考椭球体是由一椭圆绕其短半轴旋转而成的椭球体,如图 1.2 所示。椭圆的长半径 a、短半径 b、扁率 $\alpha\left(\alpha=\dfrac{a-b}{a}\right)$ 是决定旋转椭球体的形状和大小的元素。目前,我国采用国际大地测量协会 IAG-75 参数:$a=6378140\mathrm{m}$,$\alpha=1:298.257$,推算值 $b=6356755.288\mathrm{m}$。

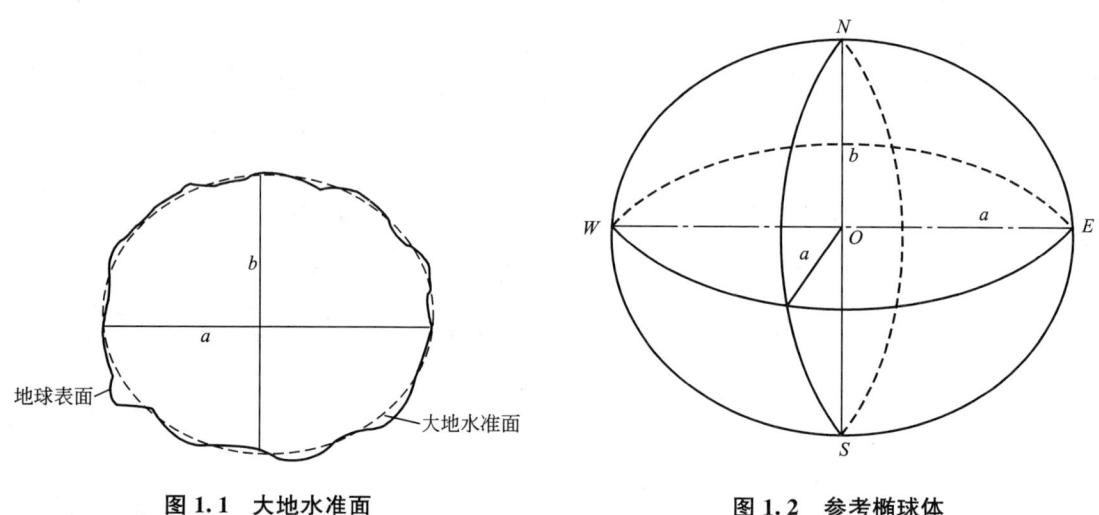

图 1.1　大地水准面　　　　　　　图 1.2　参考椭球体

采用参考椭球体定位得到的坐标系为国家大地坐标系。我国大地坐标系的原点在陕西省泾阳县永乐镇。由于地球椭球体的扁率很小,当测区面积不大时,可将地球近似地当作半径为 6371km 圆球。

1.3　地面点位置的确定

测量工作的基本任务是确定地面点的空间位置。确定地面点的空间位置需要 3 个要素,通常是确定地面点在基准面(参考椭球面)上的投影位置,即地面点的坐标;以及地面点到基准面(大地水准面)的铅垂距离,即高程。

1.3.1　地面点的坐标

在测量工作中,地面点的坐标通常有下面几种表示方法。

1. 地理坐标

地理坐标是在大区域内确定地面点的位置,以球面坐标来表示点的坐标。用经度和纬度表示地面点在旋转椭球面上的位置。如图 1.3 所示，NS 为椭球的旋转轴，N 表示北极，S 表示南极。通过椭球旋转轴的平面为子午面，其中通过英国格林尼治天文台的子午面称为起始子午面。自起始子午面起，向东 0°～180°称为东经，向西 0°～180°称为西经。通过椭球中心且与椭球旋转轴正交的平面称为赤道。从赤道起向北 0°～90°称为北纬，向南 0°～90°称为南纬。我国地处北半球，各地的纬度都是北纬。图中 M 点的地理坐标为东经 115°30′，北纬 46°20′。

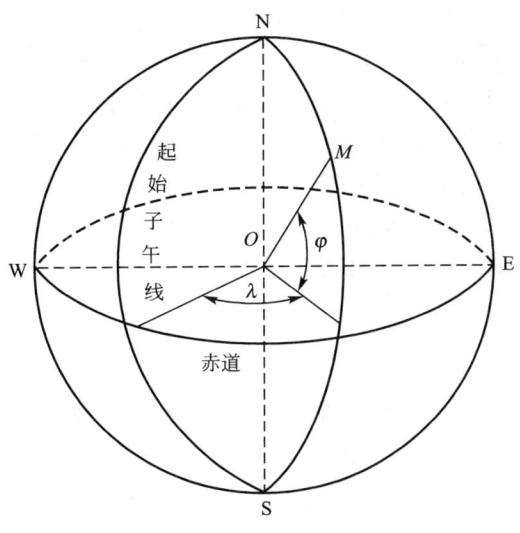

图 1.3 地理坐标

2. 独立平面直角坐标

在小区域进行测量工作，可以将该测区内大地水准面当平面，即直接将地面点沿铅垂线投影到水平面上，如图 1.4 所示。测量中所用的平面直角坐标与数学中的笛卡儿平面直角坐标基本相同。如图 1.5 所示，原点一般选在测区西南以外，将坐标系的 x 轴选在测区西边，将 y 轴选在测区南边，使测区内部点坐标均为正值，以便计算。纵轴为 x 轴，与南

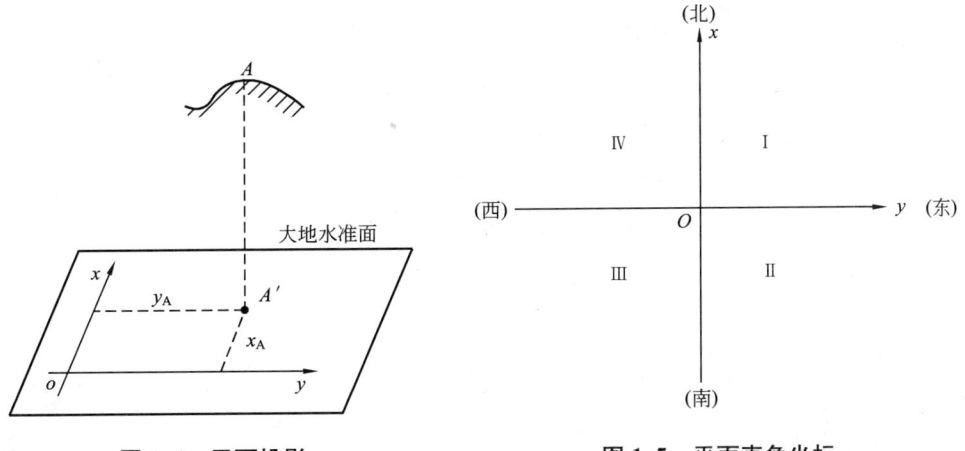

图 1.4 平面投影　　　　　　图 1.5 平面直角坐标

北方向一致,向北为正,向南为负;横轴为 y 轴,与东西方向一致,向东为正,向西为负。这是由于测量工作中表示方向时是以北方向为标准按顺时针方向计算的角度。此外,为了使平面三角教学公式都可以在测量计算中应用,象限按顺时针方向编号。

3. 高斯平面直角坐标

当测区范围较大时,不能用水平面代替球面,应将地面点投影到椭球面上,所以必须按适当的投影方法,建立统一的平面直角坐标系。

投影的方法很多,我国现采用的是高斯-克吕格投影方法。它是由德国测量学家高斯于 1825 年至 1830 年首先提出的,到 1912 年由德国测量学家克吕格推导出实用的坐标投影公式。

高斯投影的方法如图 1.6 所示,将地球视为一个圆球,设想用一个横圆柱体套在地球外面,并使横圆柱的轴心通过地球的中心,横圆柱的中心轴通过地球中心并与地轴 NS 垂直。让圆柱面与圆球面上的某一子午线(该子午线称为中央子午线)相切,然后按照一定的数学法则,将中央子午线东西两侧球面上的图形投影到圆柱面上,再将横圆柱面沿过南、北极点的母线剪开,展成平面,即可得投影面到平面上的图形,构成了高斯平面直角坐标系,如图 1.7 所示。

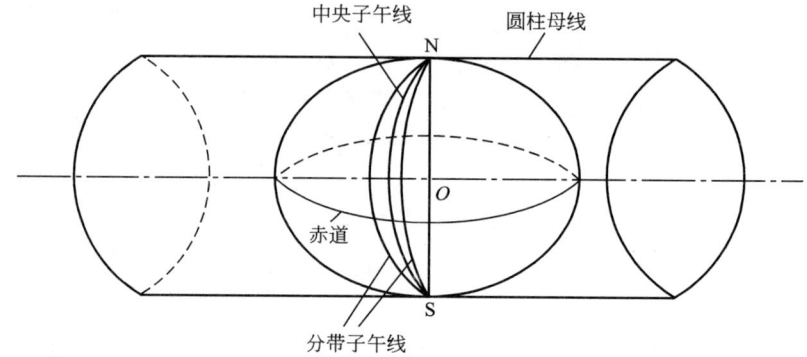

图 1.6 高斯投影原理

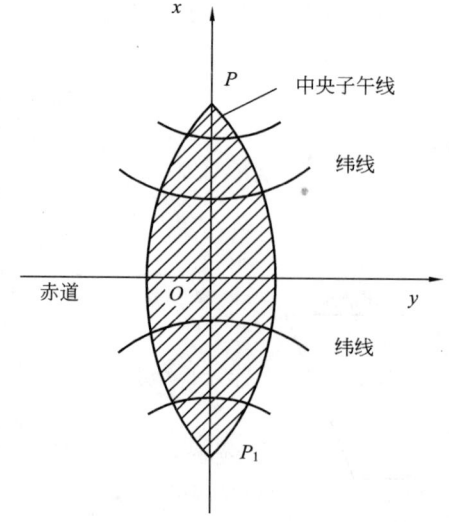

图 1.7 高斯投影面

1) 高斯投影的分带

为了使变形限制在允许范围内,高斯投影按一定经差将地球椭球面划分成若干投影带,投影带的宽度以相邻两个子午线的经差来划分,带的宽度一般有 6°、3°和 1.5°等几种。

如图 1.8a 所示,6°带是从 0°子午线起每隔经差 6°自西向东分带,将整个地球分成 60 个投影带。用 1~60 顺序编号。

6°带中任意带的中央子午线经度 L 与投影带号 N 的关系为:
$$L=6N-3 \tag{1.1}$$

反之,已知地面任一点的经度 L,要计算该点所在的 6°带编号的公式为:
$$N=\text{Int}\left(\frac{L+3}{6}+0.5\right) \tag{1.2}$$

式中,Int 为取整函数。

如图 1.8b 所示,3°带是在六度带的基础上分成的,它是从东经 1.5°子午线起每隔经差 3°自西向东分带,将整个地球分成 120 个投影带。用 1~120 顺序编号。

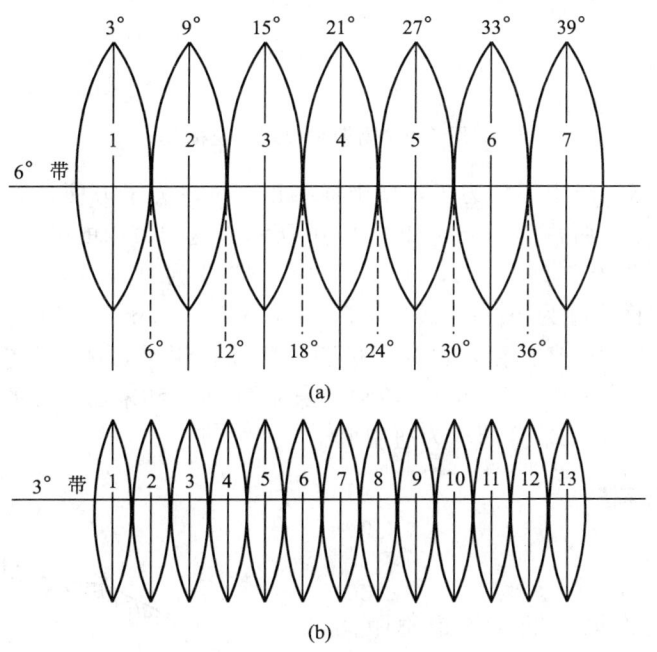

图 1.8 高斯投影分带

3°带中任意带的中央子午线经度 L' 与投影带号 n 的关系为:
$$L'=3n \tag{1.3}$$

反之,已知地面任一点的经度 L',要计算该点所在的 3°带编号的公式为:
$$n=\text{Int}\left(\frac{L'}{3}+0.5\right) \tag{1.4}$$

2) 高斯平面直角坐标系的建立

以分带投影后的中央子午线和赤道的交点 O 为坐标原点,以中央子午线的投影为纵轴

x，向北为正，向南为负；赤道的投影为横轴 y，赤道以东为正，以西为负，建立统一的平面直角坐标系统，如图 1.9a 所示。

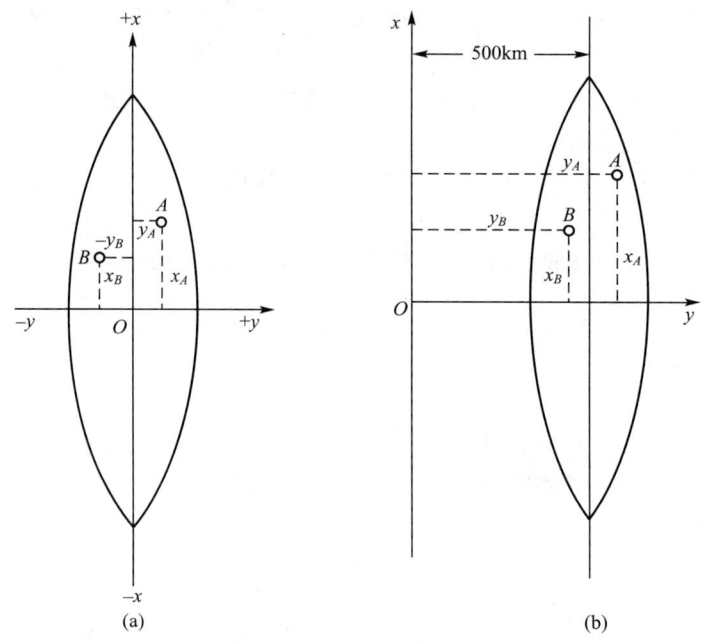

图 1.9 高斯平面直角坐标

我国位于北半球，纵坐标均为正，横坐标有正有负。为了方便计算，避免横坐标出现负值，规定将坐标原点西移 500km，如图 1.9b 所示。这样带内的横坐标值均增加 500km。例如 A 点位于中央子午线为 117°的 6°带内，带号为 18，$x_A = 272552.38$m，$y_A = -294542.23$m，则横坐标为 $y_A = (-294542.24)$m $+ 500000$m $= 205457.76$m。因为不同投影带内的点可能会有相同坐标值，也为了标明其所在投影带，规定在横坐标前冠以带号。则 A 点横坐标为 $y_A = 18205457.76$m。通常将未加 500km 和未加带号的横坐标值称为自然值；将加上 500km 并冠以带号的称为通用值。

1.3.2 地面点的高程

1. 绝对高程

地面上某点到大地水准面的铅垂距离，称为该点的绝对高程，又称海拔。一般用 H 表示，如图 1.10 所示。地面上 A、B 两点的绝对高程分别为 H_A、H_B。由于受海潮、风浪等影响，海水面的高低时刻在变化，我国的高程是以青岛验潮站历年记录的黄海平均海水面为基准，并在青岛建立了国家水准原点。我国最初使用"1956 黄海高程系"，其青岛国家水准原点高程为 72.289m，该高程系统自 1987 年废止并起用"1985 年国家高程基

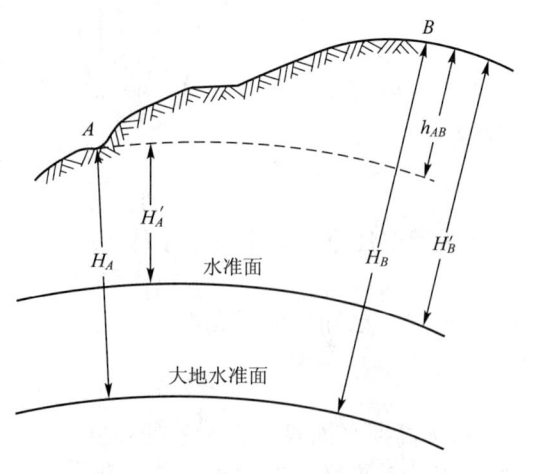

图 1.10 高程和高差示意图

准"，原点高程为 72.260m。在使用测量资料时，一定要注意新旧高程系统以及系统间的正确换算。

2. 相对高程

在局部地区特殊条件下，不需要和国家高程系统联系，也可以采用一个假设水准面为高程起算面。地面上某点到假设水准面的铅垂距离，称为该点的假定高程或相对高程，如图 1.10 中 A、B 两点的相对高程分别为 H'_A、H'_B。

3. 高差

两点的高程之差称为高差，一般用 h 表示。图 1.10 中 A、B 两点的高差为 h_{AB}。地面上两点的高差与高程起算面无关，只与两点的位置有关。

$$h_{AB} = H_B - H_A = H'_B - H'_A \tag{1.5}$$

当 h_{AB} 为正时，B 点高于 A 点；当 h_{AB} 为负时，B 点低于 A 点。

1.4 测量工作中用水平面代替水准面的限度

当测区范围较小时，可将大地水准面近似当作水平面看待，从而使绘图和计算工作大为简化。那么，什么范围内才允许用水平面代替水准面？下面就讨论以水平面代替水准面对水平距离和高差的影响，从而明确用水平面可以代替水准面的限度。在分析过程中，将大地水准面近似看成是圆球，半径 $R=6371$km。

1.4.1 对水平距离的影响

如图 1.11 所示，A、B 为地面上两点，它们在大地水准面上的投影为 a、b，弧长为 D，所对的圆心角为 θ。A、B 两点在水平面上的投影为 a'、b'，其距离为 D'，两者之差 ΔD 即为用水平面代替水准面所产生的误差。

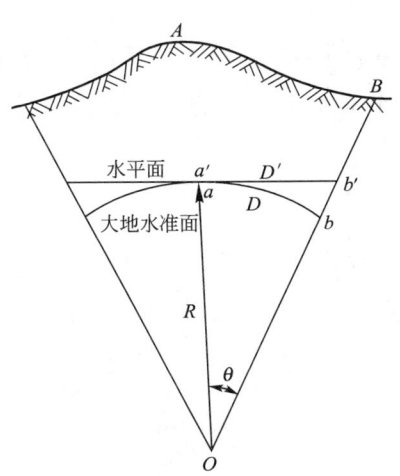

图 1.11 水平面代替水准面的影响

因为 $D' = R\tan\theta$, $D = R\theta$

则有 $\Delta D = R\tan\theta - R\theta = R(\tan\theta - \theta)$

将 $\tan\theta$ 按级数展开，并略去高次项，取前两项得

$$\tan\theta = \theta + \frac{1}{3}\theta^3$$

则
$$\Delta D = \frac{1}{3}R\theta^3 \tag{1.6}$$

以 $\theta = \dfrac{D}{R}$ 代入式(1.6)，得

$$\Delta D = \frac{D^3}{3R^2} \tag{1.7}$$

表示成相对误差为

$$\frac{\Delta D}{D} = \frac{D^2}{3R^2} \tag{1.8}$$

取 $R = 6371\text{km}$，并以不同的 D 值代入式(1.7)和式(1.8)，即可求得用水平面代替水准面的距离误差和相对误差，见表1-1。

表1-1 用水平面代替水准面对距离的影响

距离 D/km	距离误差 ΔD/cm	相对误差 $\Delta D/D$	距离 D/km	距离误差 ΔD/cm	相对误差 $\Delta D/D$
10	0.8	1：1220000	50	102.7	1：49000
25	12.8	1：200000	100	821.2	1：12000

由以上计算可以看出，当距离为10km时，以水平面代替水准面所产生的距离误差为 1：122万，小于目前精密距离测量的容许相对误差 $\dfrac{1}{100\times10^4}$。由此可得出结论：在半径为10km的范围内，地球曲率对水平距离的影响可以忽略不计。对于精度要求较低的测量，还可以扩大到以25km为半径的范围。

1.4.2 对高差的影响

在图1.11中，a、b 两点在同一水准面上，其高差 $h_{ab} = 0$。a'、b' 两点的高差 $h_{a'b'} = \Delta h$，则 Δh 就是 h_{ab} 与 $h_{a'b'}$ 的差，即 Δh 为水平面代替水准面所产生的高差误差。

$$(R + \Delta h)^2 = R^2 + D'^2$$

化简得
$$\Delta h = \frac{D'^2}{2R + \Delta h} \tag{1.9}$$

式(1.9)中，可用 D 代替 D'，同时 Δh 与 $2R$ 相比可略去不计，故上式可写为：

$$\Delta h = \frac{D^2}{2R} \tag{1.10}$$

以不同距离 D 代入式(1.10)，即得相应的高差误差值，列于表 1-2 中。

表 1-2 用水平面代替水准面对高差的影响

D/m	100	200	500	1000
Δh/mm	0.8	3.1	19.6	78.5

由表 1.2 可知，当距离为 100m 时，高差误差接近 1mm，这对高程测量来说影响很大，所以在进行高程测量时，必须考虑地球曲率对高程的影响。

1.5 测量工作概述

1.5.1 测量的基本工作

在测量工作中，地面点的空间位置用坐标和高程来表示，但坐标和高程通常不是直接测定的，而是通过测出待定点与已知点之间的几何关系，观测其他要素后计算得出的。如图 1.12 所示，设地面点 A 的坐标和高程已知，要确定 B 点的位置，需要确定在水平面上 B 点到 A 点的水平距离 D_{AB} 和 B 点位于 A 点的方位。图上 ab 的方向可以用通过 a 点的指北方向线与 ab 的夹角（水平角）α 表示，有了 D_{AB} 和 α，B 点在图上的平面位置就可以确定。但要进一步确定 B 点的空间位置，除了 B 点的平面位置外，还要知道 A、B 两点的高低关系，即 A、B 两点间的高差 h_{AB}，这样 B 点的空间位置就可以唯一确定了。同理，可以确定 C 点的空间位置。

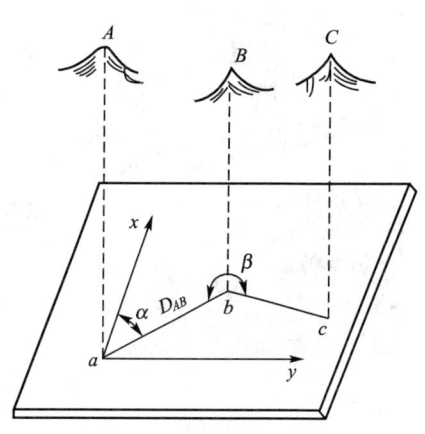

图 1.12 测量的基本要素

由此可知，水平距离、水平角及高差是确定地面点相对位置的 3 个基本几何要素。而角度测量、距离测量和高程测量则是测量的 3 项基本工作。

1.5.2 测量工作的基本原则

测量工作中将地球表面复杂多样的形态分为地物和地貌两大类。要在一个已知点上测绘一个测区所有的地物和地貌是不可能的，只能测量其附近的一定范围，如图 1.13 所示。在测区内选择 A、B、C、D 等一些有控制意义的点（称为控制点），用精确的方法测定这些点的坐标和高程，然后根据这些控制点分区观测，测定其周围的地物和地貌特征点（称为碎部点）的坐标和高程，最后才能拼成一幅完整的地形图。施工放样也是如此。但无论采用何种方法、使用何种仪器进行测量或放样，都会给其成果带来误差。为了防止测量误差的逐渐传递和累积，要求测量工作必须遵循以下原则：

（1）在布局上遵循"从整体到局部"的原则，测量工作必须先进行总体布置，然后再分期、分区、分项实施局部测量工作，而任何局部的测量工作都必须服从全局的工作需要。

(2) 在工作程序上遵循"先控制后碎部"的原则，就是先进行控制测量，测定测区内若干个控制点的平面位置和高程，作为后面测量工作的依据。

(3) 在精度上遵循"从高级到低级"的原则。即先布设高精度的控制点，再逐级发展布设低一级的交会点以及进行碎部测量。

同时，测量工作必须进行严格的检核，"前一步工作未作检核不进行下一步测量工作"是组织测量工作应遵循的又一个原则。

图1.13 地形测图示意图

本 章 小 结

本章介绍了测量学的基本知识，学习本章应掌握以下知识点。

1. 建筑工程测量的三项任务，包括地形图测绘、施工放样和变形监测。地形图的测绘和施工放样在测量程序上是两个相反的过程。地形图测绘是使用测量仪器将地面上的地物和地貌缩绘在图纸上，而施工放样是将图纸上设计好的建筑物的位置在地面上标定出来。

2. 在学习地球的形状和大小的基础之上，掌握测量工作的基准线是铅垂线，测量工作的基准面是大地水准面。

3. 地面点位的确定。地面点的空间位置用坐标和高程表示。地面点的坐标有三种表示方法，即地理坐标、独立平面直角坐标和高斯平面直角坐标。地理坐标是表示点在椭球面的位置，用经度和纬度表示；独立平面直角坐标是在小区域进行测量时把球面的投影面看成是平面，独立平面直角坐标与解析几何中介绍的平面直角坐标基本相同，只是测量中纵轴为 x 轴，横轴为 y 轴，象限按顺时针编号；高斯平面直角坐标是当测区范围较大时，不能把球面的投影面看成平面而采用分带投影的方法进行，投影带主要有6°带和3°带。

地面点的高程是确定地面点位置的基本要素之一，高程又有绝对高程和相对高程之分。我国目前采用"1985国家高程基准"。

4. 用水平面代替水准面的限度。为了使计算和绘图简化，在半径为10km的范围内，地球曲率对水平距离的影响可以忽略不计；但在进行高程测量时，必须考虑地球曲率对高程的影响。

5. 测量的基本工作及测量工作的基本原则。地面点的坐标和高程不是直接测定的，通常通过水平距离测量、水平角测量和高程测量（或高差测量）来确定。因此，水平距离测量、水平角测量和高程测量（或高差测量）是测量的3项基本工作，同时，测量工作必须遵循"由整体到局部，先控制后碎部，由高级到低级，前一步工作未作检验不进行下一步测量工作"的原则。

思考与练习

1. 测量学的研究对象及建筑工程测量的任务是什么？
2. 什么叫水准面？什么叫大地水准面？它们的特性是什么？
3. 什么叫绝对高程（海拔）？什么叫相对高程？什么叫高差？
4. 有哪几种坐标系统表示地面点位？各有什么用途？
5. 测量学中的平面直角坐标系和数学上的平面直角坐标系有何不同？为何这样规定？
6. 已知点 M 位于东经 $118°30'$，计算它所在6°带号和3°带号。
7. 已知在21带中有一点 A，其位于中央子午线以西236458.74m处，试写出该点横坐标的通用值。
8. 对于水平距离和高差而言，在多大的范围内可用水平面代替水准面？
9. 确定地面点的3个基本要素是什么？测量的基本工作有哪些？
10. 测量工作的基本原则是什么？

第 2 章 水 准 测 量

【教学目标】

本章介绍了水准测量的原理、水准仪的构造和使用、水准测量的施测方法及成果检核和计算等内容。通过本章学习，应了解水准测量原理和水准仪的基本构造；掌握 DS_3 型水准仪的使用方法；掌握水准测量的施测方法和内业计算；能够进行 DS_3 型水准仪的检验和校正；了解水准测量的误差和其他水准仪的基本特点。

【教学要求】

知识要点	能力要求	相关知识
水准仪及其使用	（1）认识水准仪的基本构造 （2）掌握 DS_3 型水准仪的粗平、瞄准、精平和读数方法	（1）水准仪的构造 （2）水准尺和尺垫 （3）水准仪的使用
水准测量的外业施测与内业计算	（1）能够进行水准测量的施测 （2）能够完成水准测量数据的记录计算 （3）能够对水准测量的外业测量数据进行内业成果计算	（1）水准测量观测的基本步骤 （2）水准测量数据的记录计算 （3）水准测量的测量校核 （4）水准测量的内业计算
水准仪的检验与校正	（1）了解水准仪轴线应满足的几何条件 （2）掌握圆水准器、十字丝板、水准管轴的检验与校正方法	（1）圆水准器的检验与校正 （2）十字丝横丝的检验与校正 （3）水准管的检验与校正
水准测量的误差与注意事项	（1）了解水准测量误差的主要来源 （2）掌握消除或减少误差的基本措施	（1）仪器误差 （2）观测误差 （3）外界条件的影响

确定地面点高程的测量工作，称为高程测量。高程测量根据所使用的仪器和施测方法不同，分为水准测量、三角高程测量和气压高程测量。水准测量是高程测量中最基本且精度较高的测量方法之一，在国家高程控制测量、工程勘测和施工测量中已被广泛采用。

2.1 水准测量原理

2.1.1 水准测量的概念

水准测量是利用水准仪提供的一条水平视线，对竖立于两观测点上的水准尺进行读数，直接测定地面上两点间的高差，然后根据其中一点的已知高程推算未知点的高程。

2.1.2 水准测量的基本原理

如图 2.1 所示，设已知 A 点的高程为 H_A，欲测定 B 点的高程 H_B，则可在 A、B 两点上分别竖立有刻划的尺子——水准尺，并在 A、B 两点之间安置一台能提供水平视线的仪器——水准仪。根据仪器的水平视线，在 A 点尺上读数，设为 a；在 B 点尺上读数，设为 b；则 A、B 两点间的高差为：

$$h_{AB} = a - b \tag{2.1}$$

则 B 点的高程为：

$$H_B = H_A + h_{AB} \tag{2.2}$$

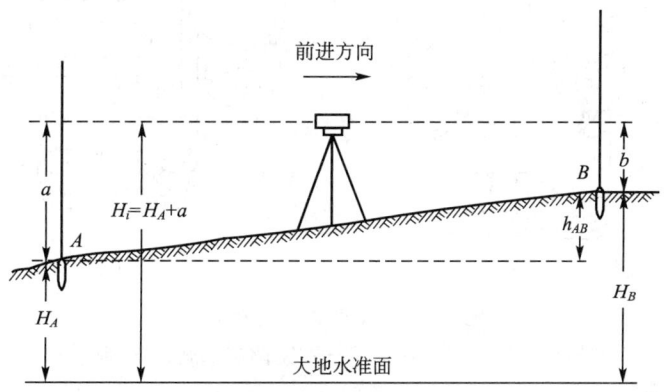

图 2.1 水准测量原理

如果水准测量方向是由已知点 A 到待定点 B 进行的，如图 2.1 所示的箭头，则称 A 点为后视点，A 点尺上读数 a 为后视读数；B 点为前视点，B 点上读数 b 为前视读数。A、B 两点间的高差，等于后视读数减去前视读数。高差有正、有负。当读数 $a > b$ 时，h_{AB} 为正值，说明 B 点高于 A 点；反之，当读数 $a < b$ 时，h_{AB} 为负值，说明 B 点低于 A 点。在计算高程时，高差应连同其符号一并运算。

以上由式(2.2)根据高差推算高程，称为高差法。

还可以通过仪器的视线高程 H_i 计算 B 点的高程，如图 2.1 所示。

$$\begin{cases} H_i = H_A + a \\ H_B = H_i - b \end{cases} \tag{2.3}$$

由式(2.3)根据视线高程推算高程，称为视线高法。当只需安置一次仪器就能确定若干个地面点高程时，使用视线高法比较方便。

2.2 水准测量的仪器和工具

水准测量所使用的仪器为水准仪，工具为水准尺和尺垫。

水准仪的种类和型号很多。按其精度分，有 $DS_{0.5}$、DS_1、DS_3 和 DS_{10} 等型号。"D"和"S"分别是"大地测量"和"水准仪"的汉语拼音的第一个字母。其下标数字 0.5、1、3 和 10 表示该类仪器的精度，即每千米往、返测高差中数的偶然中误差(毫米数)。数字越小,精度越高。建筑工程测量中一般多使用 DS₃ 型水准仪,使用该仪器进行水准测量,每千米往、返测高差中数的偶然中误差为±3mm。本章着重介绍此种类型的仪器。

2.2.1 DS₃ 型水准仪

在水准测量中,水准仪的主要作用是提供一条水平视线,并能照准水准尺进行读数。如图 2.2 所示为我国生产的 DS₃ 型微倾式水准仪。水准仪主要由望远镜、水准器及基座三部分构成。

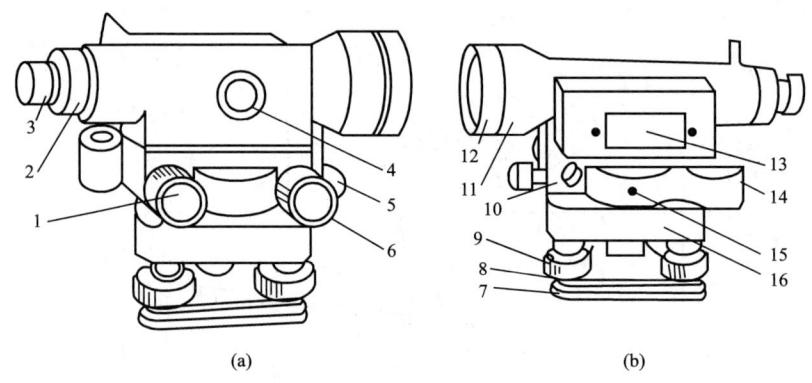

图 2.2 DS₃ 型微倾式水准仪

1—微倾螺旋 2—分划板护罩 3—目镜 4—物镜调焦螺旋 5—制动螺旋 6—微动螺旋
7—底板 8—三角压板 9—脚螺旋 10—弹簧帽 11—望远镜 12—物镜
13—管水准器 14—圆水准器 15—连接小螺钉 16—轴座

1. 望远镜

望远镜是构成水平视线、瞄准目标并对水准尺进行读数的主要部件。如图 2.3 所示是 DS₃ 水准仪望远镜的构造图,主要由物镜、目镜、调焦透镜和十字丝分划板等组成。

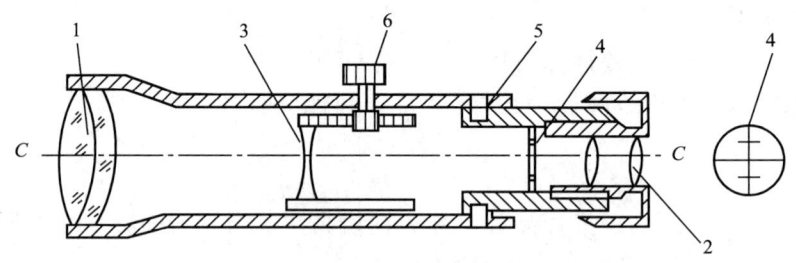

图 2.3 望远镜

1—物镜 2—目镜 3—调焦透镜
4—十字丝分划板 5—连接螺钉 6—调焦螺旋

物镜和目镜多采用复合透镜组。物镜的作用是和调焦透镜一起使远处的目标在十字丝分划板上形成缩小的实像。转动物镜调焦螺旋,可使不同距离目标的成像清晰地落在十字丝分划板上,称为调焦或物镜对光。目镜的作用是将物镜所成的实像与十字丝一起放大成虚像。转动目镜螺旋,可使十字丝影像清晰,即目镜对光。

十字丝分划板是一块刻有分划线的透明薄平板玻璃片。分划板上互相垂直的两条长丝，称为十字丝。竖直的一条称为纵丝，水平的一条称为横丝（又称中丝），与横丝平行的上、下两条对称的短丝称为视距丝，用于测定距离。水准测量时，用十字丝交叉点和中丝瞄准目标并读数。

十字丝与物镜光心的连线，称为望远镜的视准轴（图 2.3 中的 C—C）。水准测量是在视准轴水平时，用十字丝的中丝截取水准尺上的读数。

从望远镜内所看到目标影像的视角 β 与肉眼直接观察该目标的视角 α 之比，称为望远镜的放大率，一般用 V 表示，$V=\beta/\alpha$。DS_3 级水准仪望远镜的放大率一般为 28 倍。

2. 水准器

水准器是用来指示视准轴是否水平或仪器竖轴是否垂直，供操作人员判断水准仪是否置平的重要部件。水准器有圆水准器和管水准器两种。

1）圆水准器

如图 2.4 所示，圆水准器为一密闭的玻璃圆盒。它的顶面内壁为球面，内装有乙醚溶液，密封后留有气泡。球面中心有圆形分划圈，圆圈的中心为圆水准器的零点。通过零点与球面球心的直线称为圆水准轴。当气泡居中时，该轴线处于铅垂位置；气泡偏离零点，轴线呈倾斜状态。气泡中心偏离零点 2mm，轴线所倾斜的角值，称为圆水准器的分划值。DS_3 型水准仪圆水准器分划值一般为 $8'\sim10'$。圆水准器的精度较低，用于仪器的粗略整平。

2）管水准器

管水准器又称水准管，它是一个管状玻璃管，其纵向内壁磨成一定半径的圆弧，管内装有乙醚溶液，加热融封冷却后在管内留有一个气泡（图 2.5）。由于气泡较液体轻，气泡恒处于最高位置。水准管内壁圆弧的中心点（最高点）为水准管的零点。过零点与圆弧相切的切线称水准管轴（图 2.5 中 $L—L$）。当气泡中点处于零点位置时，称气泡居中，这时水准管轴处于水平位置，否则水准管轴处于倾斜位置。水准管的两端各刻有数条间隔 2mm 的分划线，水准管上 2mm 间隔的圆弧所对的圆心角，称为水准管的分划值，用 τ 表示。

$$\tau=\frac{2\rho}{R} \tag{2.4}$$

式中　R——水准管圆弧半径；
　　　ρ——1 弧度相应的秒值，$\rho=206265''$。

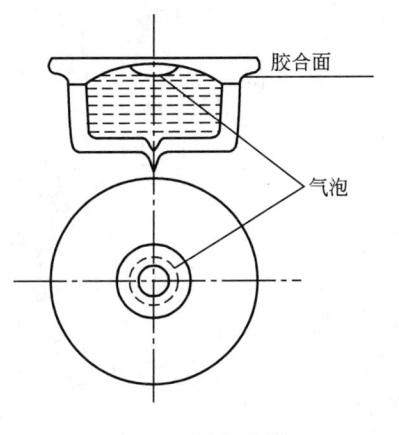

图 2.4　圆水准器

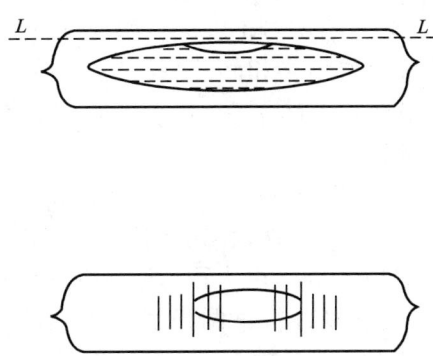

图 2.5　水准管

水准管分划值越小，水准管灵敏度越高。DS_3型水准仪水准管的分划值为$20''$，记作$20''/2mm$。由于水准管的精度较高，因而用于仪器的精确整平。

为了提高水准管气泡居中的精度，DS_3水准仪水准管的上方装有符合棱镜系统，如图2.6a所示。通过棱镜组的反射折光作用，将气泡两端的影像同时反映到望远镜旁的观察窗内。通过观察窗观察，当两端半边气泡的影像符合时，表明气泡居中，如图2.6b所示；若两影像成错开状态，表明气泡不居中，如图2.6c所示，此时应转动微倾螺旋使气泡影像符合。这种装置有棱镜组的水准管，称为符合水准器。

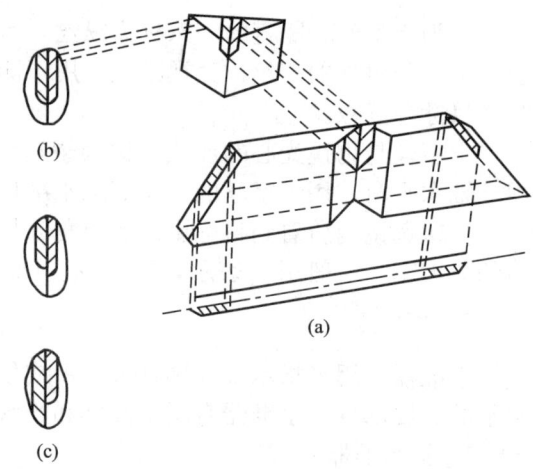

图2.6 符合水准器

3. 基座

基座的作用是支承仪器的上部并与三脚架连接。基座位于仪器下部，主要由轴座、脚螺旋、底板和三角压板构成。仪器上部通过竖轴插入轴座内旋转，由基座承托。脚螺旋用于调节圆水准器气泡的居中。底板通过连接螺旋与三脚架连接。

水准仪除了望远镜、水准器、基座三个主要部件外，还安装有制动螺旋、微动螺旋和微倾螺旋。制动螺旋用于固定仪器，当仪器固定不动时，转动微动螺旋可使望远镜在水平方向做微小转动，用以精确瞄准目标。微倾螺旋可使望远镜在竖直面内微动，圆水准器气泡居中后，转动微倾螺旋使管水准器气泡影像符合，即可利用水平视线读数。

2.2.2 水准尺

水准尺是水准测量时与水准仪配套使用的必备工具。其质量好坏直接影响水准测量的精度。因此，水准尺需用伸缩性小、不易变形的优质材料制成，如优质木材、玻璃钢、铝合金等。常用的水准尺有塔尺和双面尺两种，如图2.7所示。

塔尺(图2.7a)，仅用于等外水准测量。一般由两节或三节套接而成，其长度有3m和5m两种。塔尺可以伸缩，尺的底部为零点。尺上黑白格相间，每格宽度为1cm，有的为0.5cm，每米和分米处皆注有数字。数字有正字和倒字两种。数字上加红点表示米数。

双面尺(图2.7b)多用于三、四等水准测量，其长度为3m，两根尺为一对。尺的两面均有刻划，一面为红白相间称红面尺；另一面为黑白相间，称黑面尺(也称主尺)，两面的刻划均为1cm，并在分米处注字。两根尺的黑面均由零开始；而红面，一根尺由4.687m开始至7.687m，另一根由4.787m开始至7.787m，两根尺红面底数相差0.1m，以供测量检核用。

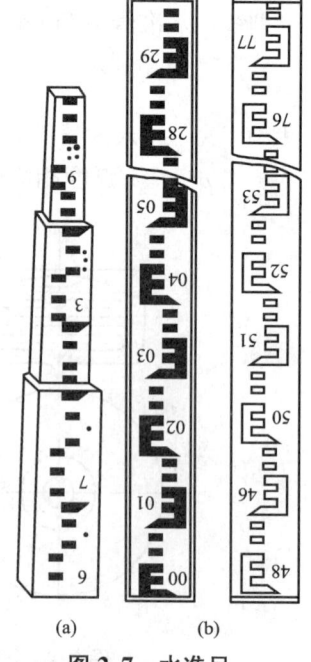

图2.7 水准尺

2.2.3 尺垫

尺垫是在转点处放置水准尺用的。如图2.8所示,尺垫用生铁铸成,一般为三角形,中央有一突起的半球体,下方有三个支脚。使用时将支脚牢固地踩入土中,以防下沉。上方突起的半球形顶点作为竖立水准尺和标志转点之用。

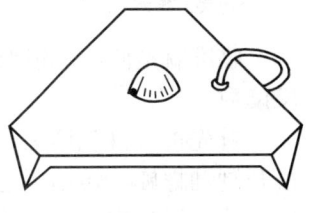

图2.8 尺垫

2.3 水准仪的使用

2.3.1 水准仪的使用方法

水准仪使用的基本程序为安置仪器、粗略整平(简称粗平)、瞄准水准尺、精确整平(简称精平)和读数。

1. 安置仪器

在测站上松开脚架的伸缩螺旋,调节好架腿的长度,再拧紧伸缩螺旋,再张开三脚架并使其高度适中,目估使架头大致水平,检查三脚架是否安置牢固。然后打开仪器箱取出仪器,用连接螺旋将仪器固定在三脚架上。地面松软时,要将三脚架脚尖踏实,并注意使圆水准器的气泡大致居中。

2. 粗略整平

粗平是通过调节仪器的脚螺旋,使圆水准器气泡居中,以达到仪器竖轴大致铅直,视准轴粗略水平的目的,基本方法是:如图2.9a所示,气泡未居中而位于a处,则先按图上箭头所指的方向用两手相对转动脚螺旋①和②,使气泡移动到b的位置,如图2.9b所示。再转动脚螺旋③,则可使气泡居中。在整平的过程中,气泡的移动方向与左手大拇指运动的方向一致。

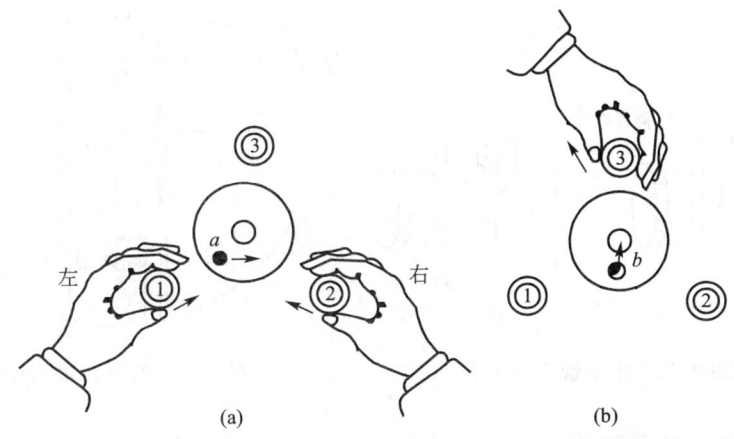

图2.9 圆水准器整平

3. 瞄准水准尺

瞄准就是使望远镜对准水准尺，清晰地看到目标和十字丝成像，以便准确地进行水准尺读数。

首先进行目镜调焦，把望远镜对向明亮的背景，转动目镜调焦螺旋，使十字丝清晰。松开制动螺旋，转动望远镜，利用镜筒上的照门和准星连线对准水准尺，再拧紧制动螺旋。然后转动物镜的调焦螺旋，使水准尺清晰成像。再转动微动螺旋，使十字丝的纵丝对准水准尺像。

瞄准时应注意消除视差。当眼睛在目镜端上下微微移动时，若发现十字丝和水准尺成像有相对移动现象，说明有视差存在。所谓视差，就是当目镜、物镜对光不够精细时，目标的影像不在十字丝平面上（图2.10）以致两者不能被同时看清。视差的存在会影响读数的正确性，必须加以检查并消除。消除视差的方法是仔细地进行目镜调焦和物镜调焦，直至眼睛上下移动时读数不变为止。

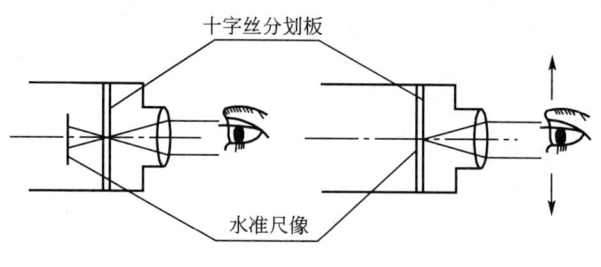

图 2.10 视差原理

4. 精确整平和读数

眼睛通过目镜左方符合气泡观察窗观察水准管气泡，右手缓慢而均匀地转动微倾螺旋，使水准管气泡居中（气泡影像符合），如图 2.11 所示。当符合水准器气泡居中时，表示水准仪的视准轴已精确水平，即可用十字丝横丝在水准尺上读数。

读数时要按由小到大的方向，读取米、分米、厘米、毫米四位数字，最后一位毫米为估读数。如图 2.12 所示，中丝读数为 1.306m，但习惯上不读小数点，只念 1306 四位数，即以毫米为单位。

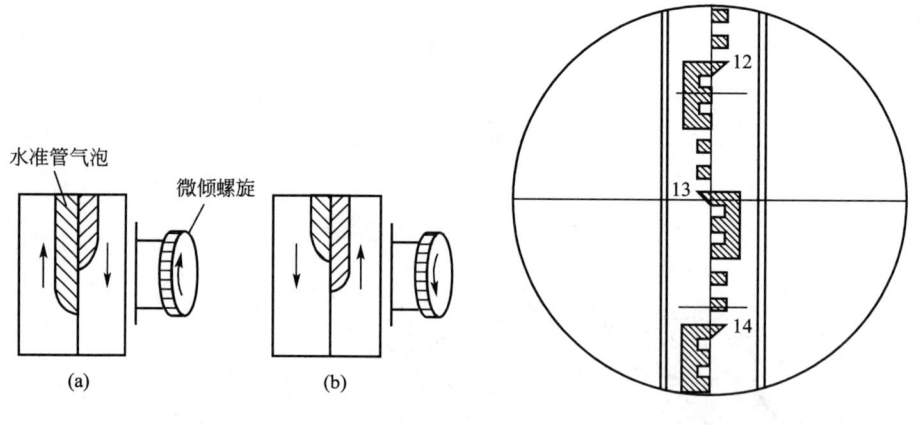

图 2.11 水准管气泡调节　　　　图 2.12 瞄准水准尺读数

2.3.2 水准仪使用注意事项

精平和读数虽是两项不同的操作步骤，但在水准测量过程中，应把两项操作视为一个整体。即精平后立即读数，读数后还要检查水准管气泡是否符合，只有这样，才能取得准确读数，保证水准测量的精度。

2.4 普通水准测量

2.4.1 水准点及水准路线

水准测量的主要目的是测出一系列点的高程。通常称这些点为水准点(Bench Mark)，简记为 BM。

水准点有永久性和临时性两种。国家等级水准点，如图 2.13 所示，一般用石料或钢筋混凝土制成，深埋到地面冻结线以下，在标石的顶面设有不锈钢或其他不易锈蚀的材料制成的半球状标志。半球状标志顶点表示水准点的点位。有的用金属标志埋设于基础稳固的建筑物墙脚下，称为墙上水准点，如图 2.14 所示。

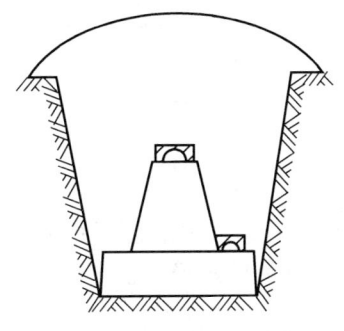

图 2.13 国家级水准点

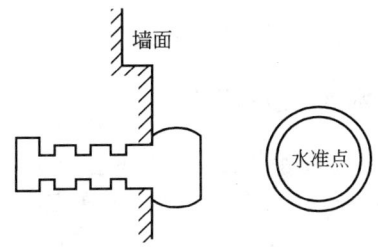

图 2.14 墙上水准点

建筑工地上的永久性水准点一般用混凝土预制而成，顶面嵌入半球形的金属标志(图 2.15a)表示该水准点的点位。临时性的水准点可选在地面突出的坚硬岩石或房屋勒脚、台阶上，用红漆做标记，也可用大木桩打入地下，桩顶上钉一半球形钉子作为标志(图 2.15b)。

在水准测量中，为了避免在观测、记录和计算中发生人为粗差，并保证测量结果能达到一定的精度要求，必须布设某种形式的水准路线，利用一定的条件来检核所测结果的正确性。在一般的工程测量中，水准路线主要有以下三种形式：

1. 闭合水准路线

如图 2.16 所示，从水准点 BM3 出发，沿待定高程点 1、2、3、4 进行水准测量，最

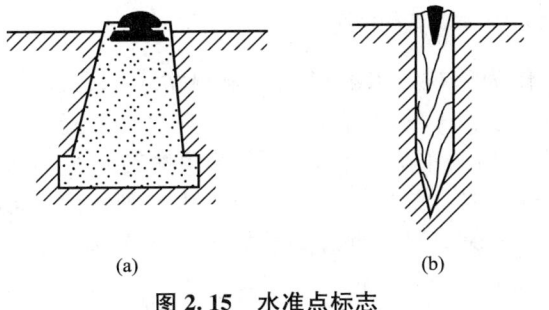

图 2.15 水准点标志

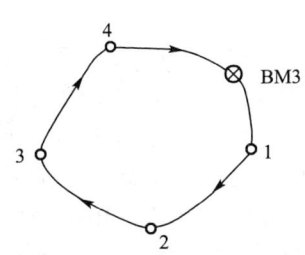

图 2.16 闭合水准路线

后回到原始出发点 BM3 的路线，称为闭合水准路线。从理论上讲，闭合水准路线上各点之间的高差代数和应等于零。

2. 附合水准路线

如图 2.17 所示，从水准点 BM1 出发，沿各个待定高程点 1、2、3 进行水准测量，最后附合到另一水准点 BM2 的路线，称为附合水准路线。从理论上讲，附合水准路线上各点间高差的代数和应等于始、终两个水准点的高程之差。

3. 支水准路线

如图 2.18 所示，从一已知水准点 BM1 出发，沿待定高程点 1、2 进行水准测量，既不闭合又不附合，这种水准路线称为支水准路线。支水准路线要进行往、返观测，以资检核。

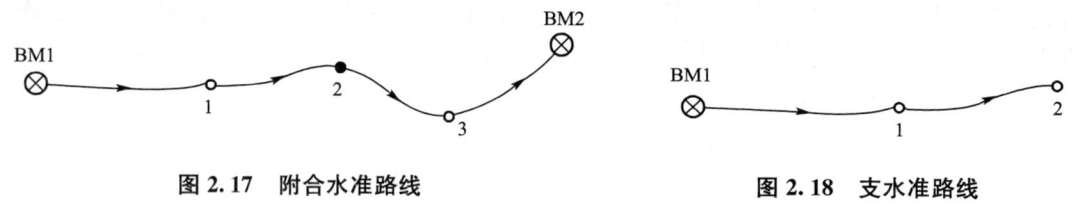

图 2.17　附合水准路线　　　　　图 2.18　支水准路线

2.4.2　普通水准测量的施测

按拟定的水准路线进行水准测量，以图 2.19 为例，介绍水准测量的具体做法。图中 BMA 为已知高程的水准点，TP 为转点，B 为拟测量高程的水准点。

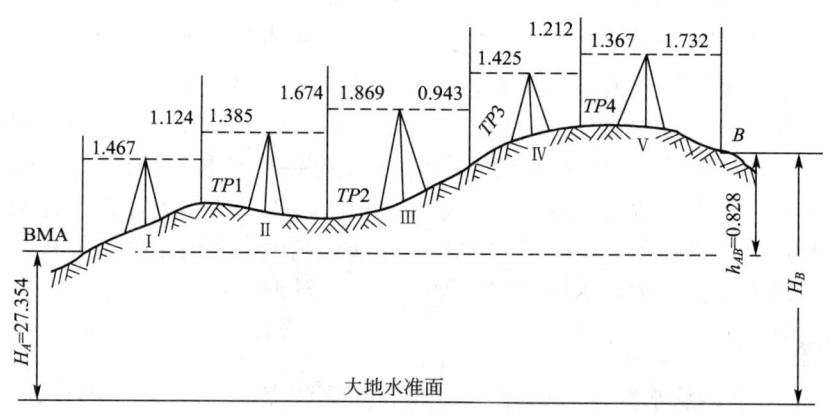

图 2.19　水准测量的施测

将水准尺立于已知高程的水准点上作为后视，水准仪置于施测路线附近合适的位置，在施测路线的前进方向上取仪器至后视大致相等的距离放置尺垫，在尺垫上竖立水准尺作为前视。观测员将仪器用圆水准器粗平之后瞄准后视标尺，用微倾螺旋将水准管气泡居中，用中丝读后视读数至毫米。掉转望远镜瞄准前视标尺，此时，水准管气泡一般将会偏离少许，将气泡居中，用中丝读前视读数。记录员根据观测员的读数在手簿中记下相应的数字，并立即计算高差。以上为第一个测站的全部工作。

第一测站结束之后,记录员招呼后标尺员向前转移,并将仪器迁至第二测站。此时,第一测站的前视点便成为第二测站的后视点。依第一测站相同的工作程序进行第二测站的工作,依次沿水准路线方向施测直至全部路线观测完为止。

观测记录与计算见表 2-1。

表 2-1 水准测量手簿

日期：　　　　　　仪器：　　　　　　观测：
天气：　　　　　　地点：　　　　　　记录：

测站	点号	后视读数(m)	前视读数(m)	高差(m)	高程(m)	备注
1	BMA	1.467		+0.343	27.354	已知
	TP1		1.124			
2	TP1	1.385		−0.289		
	TP2		1.674			
3	TP2	1.869		+0.926		
	TP3		0.943			
4	TP3	1.425		+0.213		
	TP4		1.212			
5	TP4	1.367		−0.365		
	BMB		1.732		28.182	
计算检核		$\sum a$=7.513 −6.685 +0.828	$\sum b$=6.685	$\sum h$=+0.828	28.182 −27.354 +0.828	

对于记录表中每一页所计算的高差和高程要进行计算检核。即后视读数总和减去前视读数总和、高差总和及 B 点高程与 A 点高程之差值,这三个数字应相等。否则,计算有误。例如表 2-1 中：

$$\sum a - \sum b = 7.513 - 6.685 = +0.828 \text{m}$$

$$\sum h = +0.828 \text{m}$$

$$H_B - H_A = 28.182 - 27.354 = +0.828 \text{m}$$

说明计算正确。

2.4.3 水准测量的检核方法

为了保证观测精度,必须进行检核。常用的检核方法有变动仪器高法和双面尺法。

1. 变动仪器高法

变动仪器高法是在同一测站上用两次不同的仪器高度，两次测定高差，即测得第一次高差后，改变仪器高度(大于10cm)，再次测定高差。若两次测得的高差之差不超过容许值(例如等外水准测量容许值为6mm)，则取其平均值作为该测站的观测高差。否则需重测。

2. 双面尺法

双面尺法是在一测站上，仪器高度不变，而立在前视点和后视点上的水准尺分别用黑面和红面各进行一次读数，测得两次高差，相互进行检核。若同一水准尺红面与黑面读数(加常数后)之差，不超过3mm；且两次高差之差，又未超过5mm，则取其平均值作为该测站观测高差。否则，需要检查原因，重新观测。

2.4.4 水准测量的注意事项

(1) 在每次读数之前，应使水准管气泡严格居中，并消除视差。
(2) 应使前、后视距离大致相等。
(3) 在已知高程点和待定高程点上不能放置尺垫。转点用尺垫时，应将水准尺置于尺垫半圆球的顶点上。
(4) 尺垫应踏入土中或置于坚固地面上，在观测过程中不得碰动仪器或尺垫，迁站时应保护前视尺垫不得移动。

2.5 三、四等水准测量

三、四等水准测量常作为小地区测绘地形图和施工测量的高程基本控制。

2.5.1 三、四等水准测量的技术要求

三、四等水准测量的主要技术要求见表2-2和表2-3。

表2-2 水准测量的主要技术要求

等级	水准仪型号	视线长度(m)	前后视距差(m)	前后视距累积差(m)	视线最低高度(m)	黑红面读数差(mm)	黑红面高差之差(mm)
三	DS_1	100	2	5	0.3	1.0	1.5
三	DS_3	75	2	5	0.3	2.0	3.0
四	DS_3	100	3	10	0.2	3.0	5.0
五	DS_3	100	大致相等				
图根	DS_{10}	≤100					

注：当进行三、四等水准观测，采用单面标尺变更仪器高度时，所测两高差，应与黑红面所测高差之差的要求相同。

表 2-3 水准测量技术要求

等级	水准仪型号	水准尺	线路长度(km)	观测次数		每千米高差中误差(mm)	往返较差、附和或环线闭合差	
				与已知点联测	附和或环线		平地(mm)	山地(mm)
三	DS_1	因瓦	≤50	往返各一次	往一次	6	$12\sqrt{L}$	$4\sqrt{n}$
	DS_3	双面						
四	DS_3	双面	≤16	往返各一次	往返各一次	10	$20\sqrt{L}$	$6\sqrt{n}$
五	DS_3	单面		往返各一次	往一次	15	$30\sqrt{L}$	
图根	DS_{10}	单面	≤5	往返各一次	往一次	20	$40\sqrt{L}$	$12\sqrt{n}$

注：1. 结点之间或结点与高级点之间，其路线的长度，不应大于表中规定的0.7倍。
2. L 为往返测段、附合或环线的水准路线长度（单位为 km），n 为测站数。

2.5.2 三、四等水准测量的施测方法

依据使用的水准仪型号及水准尺类型，三、四等水准测量的观测方法有所不同。下面介绍用 DS_3 型水准仪及双面水准尺（简称为双面尺法）在一个测站上的观测步骤：

（1）瞄准后视黑面尺，精平，读取下丝、上丝和中丝读数，记入表 2-4 中（1）、（2）、（3）并计算（9）。

表 2-4 三、四等水准测量手簿

测站	点号	后尺 下丝 上丝 后视距 视距差 d(m)	前尺 下丝 上丝 前视距 累计差 $\sum d$(m)	方向及尺号	水准尺读数 黑面	水准尺读数 红面	K+黑−红	高差中数(m)	备注
		(1)	(4)	后	(3)	(4)	(14)		
		(2)	(5)	前	(6)	(7)	(13)		
		(9)	(10)	后−前	(15)	(16)	(17)	(18)	
		(11)	(12)						
1	BM15-TP1	2.026	2.217	后 105	1.824	6.512	−1		
		1.623	1.799	前 106	2.009	6.798	−2		
		40.3	41.8	后−前	−0.185	−0.286	+1	−0.1855	
		−1.5	−1.5						
2	TP1-TP2	1.806	1.900	后 106	1.533	6.321	−1		
		1.260	1.364	前 105	1.632	6.317	+2		
		54.6	53.6	后−前	−0.099	+0.004	−3	−0.0975	
		+1.0	−0.5						

(续)

测站	点号	后尺 下丝 上丝 后视距 视距差d (m)	前尺 下丝 上丝 前视距 累计差 $\sum d$ (m)	方向及尺号	水准尺读数 黑面	水准尺读数 红面	K+黑-红	高差中数 (m)	备注
3	TP2-TP3	1.965	2.141	后 105	1.832	6.519	0		
		1.700	1.874	前 106	2.007	6.793	+1		
		26.5	26.7	后-前	-0.175	-0.274	-1	-0.1745	
		-0.2	-0.7						
4	TP3-TP4	1.571	0.739	后 106	1.384	6.171	0		
		1.197	0.363	前 105	0.551	5.239	-1		$K_{105}=4.687$
		37.4	37.6	后-前	+0.833	+0.932	+1	+0.8325	$K_{106}=4.787$
		-0.2	-0.9						
5	TP4-BM28	2.752	0.428	后 105	2.654	7.341	0		
		2.556	0.239	前 106	0.339	5.127	-1		
		19.6	18.9	后-前	+2.315	+2.214	+1	+2.3145	
		+0.7	-0.2						
每页检核		$\sum(9)=178.4$ $-)\sum(10)=178.6$ $=-0.2$ $=5站(12)$ 总视距 $\sum(9)+\sum(10)=357.0$	$\sum[(3)+(8)]=42.091$ $-)\sum[(6)+(7)]=36.812$ $=+5.279$		$\sum[(15)+(16)]=+5.279$			$\sum(18)=+2.6895$ $2\sum(18)-0.100=+5.279$	

(2) 瞄准前视黑面尺，精平，读取下丝、上丝和中丝读数，记入表中(4)、(5)、(6)并依次计算(10)、(11)、(12)。

(3) 瞄准前视红面尺，精平，读取中丝读数，记入表中(7)，并计算(13)。

(4) 瞄准后视红面尺，精平，读取中丝读数，记入表中(8)，并计算(14)、(15)、(16)、(17)、(18)。

一个测站上的这种观测顺序简称为"后-前-前-后"(或称黑、黑、红、红)。四等水准测量也可采用"后-后-前-前"(黑、红、黑、红)的顺序。一个测站全部记录、计算与校核完成并合格后方可搬站，否则必须重测。

在每一测站，应进行以下计算与校核工作：

1. 视距计算

视距等于下丝读数与上丝读数的差乘以100。

后视视距(9)=[(1)-(2)]×100

前视视距(10)=[(4)-(5)]×100

视距差等于后视视距与前视视距之差，即(11)=(9)-(10)

视距差累积为各测站视距差的代数和，即(12)＝上站(12)＋本站(11)。

2. 水准尺读数检核

同一水准尺的红、黑面中丝读数之差应等于红、黑面零点差 K（即 4687mm 或 4787mm），检核算式为：(13)＝(6)＋$K_后$－(7)，(14)＝(3)＋$K_前$－(8)。

式中，$K_后$、$K_前$ 分别表示后视尺、前视尺所对应的尺常数。表中(13)、(14)对于三等水准测量不得大于 2mm，对于四等水准测量不得大于 3mm。

3. 高差计算与校核

黑面读数计算高差（简称黑面高差）(15)＝(3)－(6)

红面高差(16)＝(8)－(7)

黑、红面高差之差(17)＝(15)－[(16)±0.1m]

由于后、前两根水准尺的常数之差：$K_后－K_前$＝＋0.1m 或 －0.1m，故黑面高差(15)与红面高差(16)也相差＋0.1m 或 －0.1m，其不符值(17)，对于三等水准测量不得超过 3mm，对于四等水准测量不得超过 5mm。

计算校核(17)＝(14)－(13)

测站平均高差(18)＝$\frac{1}{2}$[(15)＋(16)±0.1]

当 $K_后$＝4687 时，式中取＋0.1m，当 $K_前$＝4787 时，式中取－0.1m。

4. 每页测量记录的计算检核

为了检核计算的正确性，需要对每页记录进行以下计算检核：

视距部分 $\sum(9)-\sum(10)$＝本页末站(12)－前页末站(12)

即后视视距之和与前视视距之和的差等于本页内的视距累积。

本页总视距＝$\sum(9)+\sum(10)$

高差部分 $\sum(15)=\sum(3)-\sum(6)$

$\sum(16)=\sum(4)-\sum(7)$

测站数为偶数：$\sum(18)=\frac{1}{2}[\sum(15)+\sum(16)]$

测站数为奇数：$\sum(18)\pm 0.1m=\frac{1}{2}[\sum(15)+\sum(16)]$

2.5.3 成果计算

三、四等水准测量观测成果的计算与本章 2.6 节介绍的方法相同，水准路线高差闭合差的容许值见表 2-3。

2.6 水准测量的成果计算

2.6.1 内业成果计算的方法

水准测量成果计算时，要先检查外业观测手簿，计算各点间高差。经检核无误，则根据外业观测高差计算闭合差。若闭合差符合规定的精度要求,则调整闭合差,最后计算各点的高程。

不同等级的水准测量,对高差闭合差的限差有不同的规定。等外水准测量的高差闭合差容许值:

$$平地 \quad f_{h容}=\pm 40\sqrt{L}\text{mm} \tag{2.5}$$

$$山地 \quad f_{h容}=\pm 12\sqrt{n}\text{mm} \tag{2.6}$$

式中 L——水准路线长度,以 km 计;
　　　n——测站数。

2.6.2 算例

1. 附合水准路线成果计算

如图 2.20 所示某等外水准测量,A、B 为两个已知水准点,A 点高程为 65.376m,B 点高程为 68.623m,点 1、2、3 为待测水准点,各测段高差、测站数、距离如图 2.20 所示。现以图 2.20 为例,按高程推算顺序将各点号、测站数、测段距离、实际高差及已知高程填入表 2-5 相应栏内。

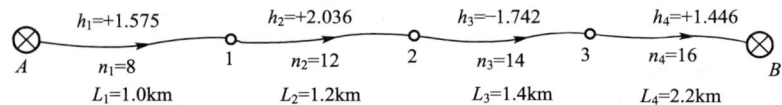

图 2.20 附合水准路线

表 2-5 附合水准测量成果计算表

测段编号	点 名	距离(km)	测站数	实测高差(m)	改正数(m)	改正后的高差(m)	高程(m)	备 注
1	A	1.0	8	+1.575	-0.012	+1.563	65.376	
	1						66.939	
2	1	1.2	12	+2.036	-0.014	+2.022		
	2						68.961	
3	2	1.4	14	-1.742	-0.016	-1.758		
	3						67.203	
4	3	2.2	16	+1.446	-0.026	+1.420		
	B						68.623	
Σ		5.8	50	+3.315	-0.068	+3.247		
辅助计算		$f_h=+68$mm $f_{h容}=\pm 40\sqrt{5.8}$mm$=\pm 96$mm				$\Sigma L=5.8$km $-f_h/\Sigma L=-12$mm		

1) 计算高差闭合差

附合水准路线各测段实测高差总和应与两已知高程之差相等。若不等,其差值为高差闭合差。

即
$$f_h = \sum h_{测} - (H_B - H_A) \tag{2.7}$$

例中　　$f_h = [+3.315 - (68.623 - 65.376)]\text{m} = +0.068\text{m}$

因是平地，闭合差容许值为：

$$f_{h容} = \pm 40\sqrt{L} = \pm 40\sqrt{5.8}\text{mm} = \pm 96\text{mm}$$

因为 $|f_h| < |f_{h容}|$，说明精度符合要求，可以调整闭合差。

2）调整高差闭合差

高差闭合差调整的原则和方法是按其与测段距离（或测站数）成正比例并反符号改正到各相应测段的高差上，得改正后高差，即：

$$\left.\begin{aligned}v_i &= -\frac{f_h}{\sum L}L_i \\ v_i &= -\frac{f_h}{\sum n}n_i\end{aligned}\right\} \tag{2.8}$$

改正后高差　　$h_{i改} = h_{i测} + v_i$

式中　v_i——第 i 测段的高差改正数；

　　　$h_{i改}$——第 i 测段改正后高差；

　　　f_h——高差闭合差；

　　　$\sum L$——路线总长度；

　　　$\sum n$——路线总测站数；

　　　L_i——第 i 测段的长度；

　　　n_i——第 i 测段的测站数。

例中各测段改正数：

$$v_1 = -\frac{0.068}{5.8} \times 1.0\text{km} = -0.012\text{m}$$

$$v_2 = -\frac{0.068}{5.8} \times 1.2\text{km} = -0.014\text{m}$$

$$v_3 = -\frac{0.068}{5.8} \times 1.4\text{km} = -0.016\text{m}$$

$$v_4 = -\frac{0.068}{5.8} \times 2.2\text{km} = -0.026\text{m}$$

将各测段高差改正数分别填入相应改正数栏内，并检核：改正数的总和与所求得的高差闭合差绝对值相等、符号相反，即 $\sum v = -f_h$。

$$\sum v = -f_h = -0.068\text{m}$$

各测段改正后高差为：

$$h_{1改} = h_{1测} + v = (+1.575 - 0.012)\text{m} = +1.563\text{m}$$

$$h_{2改} = h_{2测} + v = (+2.036 - 0.014)\text{m} = +2.022\text{m}$$

$$h_{3改} = h_{3测} + v = (+1.742 - 0.016)\text{m} = -1.785\text{m}$$

$$h_{4改} = h_{4测} + v = (+1.446 - 0.026)\text{m} = +1.420\text{m}$$

将各测段改正后高差分别填入相应栏内,并检核:改正后高差总和应等于两已知高程之差,即 $\sum h_{改} = H_B - H_A = +3.247 \mathrm{m}$。

3) 计算待定点高程

由水准点 BMA 已知高程开始,逐一加各测段改正后高差,即得各待定点高程,并填入相应高程栏内。

$$H_1 = H_A + h_{1改} = (65.376 + 1.563)\mathrm{m} = 66.939\mathrm{m}$$
$$H_2 = H_1 + h_{2改} = (65.939 + 2.022)\mathrm{m} = 68.961\mathrm{m}$$
$$H_3 = H_2 + h_{3改} = (68.961 - 1.758)\mathrm{m} = 67.203\mathrm{m}$$
$$H_{B算} = H_3 + h_{4改} = (67.203 + 1.420)\mathrm{m} = 68.623\mathrm{m}$$

推算的 H_B 应等于该点的已知高程,以此作为计算的检核。

2. 闭合水准路线成果计算

如图 2.21 所示某等外闭合水准路线,水准点 BMA 高程为 44.856m,1、2、3 点为待定高程点。各测段高差及测站数均注于图中。图中箭头表示水准测量进行方向。按高程推算顺序将各点号、测站数、实测高差及已知高程填入表 2-6 相应栏内。

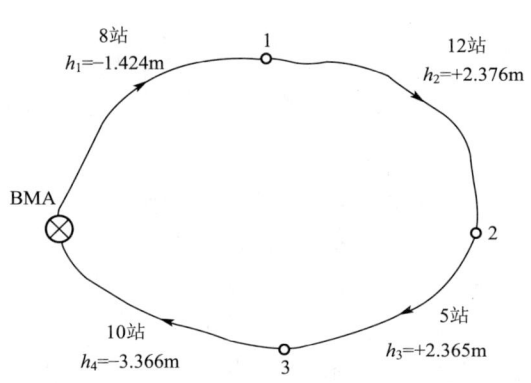

图 2.21 闭合水准路线

表 2-6 闭合水准测量成果计算表

测段编号	点　名	测站数	实测高差(m)	改正数(m)	改正后的高差(m)	高程(m)	备　注
1	BMA	8	−1.424	+0.011	−1.413	44.856	
	1					43.443	
2	1	12	+2.376	+0.017	+2.393		
	2					45.836	
3	2	5	+2.365	+0.007	+2.372		
	3					48.208	
4	3	10	−3.366	+0.014	−3.352		
	BMA					44.856	
∑		35	−0.049	+0.049	0		
辅助计算			$f_h = -49\mathrm{mm}$ $f_{h容} = \pm 12\sqrt{35}\mathrm{mm} = \pm 71\mathrm{mm}$		$\sum n = 35$ $-f_h/\sum n = \pm 1.4\mathrm{mm}$		

1) 计算高差闭合差

闭合水准路线的起点、终点为同一点,因此,路线上各段高差代数和的理论值应为零,即 $\sum h_{理} = 0$。实际上由于各测站观测高差存在误差,致使观测高差总和往往不等于

零,其值为高差闭合差,即:

$$f_h = \sum h_{测} \tag{2.9}$$

例中, $\qquad f_h = \sum h_{测} = -0.049\text{m}$

而 $\qquad f_{h容} = \pm 12\sqrt{n} = \pm 12\sqrt{35}\text{m} = \pm 71\text{mm}$

因为 $|f_h| < |f_{h容}|$,说明精度符合要求,可以调整闭合差。

2) 调整高差闭合差

高差闭合差调整的原则和方法同附合水准路线,各测段改正数为:

$$v_1 = -\frac{f_h}{\sum n} \times n_1 = -\frac{(-0.049)}{35} \times 8\text{m} = +0.011\text{m}$$

$$v_2 = -\frac{f_h}{\sum n} \times n_2 = -\frac{(-0.049)}{35} \times 12\text{m} = +0.017\text{m}$$

$$v_3 = -\frac{f_h}{\sum n} \times n_3 = -\frac{(-0.049)}{35} \times 5\text{m} = +0.007\text{m}$$

$$v_4 = -\frac{f_h}{\sum n} \times n_4 = -\frac{(-0.049)}{35} \times 10\text{m} = +0.014\text{m}$$

检核:$\sum v = -f_h = +0.049\text{m}$。

各测段改正后的高差:

$$h_{1改} = h_{1测} + v = (-1.424 + 0.011)\text{m} = -1.413\text{m}$$
$$h_{2改} = h_{2测} + v = (+2.376 + 0.017)\text{m} = +2.393\text{m}$$
$$h_{3改} = h_{3测} + v = (+2.365 + 0.007)\text{m} = +2.372\text{m}$$
$$h_{4改} = h_{4测} + v = (-3.366 + 0.014)\text{m} = -3.352\text{m}$$

检核:改正后高差总和应等于零,$\sum h_{改} = 0$。

3) 计算待定点高程

用改正后高差,按顺序逐点计算各点的高程,即:

$$H_1 = H_A + h_{1改} = (44.856 - 1.413)\text{m} = 43.443\text{m}$$
$$H_2 = H_1 + h_{2改} = (44.443 + 2.393)\text{m} = 45.836\text{m}$$
$$H_3 = H_2 + h_{3改} = (45.836 + 2.372)\text{m} = 48.208\text{m}$$
$$H_{A算} = H_3 + h_{4改} = (48.208 - 3.352)\text{m} = 44.856\text{m}$$

检核:$H_{A算} = H_{A已知} = 44.856\text{m}$。

3. 支水准路线成果计算

如图 2.22 所示为一支水准路线。支水准路线应进行往、返测。已知水准点 A 的高程为 86.785m,往、返测站共 16 站。

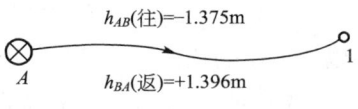

图 2.22 支水准路线

1) 求往、返测高差闭合差

支水准路线往、返两次测得高差应绝对值相等,符号相反,即高差代数和应等于零。若不等于零,其值为高差闭合差。

$$f_h = h_{往} + h_{返} \tag{2.10}$$

例中, $\qquad f_h = (-1.375 + 1.396)\text{m} = +0.021\text{m}$

而 $$f_{h容}=\pm 12\sqrt{n}=\pm 12\sqrt{16}mm=\pm 48mm$$
因为 $|f_h|<|f_{h容}|$，说明符合精度要求，可以调整闭合差。

2) 求改正后高差

支水准路线各测段往、返测高差的平均值即为改正后高差，其符号以往测为准。
$$h_{AB(往)}=\frac{h_{往}-h_{返}}{2}=\frac{-1.375-1.369}{2}m=-1.386m$$

3) 计算待定点高程

待定点 1 的高程为：
$$H_1=H_A+h_{AB(往)}=(86.785-1.386)m=85.399m$$

必须指出，支水准路线起始点的高程抄录错误或该点的位置搞错，其所计算待定点高程也是错误的。因此，应用此法时要注意检查。

2.7 水准仪的检验与校正

2.7.1 水准仪的轴线及各轴线应满足的几何条件

如图 2.23 所示，微倾水准仪有四条轴线，即望远镜的视准轴 CC，水准管轴 LL，圆水准器轴 $L'L'$，仪器的竖轴 VV。各轴线间应满足的几何条件如下：

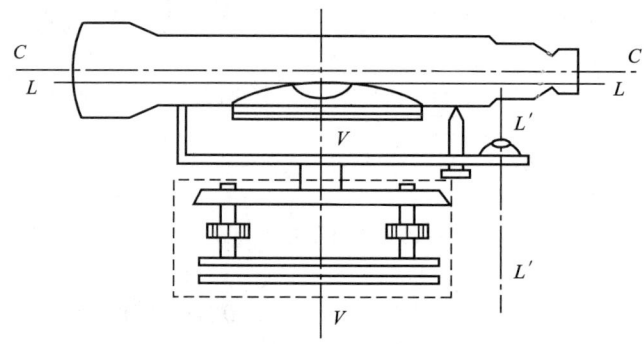

图 2.23 水准仪的主要轴线

(1) 圆水准器轴平行于仪器竖轴，即 $L'L'//VV$。当条件满足时，圆水准器气泡居中，仪器的竖轴处于垂直位置，这样仪器转到任何位置，圆水准器气泡都应居中。

(2) 十字丝横丝垂直于竖轴，即十字丝横丝水平。这样，在水准尺上进行读数时，可以用横丝的任何部位读数。

(3) 水准管轴平行于视准轴，即 $LL//CC$。当此条件满足时，水准管气泡居中，水准管轴水平，视准轴处于水平位置。

2.7.2 水准仪的检验与校正方法

1. 圆水准器的检验与校正

目的：使圆水准器轴平行于竖轴，即 $L'L'//VV$。

检验：转动脚螺旋使圆水准器气泡居中，如图 2.24a 所示，然后将仪器转动 $180°$，这时如果气泡不再居中，而偏离一边，如图 2.24b 所示，说明 $L'L'$ 不平行于 VV，需要校正。

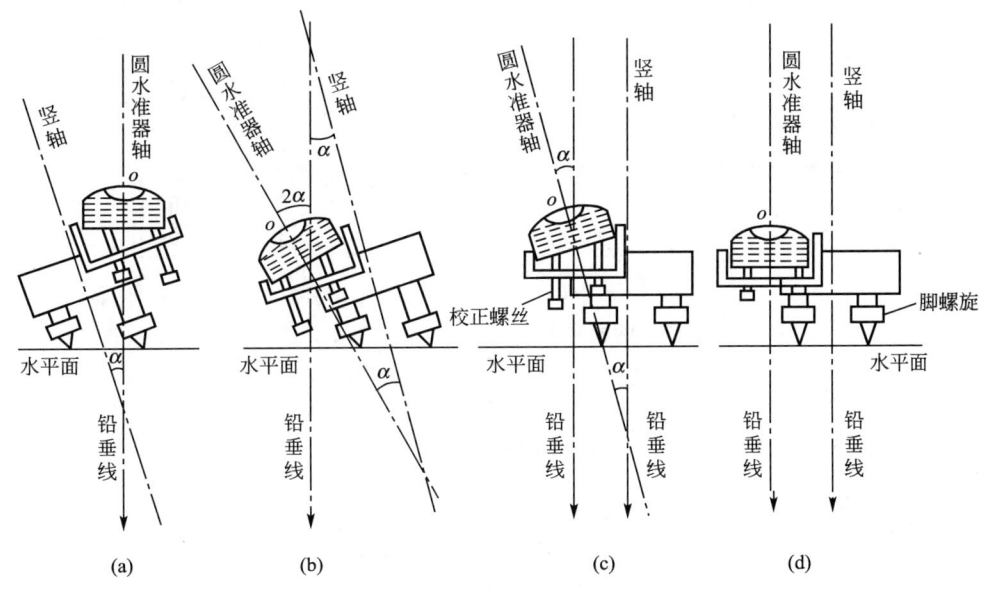

图 2.24 圆水准器的检验与校正

校正：圆水准器校正结构如图 2.25 所示。校正前应先拧松中间的固紧螺钉，然后调整三个校正螺钉，使气泡向居中的位置移动偏离量的一半。然后再用脚螺旋整平，使圆水准器气泡居中。

校正工作一般难以一次完成，需反复检校数次，直到仪器旋转到任何位置气泡都居中为止。

该项检验与校正的原理如图 2.24 所示，假设圆水准器轴 $L'L'$ 不平行于竖轴 VV，二者相交一个 α 角，转动脚螺旋，使圆水准器气泡居中，则圆水准轴处于铅垂位置，而竖轴倾斜了一个 α 角（图 2.24a）；将仪器绕竖轴旋转 $180°$，圆水准轴转到竖轴另一侧，此时圆水准器气泡不

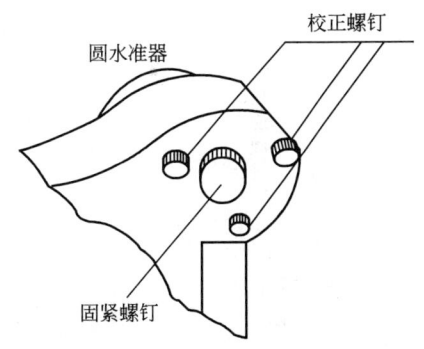

图 2.25 圆水准器装置

居中，因旋转时圆水准轴与竖轴保持 α 角，所以旋转后圆水准轴与铅垂线之间的夹角为 2α 角（图 2.24b），这样气泡也同样偏离与 2α 相对应的一段弧长。校正时，调整校正螺钉，使气泡向居中的位置移动偏离量的一半，这时，圆水准器轴 $L'L'$ 与 VV 平行（图 2.24c）。然后再用脚螺旋整平，使圆水准器气泡居中，竖轴 VV 则处于竖直状态（图 2.24d）。

2. 十字丝横丝的检验与校正

目的：当仪器整平后，十字丝的横丝应水平，即横丝应垂直于竖轴。

检验：整平仪器，在望远镜中用横丝的十字丝中心对准某一标志 P，拧紧制动螺旋，转动微动螺旋。微动时，如果标志始终在横丝上移动，则表明横丝水平。如果标志不在横丝上移动（图 2.26），表明横丝不水平，需要校正。

校正：松开十字丝环的固定螺钉(图 2.27)，按十字丝倾斜方向的反方向微微转动十字丝环座，直至 P 点的移动轨迹与横丝重合，表明横丝水平。校正后应将固定螺钉拧紧。

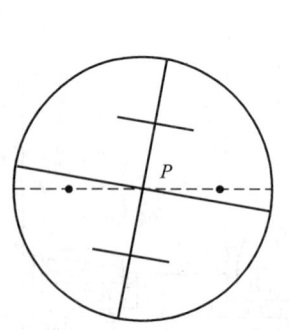

图 2.26　十字丝横丝的检验

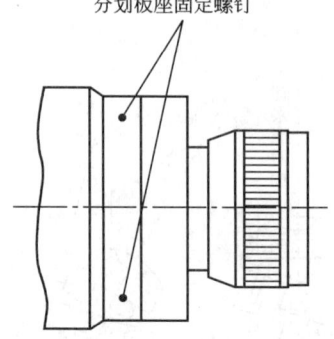

图 2.27　十字丝的校正装置

3. 水准管轴的检验与校正

目的：使水准管轴平行于望远镜的视准轴，即 $LL // CC$。

检验：在平坦的地面上选定相距为 80m 左右的 A、B 两点，各打一大木桩或放尺垫，并在上面立尺，如图 2.28 所示。

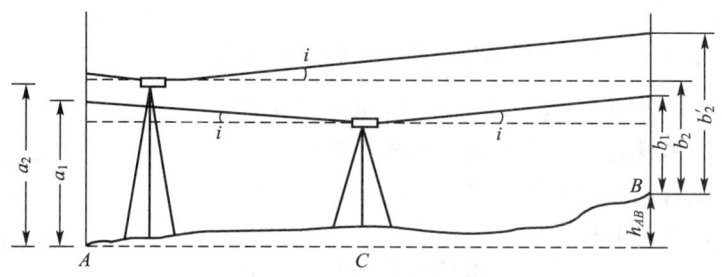

图 2.28　水准管轴的检验

(1) 将水准仪置于与 A、B 等距离的 C 点处，用仪器高法(或双面尺法)测定 A、B 两点间的高差 h_{AB}，设其读数分别为 a_1 和 b_1，则：$h_{AB} = a_1 - b_1$。两次高差之差应小于 3mm 时，取其平均值作为 A、B 间的高差。此时，测出的高差 h_{AB} 值是正确的。因为，假设此时水准仪的视准轴不平行于水准管轴，即倾斜了 i 角，分别引起读数误差 Δa 和 Δb，但因 $BC = AC$，则 $\Delta a = \Delta b = \Delta$，则：

$$h_{AB} = (a_1 - \Delta) - (b_1 - \Delta) = a_1 - b_1$$

这说明无论视准轴与水准管轴平行与否，由于水准仪安置在距水准尺等距离处，测出的是正确高差。

(2) 将仪器搬至距 A 尺(或 B 尺)3m 左右处，精平仪器后，在 A 尺上读数 a_2。因为仪器距 A 尺很近，忽略 i 角的影响，a_2 可认为是水平视线的读数。根据近尺读数 a_2 和高差 h_{AB} 计算出 B 尺上水平视线时应有读数的为：

$$b_2 = a_2 - h_{AB}$$

(3) 调转望远镜照准 B 点上水准尺，精平仪器读取读数。如果实际读出的数 $b_2' = b_2$，说明 $LL // CC$。否则，存在 i 角，其值为：

$$i = \frac{b_2' - b_2}{D_{AB}} \times \rho'' \tag{2.11}$$

式中　D_{AB}——A、B 两点间的距离；
　　　ρ''——$206265''$。

对于 DS_3 水准仪，当 $i > 20''$ 时，则需校正。

校正：转动微倾螺旋，使中丝在 B 尺上的读数从 b_2' 移到 b_2，此时视准轴水平，而水准管气泡不居中。用校正针拨动水准管的上、下校正螺钉，如图 2.29 所示，使符合气泡居中。校正以后，变动仪器高再进行一次检验，直到仪器在 A 端观测并计算出的 i 角值符合要求为止。

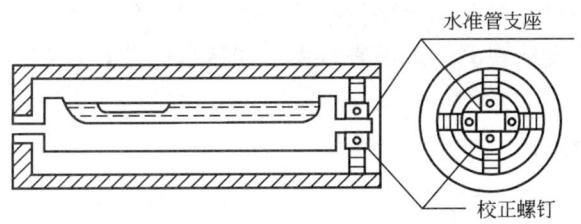

图 2.29　水准管的校正装置

2.8　水准测量的误差分析

水准测量的误差包括仪器误差、观测误差和外界条件影响的误差三个方面。在水准测量作业中，应根据误差产生的原因，采取相应措施，尽量减弱或消除其影响。

2.8.1　仪器误差

1. 仪器校正后的残余误差

在水准测量前虽然经过严格的检验校正，但仍然存在残余误差。而这种误差大多数是系统性的，可以在测量中采取一定的方法加以减弱或消除。例如，水准管轴与视准轴不平行误差，当前、后视距离相等，在计算高差时其偏差值将互相抵消。因此，在作业中，应使前、后视距离尽量相等。

2. 水准尺误差

水准尺分划不准确、尺长变化、尺身弯曲，都会直接影响读数精度。因此，水准尺要经过检验才能使用，不合格的水准尺不能用于测量作业。此外，由于水准尺长期使用而使底端磨损，或由于水准尺使用过程中粘上泥土，这些情况相当于改变了水准尺的零点位置，称水准尺零点误差。对于尺的零点差，可采取在两固定点间设置偶数测站的方法，消除其对高差的影响。

2.8.2　观测误差

1. 水准管气泡居中误差

水准测量时，视线的水平是根据水准管气泡居中来实现的。由于气泡居中存在误差，致使视线偏离水平位置，从而带来读数误差。降低此误差的办法是：每次读数时，使气泡严格居中。

2. 读数误差

在水准尺上估读毫米数的误差，与人眼的分辨能力、望远镜的放大率以及视线长度有关。作业中，应遵循不同等级的水准测量，对望远镜放大率和最大视线长度的规定，以保证估读精度。

3. 视差影响

水准测量时，如果存在视差，十字丝平面与水准尺影像不重合，眼睛的位置不同，读出的数据就会不同，这会给观测结果带来较大的误差。因此，在观测时，应仔细地进行调焦，严格消除视差。

4. 水准尺倾斜的影响

水准尺倾斜将使尺上读数增大。误差大小与在尺上的视线高度以及尺子的倾斜程度有关。为减弱这种误差的影响，扶尺必须认真，使尺既直又稳，有的水准尺上装有圆水准器，扶尺时应使气泡居中。

2.8.3 外界条件影响的误差

1. 仪器下沉

当仪器安置在土质松软的地面时，会产生缓慢下沉现象，由后视转为前视时视线降低，前视读数减小，从而引起高差误差。为减少此项误差的影响，可采用"后、前、前、后"的观测程序。

2. 尺垫下沉

如果转点选在松软的地面，转站时，尺垫发生下沉现象，使下一站后视读数增大，引起高差误差。采用往、返测取中数的办法可减少此项误差的影响。

3. 地球曲率及大气折光的影响

如图 2.30 所示，用水平视线代替大地水准面在水准尺上的读数产生的误差 c：

$$c = \frac{D^2}{2R} \tag{2.12}$$

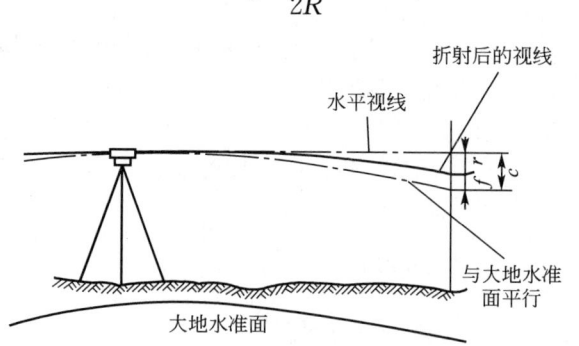

图 2.30 地球曲率及大气折光的影响

式中　D——仪器到水准尺的距离；

　　　R——地球的平均半径，6371km。

实际上，由于大气折光的折射，视线并非水平的，而是一条曲线，曲线的半径大致为地球半径的 6～7 倍，且折射量与距离有关。它对读数产生的影响为：

$$r=\frac{D^2}{2\times 7R} \quad (2.13)$$

地球曲率和大气折光两项影响之和为：

$$f=c-r=0.43\frac{D^2}{R} \quad (2.14)$$

计算测站的高差时，应从后视和前视读数中分别减去 f，方能得出正确的高差，即：

$$h=(a-f_a)-(b-f_b)$$

前、后视距离相等，则 $f_a=f_b$，地球曲率与大气折光的影响在计算高差中被互相抵消。所以，在水准测量中，前、后视距离应尽量相等。

4. 大气温度和风力的影响

大气温度的变化会引起大气折光的变化，以及水准管气泡居中的不稳定。尤其是当强烈阳光直射仪器时，会使仪器各部件因温度的急剧变化而发生变形，水准管气泡会因烈日照射而向着温度高的方向移动，从而产生气泡居中误差。此外，大风可使水准尺竖立不稳，水准仪难以置平。因此，在水准测量时，应随时注意撑伞，以遮挡强烈阳光的照射，并应避免大风天气的观测。

2.9　自动安平水准仪和电子水准仪简介

2.9.1　自动安平水准仪

用普通微倾式水准仪测量时，必须通过转动微倾螺旋使符合气泡居中，获得水平视线后，才能读数，需在调整气泡居中上花费时间，且易造成视疲劳，影响测量精度。而自动安平水准仪利用自动安平补偿器代替水准管，观测时能自动使视准轴置平，获得水平视线读数。这不仅加快了水准测量的速度，而且，对于微小振动、仪器的不规则下沉，风力和温度变化等外界影响所引起的视线微小倾斜，亦可迅速得到调整，使中丝读数仍为水平视线读数，从而提高水准测量的精度。

1. 自动安平原理

自动安平原理如图 2.31 所示，当水准轴水平时，从水准尺 a_0 点通过物镜光心的水平光线将落在十字丝交点 A 处，从而得到正确读数。当视线倾斜一微小的角度 α 时，十字丝交点从 A 移至 A'，从而产生偏距 AA'。为了补偿这段偏距，可在十字丝之前 s 处的光路上，安置一个光学补偿器，水平线经过补偿器偏转 β 角，恰好通过视准轴倾斜时十字丝交点 A' 处，所以补偿器满足下列条件，从而达到补偿的目的：

$$f\alpha=s\beta \quad (2.15)$$

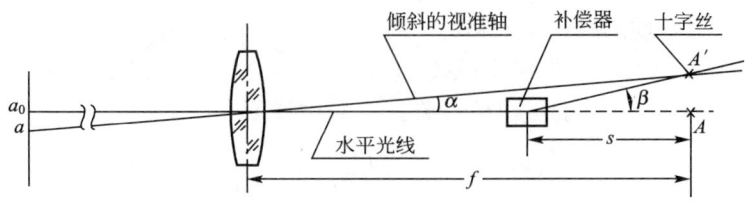

图 2.31 自动安平原理

补偿器的形式很多,如图 2.32 所示是我国生产的 DSZ3 型自动安平水准仪。补偿器采用了悬吊式棱镜装置(图 2.33)。在该仪器的调焦透镜和十字丝分划之间装置一个补偿器,这个补偿器由固定在望远镜筒上的屋脊棱镜以及金属丝悬吊的两块直角棱镜所组成,并与空气阻尼器相连接。

2. 自动安平水准仪使用

使用自动安平水准仪观测时,首先用脚螺旋使圆水准器气泡居中(仪器粗平),然后用望远镜瞄准水准尺,由十字丝中丝在水准尺上读得的数,就是视线水平时的读数。操作步骤比普通微倾式水准仪简化,从而可提高工作效率。此外,自动安平水准仪的下方一般具有水平度盘,用于读取指示不同方向的水平方位。

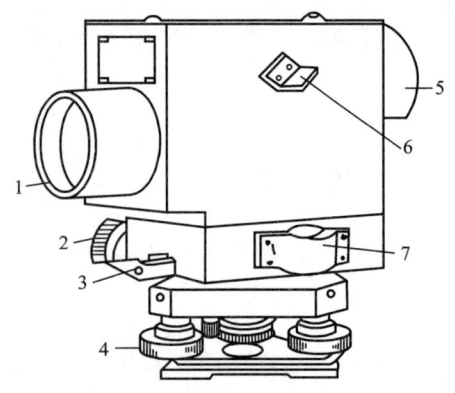

图 2.32 DZS3 型自动安平水准仪
1—物镜 2—水平微动螺旋 3—制动螺旋
4—脚螺旋 5—目镜 6—反光镜
7—圆水准器

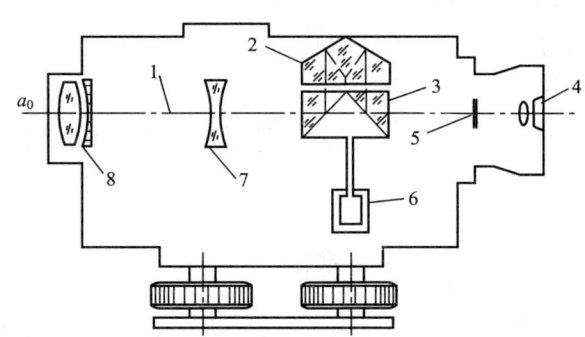

图 2.33 补偿器
1—水平光线 2—固定屋脊棱镜 3—悬吊直角棱镜
4—目镜 5—十字丝分划板 6—空气阻尼器
7—调焦透镜 8—物镜

2.9.2 电子水准仪

电子水准仪是能进行水准测量的数据采集与处理的新一代水准仪。这类仪器采用条纹编码水准尺和电子影像处理原理,用 CCD 行阵传感器代替人的肉眼,将望远镜像面上的标尺显像转换成数字信息,可自动进行读数记录。电子水准仪可视为 CCD 相机、自动安平式水准仪和微处理器的集成。其和条纹编码尺组成地面水准测量系统。

第一台电子水准仪于 1990 年问世。电子水准仪在人工完成安置与粗平、瞄准与调焦后,自动读取中丝读数与视距,数据直接存储在介质上。电子水准仪具有速度快、精确度高、使用方便、劳动强度轻的优点，为水准测量作业的自动化和数字化提供了基础。

电子水准仪数字图像处理的方法有相关法、几何位置测量法和相位法等。下面以相关法为例说明基本原理。

如图2.34所示，与电子水准仪配套使用水准尺的分划是条形编码，整个水准尺的条码信号存储在仪器的微处理器内，作为参考信号。瞄准后，仪器的CCD传感器采集到中丝所瞄准位置的一组条码信号，作为测量信号。运用相关方法对两组信号进行分析、运算，得出中丝读数和视距，在仪器显示屏上直接显示。

瑞士徕卡公司生产的NA3003电子水准仪（图2.35）采用相关法实现编码求值。它与因瓦钢条码配合使用时，测量精度为0.4mm/km，最大视线长度距为60m。

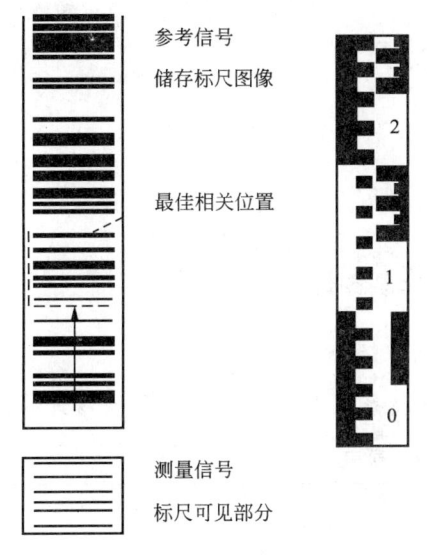

图2.34 条形编码及其原理

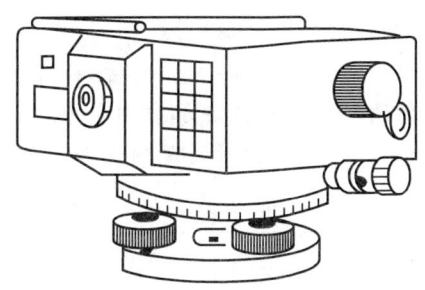

图2.35 电子水准仪

本 章 小 结

水准测量是高程测量中最基本、最精密也是最重要的一种方法，因此本章的内容是本门课程的重点内容之一，本章的知识点如下：

1. 水准测量的原理

水准测量是利用水准仪提供的水平视线在水准尺上读数，直接测定地面上两点间的高差，然后根据已知点高程及测得的高差来推算待定点高程的一种方法。

2. 水准测量的仪器——水准仪

进行水准测量所用的仪器是水准仪，其构造主要有望远镜、水准器和基座三部分组成。水准仪的使用包括仪器安置、粗平、瞄准和调焦、精平、读数几个步骤。在进行水准测量之前，要进行水准仪的检验与校正，其中重点内容是水准管轴平行于视准轴的检验与校正。

3. 水准测量的方法

在外业进行水准测量，重要的是要掌握一测站的观测、记录和计算方法。三、四等水准测量每一测站上都有固定的观测程序，三等水准测量严格按照"后-前-前-后"的观测程序，四等水准测量可以按照"后-前-前-后"或者"后-后-前-前"的观测程序进行。同时，水准测量一般按照一定的水准路线施测，水准路线主要有闭合水准路线、附合水准路线和支水准路线。

3. 水准测量成果的计算

水准测量外业结束后即可进行内业计算，内业计算的目的是合理地调整高差闭合差，计算出未知点的高程。内业计算主要从以下几步进行，即首先计算高差闭合差，并与高差闭合差允许值进行比较，在其符合要求的情况下进行后续计算；按照与测站数（或距离）成正比例反号均分的原则计算高差闭合差的调整值；计算改正后的高差；最后计算出未知点的高程。

思考与练习

1. 试绘图说明水准测量的基本原理。
2. 设 A 点为后视点，B 点为前视点，A 点高程为 87.452m。当后视读数为 1.267m，前视读数为 1.663m 时，问 A、B 两点的高差是多少？并绘图说明。
3. 何谓视准轴和水准管轴？圆水准器和管水准器各起何作用？
4. 何谓视差？如何检查和消除视差？
5. 何谓转点？转点在水准测量中起什么作用？
6. 根据表 2-7 中所列观测资料，计算高差和待求点 B 的高程，并作检核计算。

表 2-7 水准测量记录表

测站	点名	后视读数（m）	前视读数（m）	高差(m)	高程(m)	备注
1	BMA	1.266			78.236	已知
	TP1		1.212			
2	TP1	0.746				
	TP2		1.523			
3	TP2	0.578				
	TP3		1.345			
4	TP3	1.665				
	BMB		2.126			
校核						

7. 调整表2-8中附合水准路线等外水准测量观测成果,并求出1、2、3、4、5点的高程。

表2-8　附合水准测量成果计算表

测段编号	点名	测站数	实测高差（m）	改正数（m）	改正后的高差(m)	高程(m)	备注
1	BMA	7	+4.363			57.967	
	1						
2	1	3	+2.413				
	2						
3	2	4	−3.121				
	3						
4	3	5	+1.263				
	4						
5	4	6	+2.716				
	5						
6	5	8	−3.175				
	BMB					62.479	
∑							
辅助计算							

8. 调整表2-9中闭合水准路线四等水准测量的观测成果,并由已知点BMA的高程计算1、2、3点的高程。

表2-9　闭合水准测量成果计算表

测段编号	点名	测站数	实测高差（m）	改正数（m）	改正后的高差(m)	高程(m)	备注
1	BMA	8	+1.216			79.356	
	1						
2	1	6	−0.362				
	2						
3	2	9	−0.696				
	3						
4	3	7	−0.128				
	BMA						
∑							
辅助计算							

9. DS_3 水准仪有哪些轴线？它们之间应满足什么条件？

10. 为检验水准仪的视准轴是否平行于水准管轴，安置仪器于 A、B 两点中间，测得 A、B 两点间高差为 $-0.315m$；仪器搬至前视点 B 附近时后视读数 $a=1.215m$，前视读数 $b=1.556m$，问：(1)视准轴是否平行于水准管轴？(2)如不平行，说明如何校正。

11. 水准测量中，前、后视距相等可消除或减少哪些误差的影响？

第3章 角度测量

【教学目标】

熟悉角度测量的基本原理；熟悉DJ6光学经纬仪的构造、各部分的名称及使用；掌握水平角和竖直角的测量方法；熟悉经纬仪检验和校正方法；掌握角度测量误差产生的原因及注意事项；了解DJ2经纬仪、激光经纬仪和电子经纬仪的构造和使用。

【教学要求】

知识要点	能力要求	相关知识
水平角测量	（1）能够根据工程情况选择合理的水平角测量方法 （2）能够在测量中采取减小测量误差的有效措施 （3）能够正确计算出所测量的水平角	（1）水平角的测量方法：测回法、方向观测法 （2）经纬仪的构造和基本操作 （3）水平角测量的基本步骤 （4）影响测角误差的因素：仪器误差、观测误差、外界条件影响
竖直角测量	（1）能够根据仪器找出竖直角的计算公式 （2）能够计算出竖盘读数指标差	（1）竖直度盘构造 （2）竖直角测量原理 （3）竖盘读数指标差的计算

3.1 角度测量原理

角度测量是测量的3项基本工作之一，常用的测角仪器是经纬仪，用它可以测量水平角和竖直角。水平角测量用于确定地面点的平面位置，竖直角测量用于确定两点间的高差或将倾斜距离转换成水平距离。

3.1.1 水平角测量原理

水平角是指相交的两条直线在同一水平面上的投影所夹的角度，或指分别过两条直线所做竖直面间所夹的二面角。如图3.1所示，A、O、B为地面上任意三点。O为测站点，A、B为目标点，则从O点观测A、B的水平角为OA、OB两方向线垂直投影$O'A'$、$O'B'$在水平面上所成的$\angle A'O'B'$即(β)，或为过OA、OB的竖直面间的二面角β'。

为了测量水平角值，可在角顶点O的铅垂线上水平放置一个有刻度的圆盘，圆盘上有顺时针方向注记的$0°\sim360°$刻度，圆盘的中心在O点的铅垂线上。此外，应该有一个能瞄目标的望远镜，望远镜不但可以

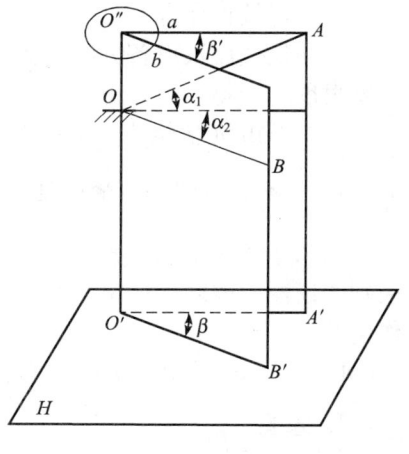

图3.1 角度测量原理

在水平面内转动，而且还应能在竖直面内转动。通过望远镜可分别瞄准高低和远近不同的目标 A 和 B，并可在圆盘得相应的读数 a 和 b，则水平角 β 即为两个读数之差。即：

$$\beta = b - a \tag{3.1}$$

3.1.2 竖直角测量原理

在同一铅垂面内，照准方向线与水平线之间的夹角称为竖直角，又称为倾角或竖角，通常用 α 表示。其角值为 $0°\sim\pm90°$，一般将目标视线在水平线以上的竖直角称为仰角，角值为正，如图 3.1 中的 α_1，目标视线在水平线以下的竖直角称为俯角，角值为负，如图 3.1 中的 α_2。

为了测定竖直角，可在过目标点的铅垂面内装置一个刻度盘，称为竖直度盘或简称竖盘。通过望远镜和读数设备可分别获得目标视线和水平视线的读数，则竖直角 α 即为目标视线读数与水平视线读数之差。

要注意的是，在过 O 点的铅垂线上不同位置设置竖直度盘时，每个位置观测所得的竖直角是不同的。竖直角与水平角一样，其角值也是竖直度盘上两个方向的读数之差，不同的是，这两个方向必有一个是水平方向。经纬仪设计时，将提供这一固定方向，即视线水平时，竖直度盘为 $90°$ 的倍数。在竖直角测量时，只需读目标点一方向值，即可算出竖直角。

3.2 角度测量仪器和工具

经纬仪是角度测量的主要仪器，经纬仪的发展已经历了从游标经纬仪、光学经纬仪直到目前的电子经纬仪等阶段。游标经纬仪由于精度低现在已经不使用了，而电子经纬仪观测角值可自动显示，使用方便。目前，建筑施工测量中最常用的是光学经纬仪。

经纬仪可按精度分成几个等级：DJ07、DJ1、DJ2、DJ6、DJ15 和 DJ60 等型号。其中 D、J 分别是"大地测量"和"经纬仪"的汉语拼音第一个字母，07、1、2、6、15、60 表示该仪器能达到的测量精度，即"一测回方向观测中误差"，单位为秒。"DJ"通常简写为"J"。

经纬仪按性能分又可分为方向经纬仪和复测经纬仪两种。

经纬仪按读数设备分则分为光学经纬仪和电子经纬仪。电子经纬仪作为近代电子技术高度发展的产物之一，正日益受到广泛应用。而目前在建筑测量中使用较多的是光学经纬仪，其中 DJ6 光学经纬仪是在工程中最常用的。

3.2.1 DJ6 光学经纬仪的构造

图 3.2 所示是北京光学仪器厂生产 DJ6 型光学经纬仪。国内外不同的厂家生产的同一级别的仪器，或同一厂家生产的不同的仪器其外形和各螺旋的形状、位置虽不尽相同，但作用基本一致。

DJ6 光学经纬仪一般由基座、水平度盘和照准部三部组成。

1. 基座

经纬仪的基座包括轴座、脚螺旋和连接板。轴座是将仪器竖轴与基座连接固定的部

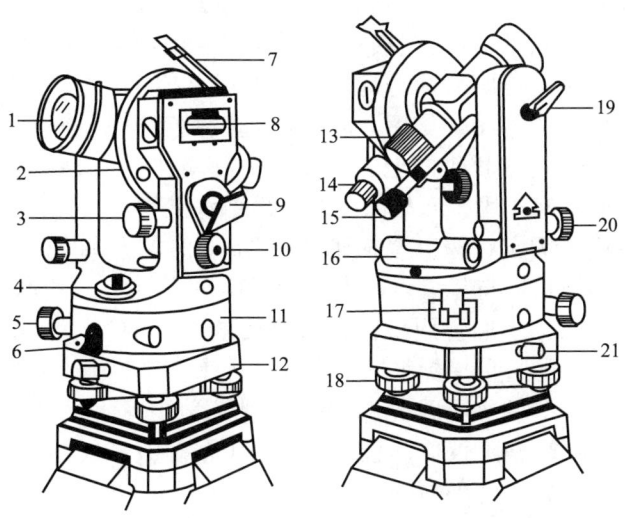

图 3.2 DJ6 型光学经纬仪的构造

1—物镜 2—竖直度盘 3—竖盘指标水准管微动螺旋 4—圆水准器 5—照准部微动螺旋 6—照准部制动螺旋 7—水准管反光镜 8—竖盘指标水准管 9—度盘照明反光镜 10—测微轮 11—水平度盘 12—基座 13—望远镜调焦筒 14—目镜 15—读数显微镜目镜 16—照准部水准管 17—复测扳手 18—脚螺旋 19—望远镜制动螺旋 20—望远镜微动螺旋 21—轴座固定螺旋

件,轴座上有一个固定螺旋,放松这个螺旋,可将经纬仪水平度盘连同照准部从基座中取出,所以平时此螺旋必须拧紧,防止仪器坠落损坏。脚螺旋用来整平仪器。连接板用来将仪器稳固的连接在三脚架上。

2. 水平度盘

光学经纬仪有水平度盘和竖直度盘,都是光学玻璃制成,度盘边缘全圆周刻划 0°～360°,最小间隔有 1°、20″、30″三种。水平度盘装在仪器竖轴上,套在度盘轴套上,通常按顺时针方向注记。在水平角测量过程中,水平度盘不随照准部转动。为了改变水平度盘位置,仪器设有水平度盘转动装置。水平度盘转动装置包括以下两种结构:

对于方向经纬仪,装有度盘变换手轮,在水平角测量中,若需要改变度盘的位置,可利用度盘变换手轮换度盘转到所需要的位置上。为了避免作业中碰动此手轮,特设一护盖,配好度盘后应及时盖好护盖。

对于复测经纬仪,水平度盘与照准部之间的连接由复测器控制。将复测器扳手往下扳,照准部转动时就带动水平度盘一起转动。将复测器扳手往上扳,水平度盘就不随照准部转动。

3. 照准部

照准部是指经纬仪上部可转动部分,主要由望远镜、旋转轴、支架、竖直制动微动螺旋、水平制动微动螺旋、横轴、竖直度盘装置、读数设备、水准器和光学对点器等组成。

望远镜的构造与水准仪基本相同,主要用来照准目标,仅十字丝分划板稍有不同,如图 3.3 所示。照准部的旋转轴即为仪器的纵轴,纵轴插入基座内的纵轴轴套中旋转。照准部在水平方向的转动,由水平制动螺旋和水平微动螺旋来控制。望远镜的旋轴转称为水平轴(也叫横轴),它架于照准部的支架上。放松望远镜制动螺旋后,望远镜绕水平轴在竖直面内自由旋转;旋紧望远镜制动螺旋后,转动望远镜微动螺旋,可使望远镜在竖直面内作微小的上、下转动,制动螺旋放松时,转动微动螺旋不起作用。照准部上有照准部水准管,用以置平仪器。竖直度盘固定在望远镜横轴的一端,随同望远镜一起转动。竖盘读数指标与竖盘指标水准管固连在一起,不随望远镜转动。竖盘指标水准管用于安置竖盘读数指标的正确位置,并借助支架上的竖盘指标水准管微动螺旋来调节。读数设备包括读数显微镜、测微器及光路中一系列光学棱镜和透镜。圆水准器用于粗略整平仪器;管水准器用于精确整平仪器。光学对中器用于调节仪器使水平度盘中心与地面点处于同一铅垂线上。

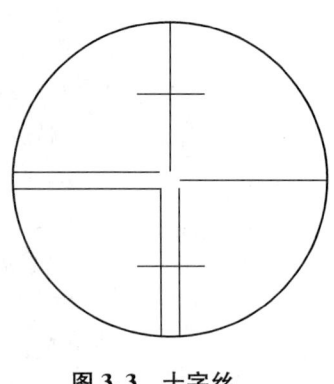

图 3.3　十字丝

3.2.2　DJ6 光学经纬仪的读数方法

光学经纬仪的水平度盘和竖直度盘的度盘分划线通过一系列的棱镜和透镜,成像于望远镜旁的读数显微镜内,观测者通过显微镜镜读取度盘读数。由于度盘尺寸有限,最小分划难以直接到秒。为了实现精密测角,要借助于光学测微技术。不同的测微技术读数方法也不一样,对于 DJ6 光学经纬仪,常用的有分微尺测微器和单平板玻璃测微器两种读数方法。

1. 分微尺测微器及读数方法

分微尺测微器的结构简单,读数方便,具有一定的读数精度,故广泛用于 DJ6 光学经纬仪。从经纬仪的读数显微镜中可以看到两个读数窗,如图 3.4 所示。注有"H"字样的小框是水平度盘分划线及其分微尺的像,注有"V"字样的小框是竖直度盘分划线及其分微尺的像。取度盘上 1°间隔的放大像为单位长,将其分成 60 小格,此时每小格便代表 $1'$,每 10 小格处注上数字,表示 $10'$ 的倍数,以便于读数,这就是分微尺。测量水平角时在水平度盘读数窗读取数值,测量竖直角时应在竖直度盘读数窗读取数值。读数时先看分微尺注记 0 与 6 之间夹了哪一根度数刻划线,这根分划线的注记数就是应读的度数,所以图中所示水平角可首先读出 73°,然后以该度数刻划线为指标,看分微尺注记 0 刻划到已读出的度数刻划之间共有多少格,此即为应读的分数,不足一格的量估读至 $0.1'$,图中所示共 4.5 格,整个读数即为 $73°04.5'$,记为 $73°04'30''$。同样,竖直角读数为 $87°04'30''$。

2. 单平板玻璃测微器及读数方法

单平板玻璃测微器主要由平板玻璃、测微尺、连接机构和测微轮组成。转动测微轮,单平板玻璃与测微尺绕轴同步转动。当平板玻璃底面垂直于光线时,如图 3.5a 所示,读数窗中双指标线的读数是 $149°+a$,测微尺上单指标线读数为 $0'$。转动测

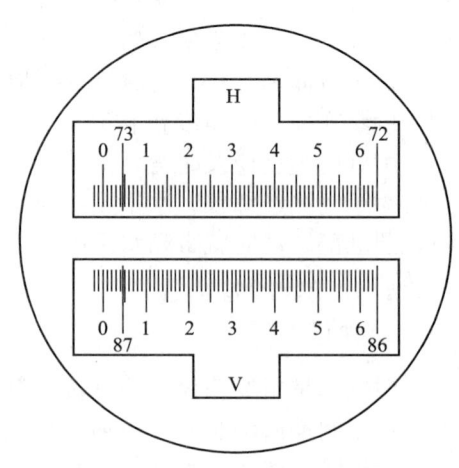

图 3.4　分微尺测微器读数窗

微轮，使平板玻璃倾斜一个角度，光线通过平板玻璃后发生平移，如图3.5b所示，当149°分划线移到正好被夹在双指标线中间时，可以通过测微尺上读出移动a之后的读数为23′00″。

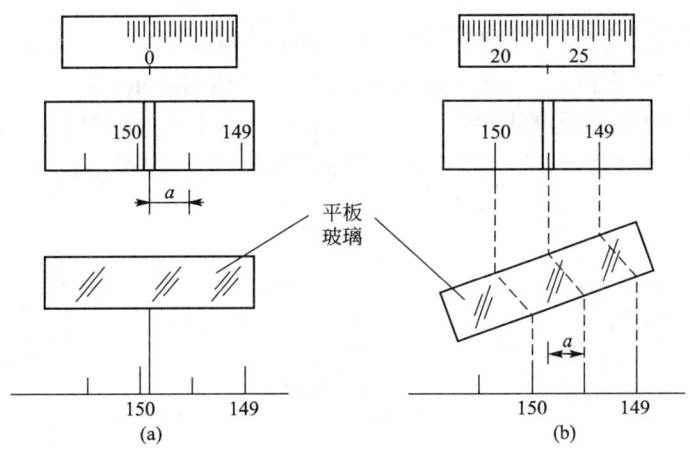

图3.5　单平板玻璃测微器原理

图3.6是这种类型测微器读数装置的度盘和测微分划尺影像。在视场中可看到3个窗口，上面窗口是测微分划像；中间窗口是竖直度盘成像；下面窗口是水平度盘成像。从水平度盘及竖直度盘成像可见，度盘上1°间隔又分刻为2格，所以度盘刻划到30′，度盘窗口中的双线是读数指标线。上面窗口的测微尺共分30大格，每大格又分成3个小格。转动测微轮，度盘分划移动1格（30′）时，测微尺的分划刚好移动30大格，所以分微尺上1大格的格值为1′，1小格的格值则为20″，若估读到1/4格，即可估读到5″。分微尺窗口中的长单线是读数指标线。

当望远镜瞄准目标时，度盘指标线一般不可能正好夹住某个度数线，所以进行水平度盘读数时，先要转动测微轮，使度盘刻划线位于指标双线正中央，读出该刻划的读数，然后在测微尺上以单指标线读出小于度盘格值（30′）的分秒数，一般估读至1/4格，即5″，两读数相加即得度盘完整读数。如图3.6a所示，此时水平度盘读数为125°30′，分微尺指

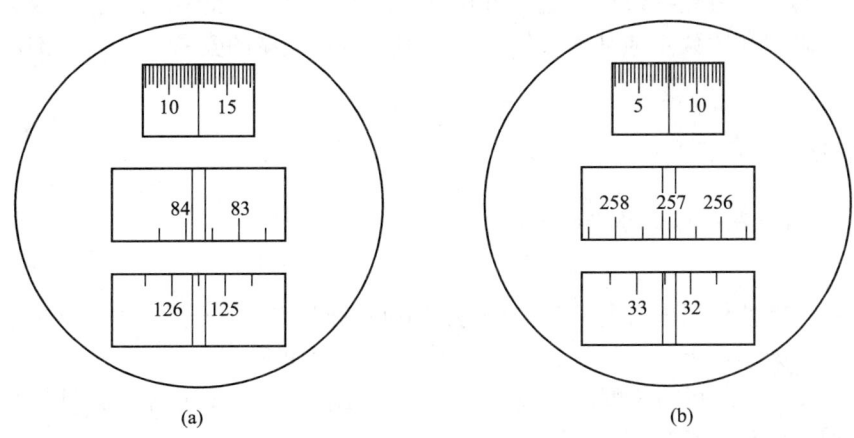

图3.6　单平板玻璃测微器读数窗

标线此时可读出 $12'40''$，所以整个水平度盘读数应是两数相加，即 $125°42'30''$。竖直度盘竖直度盘如图 3.6b 所示，读数应是 $257°07'30''$。

3.2.3 测钎、标杆、觇板

测钎、标杆和觇板均为经纬仪瞄准目标时所使用的照准工具，如图 3.7 所示。通常我们将测钎、标杆的尖端对准目标点的标志，并竖直立好作为瞄准的依据。测钎适于距测站较近的目标，标杆适于距测站较远的目标。觇板一般连接在基座上并通过连接螺旋固定在三脚架上使用，远近皆可。觇牌一般为红白相间或黑白相间，常与棱镜结合用于电子经纬仪或全站仪。

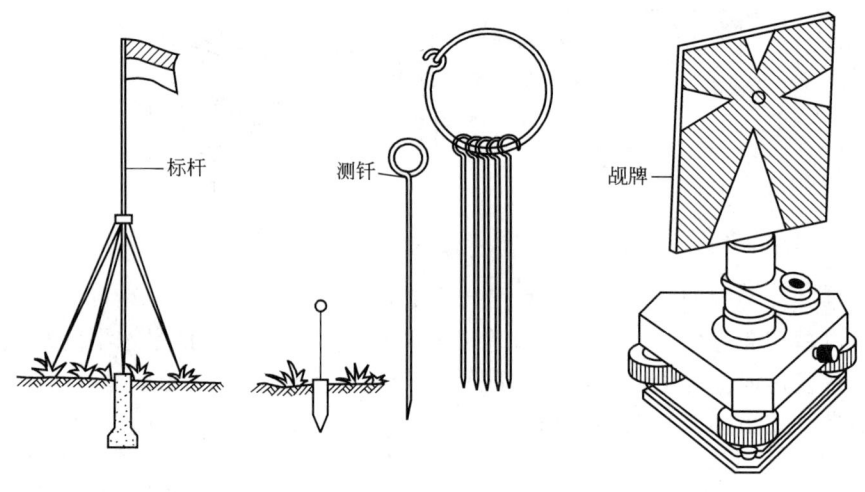

图 3.7 照准工具

3.3 DJ6 光学经纬仪的使用

测量角度时，要将经纬仪正确地安置在测站点上，然后才能观测。经纬仪的使用包括对中、整平、瞄准和读数 4 项基本操作。对中和整平是仪器的安置工作，瞄准和读数是观测工作。

3.3.1 经纬仪的安置

1. 用锤球对中及经纬仪整平的方法

1) 对中

对中的目的是使仪器中心与测站点的标志中心在同一铅垂线上。对中整平前，先将经纬仪安装在三脚架顶面上，旋紧连接螺旋。其操作步骤如下：

(1) 将三脚架三条腿的长度调节至大致等长，调节时先不要分开架腿且架腿不要拉到底，以便为后面的初步整平留有调节的余地。

(2) 将三脚架的 3 个脚大致呈等边三角形的 3 个角点，分别放在测站点的周围，使 3

个脚到至测站点的距离大致相等，挂上锤球。

（3）两只手分别拿住三脚架的一条腿，并略抬起作前后推拉和以第三个脚为圆心作左右旋转，使锤球尖对准测站点。

2）初步整平

整平的目的是使仪器的竖轴垂直，即水平度盘处于水平位置。

（1）若上述操作后，三脚架的顶面倾斜较大，可将两手拿住的两条腿作张开、回收的动作，使三脚架的顶面大致水平。

（2）当地面松软时，可用脚将三脚架的三支脚踩实，若破坏了上述操作的结果，可调节三脚架腿的伸缩连接部位，使受到破坏的状态复原。

3）精确整平

操作步骤如图3.8所示，先转动仪器使水准管平行任意两个脚螺旋的连线，然后同时相反或相对转动这两个脚螺旋如图3.8a所示，使气泡居中，气泡移动的方向与左手大拇指移动的方向一致；再将仪器旋转90°，置水准管于图3.8b所示的位置，转动第三个脚螺旋，使气泡居中。按上述方法反复进行，直至仪器旋转到任何位置，水准管气泡偏离零点不超过一格为止。

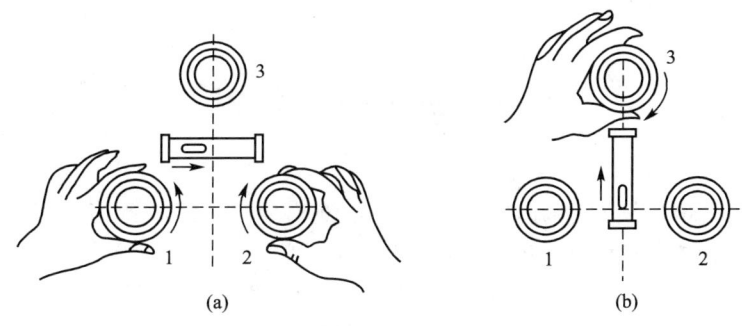

图 3.8　整平原理示意图

2. 用光学对中器对中及经纬仪整平的方法

1）初步对中

从光学对中器中观察对中器分划板和测站点成像，若不清晰，可分别进行对中器目镜和物镜调焦，直至清晰为止。固定三脚架的一条腿于测站点旁适当位置，两手分别握住三角架另外两条腿作前后移动或左右转动，同时从光学对中器中观察，使对中器对准测站点。

2）初步整平

首先使经纬仪的水准管平行于三角架的任意两条架腿的连线，调节三角架的伸缩连接处，使经纬仪大致水平；然后将仪器旋转90°，置水准管的水平轴线与三角架的另一条架腿在一条直线上，调节三角架的伸缩连接处，使经纬仪大致水平。

3）精确整平

操作方法与用锤球安置仪器时的精确整平操作相同。

4）精确对中

稍微放松连接螺旋，平移经纬仪基座，使对中器精确对准测站点。精确整平和精确对中应反复进行，直到对中和整平均达到要求为止。

3.3.2 瞄准

瞄准就是用望远镜十字丝的交点精确对准目标。其操作顺序是：
(1) 松开照准部和望远镜制动螺旋。
(2) 调节目镜，将望远镜瞄准远处天空，转动目镜环，直至十字丝分划最清晰。
(3) 转动照准部，用望远镜粗瞄器瞄准目标，然后固定照准部。
(4) 转动望远镜调焦环，进行望远镜调焦（对光），使望远镜十字丝及目标成像清晰。
要注意消除视差。人眼在目镜处上下移动，检查目标影像和十字丝是否相对晃动。如有晃动现象，说明目标影像与十字丝不共面，即存在相差、视差影响瞄准精度。重新调节对光，直至无视差存在。
(5) 用照准部和望远镜微动螺旋精确瞄准目标。

3.3.3 读数

打开反光镜，转动读数显微镜调焦螺旋，使读数分划清晰，然后根据仪器的读数装置，按前述方法进行读数。

3.4 水平角的观测

由于望远镜可绕经纬仪横轴旋转 $360°$，在角度测量时依据望远镜与竖直度盘的位置关系，望远镜位置可分为正镜和倒镜两个位置。

所谓正镜、倒镜是指观测者正对望远镜目镜时竖直度盘分别位于望远镜的左侧、右侧，有时也称盘左、盘右。理论上，正、倒镜瞄准同一目标时水平度盘读数相差 $180°$，在角度观测中，为了削弱仪器误差影响，一测回中要求正、倒镜两个盘位观测。

水平角的观测方法一般根据目标的多少、测角精度的要求和施测时所用的仪器来确定，常用的观测方法有测回法和方向法两种。

3.4.1 测回法

测回法适用于观测两个方向的单角。

如图 3.9 所示，设仪器置于 O 点，地面两目标为 M、N，欲测定 ON、OM 两方向线间的水平夹角 $\angle MON$，一测回观测过程如下：
(1) 将经纬仪安置在测站点 O，对中，整平。
(2) 上半测回（盘左位置观测）。使度盘处于测角状态，盘左依次瞄准左目标 M、右目标 N，读取水平度盘读数 $a_L=0°10'38''$、$b_L=146°24'50''$，同时记入水平角观测记录表（表 3-1）中，以上完成上半测回观测，上半测回观测所得水平角为

$$\beta_L = b_L - a_L = 146°14'12'' \qquad (3.2)$$

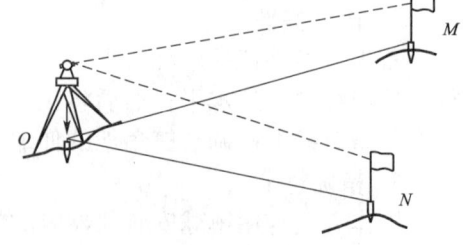

图 3.9 测回法测角示意图

表 3-1 测回法水平角观测记录表

测站	目标	竖盘位置	水平度盘读数 ° ′ ″	半测回角值 ° ′ ″	一测回角值 ° ′ ″	备注
O	M	左	0 10 38	146 14 12	146 14 10	
	N		146 24 50			
	M	右	180 11 24	146 14 08		
	N		326 25 32			

(3) 下半测回(盘右位置观测)。

纵转望远镜 $180°$，使之成盘右位置。依次瞄准右目标 N、左目标 M，读取水平度盘读数，$b_R=326°25'32''$、$a_R=180°11'24''$，以上完成下半测回观测，下半测回观测所得水平角为：

$$\beta_R = b_R - a_R = 146°14'08'' \tag{3.3}$$

(4) 一测回角值。

$$\beta = \frac{1}{2}(\beta_L + \beta_R) = 146°14'10'' \tag{3.4}$$

说明：

① 盘左、盘右观测可作为观测中有无错误的检核，同时可以抵消一部分仪器误差的影响。

② 上、下半测回角值较差的限差应满足有关测量规范的限差规定，对于 DJ6 经纬仪，一般为 $±40''$。当较差小于限差时，方可取平均值作为一测回的角值，否则应重测。若精度要求较高时，可按规范要求测若干个测回，当用 DJ6 经纬仪观测时，各测回间的角值较差不超过 $40''$，可取其平均值做为最后结果。

3.4.2 方向观测法

在一个测站上，当观测方向在 3 个以上时，且要测得数个水平角，需用方向观测法(全圆测回法)进行角度测量。该方法以某个方向为起始方向(又称零方向)，依次观测其余各个目标相对于起始方向的方向值，则每一个角度就是组成该角的两个方向值之差。如图 3.10 所示，O 点为测站点，A、B、C、D 为 4 个目标点。其操作步骤如下。

1. 上半测回(盘左位置)

(1) 选择起始方向，设为 A。该方向处将水平度盘读数调略大于 0，读取此读数。

(2) 由起始方向 A 起始，按顺时针依次精确瞄准 $A \rightarrow B \rightarrow C \rightarrow D \rightarrow A$ 各点(即所谓"全圆")读数：a_L、b_L、c_L、d_L、a'_L 并记入方向观测法记录表中，见表 3-2。最后再次瞄准起始方向 A，称为归零，两次瞄准 A 点的读数之差称为"归零差"。对于不同精度等级的仪

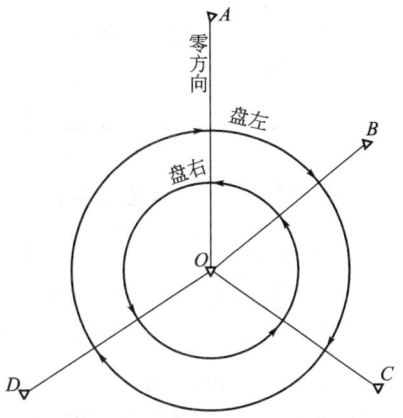

图 3.10 方向观测法测角示意图

器，其限差要求是不相同的，见表3-3。

表3-2 方向观测法观测记录表

测回数	测站	目标	水平度盘读数		2c	平均方向值	归零方向值	各测回归零方向值之平均值
			盘左	盘右				
			° ′ ″	° ′ ″	″	° ′ ″	° ′ ″	° ′ ″
	1	2	3	4	5	6	7	8
1	O	A	00 00 02	180 00 08	−6	(00 00 09) 00 00 05	00 00 00	
		B	92 55 08	272 55 18	−10	92 55 13	92 55 04	
		C	158 35 40	338 35 48	−8	158 35 44	158 35 35	
		D	244 08 10	64 08 20	−10	244 08 15	244 08 06	
		A	0 00 08	180 00 18	−10	00 00 13		
		Δ	+6	+10				
2		A	90 00 12	270 00 16	−4	(90 00 18) 90 00 14	00 00 00	00 00 00
		B	182 55 09	02 55 18	−9	182 55 14	92 54 56	92 55 00
		C	248 35 42	68 35 50	−8	248 35 46	158 35 28	158 35 32
		D	334 08 16	154 08 22	−6	334 08 19	244 08 01	244 08 04
		A	90 00 16	270 00 26	−10	90 00 21		
		Δ	+4	+10				

表3-3 方向观测法各项限差

经纬仪型号	半测回归零差	各测回同方向2c值互差	各测回同方向归零方向值互差
DJ2	8″	13″	10″
DJ6	18″		24″

2. 下半测回（盘右位置）

（1）纵转望远镜180°，使仪器为盘右位置。

（2）按逆时针顺序依次精确瞄准 $A \rightarrow D \rightarrow C \rightarrow B \rightarrow A$ 各点，读数 a_R、d_R、c_R、b_R、a'_R，并记入方向观测法记录表3-2中（注：a_R 应记入下半测回的最后一行）。

上、下半测回构成一个测回，在同一个测回内不能第二次改变水平度盘的位置。当精度要求较高，需测多个测回时，各测回间应按 $180/n$ 配置度盘起始方向的读数。规范规定3个方向的方向观测法可以不归零，超过三个方向必须归零。

3. 计算与检验

方向观测法中计算工作较多,在观测及计算过程中尚需检查各项限差是否满足规范要求,现将记录表3-2有关名词及计算方法加以介绍(各项限差见表3-3)。

(1)半测回归零差:即上、下半测回中零方向两次读数之差$\Delta(\alpha_L-\alpha'_L,\alpha_R-\alpha'_R$,本表中分别为$-6''$和$6''$)。若归零差超限,说明经纬仪的基座或三角架在观测过程中可能有变动,或者是对A点的观测有错,此时该半测回须重测;若未超限,则可继续下半测回。

(2)各测回同方向$2c$值互差:$2c$值是指上下半测回中,同一方向盘左、盘右水平度盘读数之差,即$2c=$盘左读数$-($盘右读数$\pm180°)$(当"盘右读数"$>180°$时,取"$-$",否则取"$+$"。下同)。它主要反映了2倍的视准轴误差,而各测回同方向的$2c$值互差,则反映了方向观测中的偶然误差,偶然误差应不超过一定的范围,见表3-3。

(3)平均方向值:指各测回中同一方向盘左和盘右读数的平均值,平均方向值$=1/2$[盘左读数$+($盘右读数$\pm180°)$]。

(4)归零方向值:为将各测回的方向值进行比较和最后取平均值,在各个测回中将起始方向的方向值(如表3-2中第一测回中起始方向值$=(0°02'03''+0°02'09'')/2$化为$0°00'00''$,并把其他各方向值与之相减即得各方向的归零方向值。

(5)各测回归零后平均方向的计算:当一个测站观测两个或两个以上测回时,应检查同一方向值各测回的互差。互差要求见表3-3若检查结果符合要求,取各测回同一方向归零后方向的平均值作为最后结果,列入表3-2第8栏。

3.5 竖直角的观测

3.5.1 竖直度盘的构造

经纬仪的竖盘也叫竖直度盘装在望远镜旋转轴的一侧,专供观测竖直角之用。竖盘装置应包括竖直度盘、竖盘指标、竖盘指标水准管及竖盘指标水准管微倾螺旋等部件,如图3.11所示。当经纬仪安置在测站上,经对中、整平后,竖盘应处于竖直状态。因竖盘与望远镜固结在一起,当望远镜绕横轴上下转动时,望远镜带动竖盘一起转动,作为竖盘读数用的读数指标,通过光学棱镜折射后,与竖盘刻划一起呈现在望远镜旁边的读数窗内。读数指标与指标水准管固连,不随望远镜转动,只能通过指标水准管微动螺旋作微小移动,使竖盘指标水准管气泡居中,从而保证竖盘处于铅垂状态。

不同型号的经纬仪,竖直度盘的分划注记可能不同,虽然都是$0°\sim360°$,但有顺时针方向注记与逆时针注记两种形式,如图3.12所示。

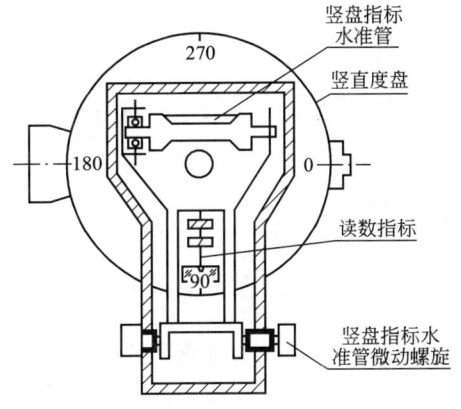

图3.11 竖直度盘构造

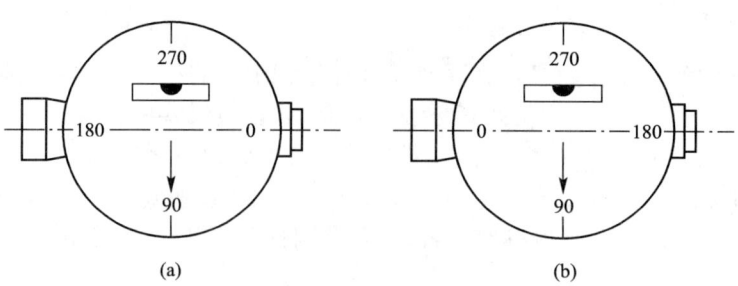

图 3.12　竖直度盘的注记形式

（a）顺时针注记　（b）逆时针注记

3.5.2　竖直角计算公式的确定

计算竖直角 α 值时是用倾斜视线读数减水平线方向读数，或是用水平线方向值减倾斜视线方向读数，应根据竖直度盘分划注记方向是顺时针还是逆时针而定。如图 3.13 所示的竖直度盘是顺时针注记，当其处于盘左位置（图 3.13a）时，视线水平时竖盘读数为 $90°$。当观测一目标时，望远镜向上仰，读数减小，倾斜视线与水平视线所构成的竖直角为 α_L。设视线方向的读数为 L，则盘左位置的竖直角为：

$$\alpha_L = 90° - L \tag{3.5}$$

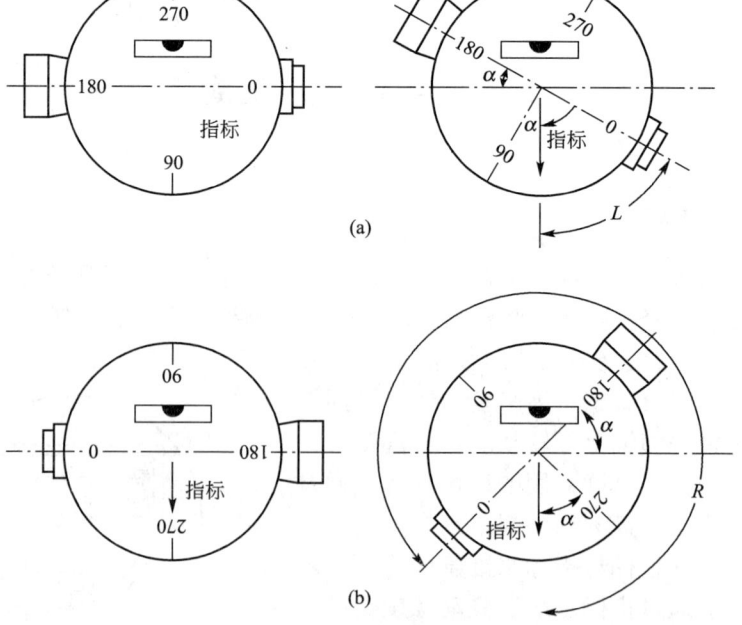

图 3.13　竖直角计算示意图

盘左位置且视线水平时，如图 3.13b 所示中，竖盘读数为 $270°$。当望远镜向上仰时，读数增大，倾斜视线与水平视线所构成的竖直角为 α_R，设视线方向的读数为 R，则盘右位置的竖直角为：

$$\alpha_R = R - 270° \tag{3.6}$$

上下半测回角值较差不超过规定限值时,取平均值作为作为一测回的竖直角:

$$\alpha = \frac{1}{2}(\alpha_R + \alpha_L) \tag{3.7}$$

根据上述公式的分析,可得竖直角计算公式的通用判别法:
(1) 当望远镜视线往上仰,竖盘读数逐渐增加,则竖直角的计算公式为:
$$\alpha = 瞄准目标时的读数 - 视线水平时的读数$$
(2) 当望远镜视线往上仰,竖盘读数逐渐减小,则竖直角的计算公式为:
$$\alpha = 视线水平时的读数 - 瞄准目标时的读数$$

3.5.3 竖直角的观测、记录与计算

1. 竖直角的观测

(1) 在测站点上安置经纬仪,对中整平。
(2) 以盘左位置瞄准目标,用十字丝中丝精确地对准目标。
(3) 调节竖盘指标水准管微动螺旋,使气泡居中,并读取竖盘读数 L。
(4) 以盘右位置同上法瞄准原目标,并读取竖盘读数 R。
以上的盘左、盘右观测构成一个竖直角测回。

2. 记录与计算。

将各观测数据填入表 3-4 的竖直角观测手簿中,并按式(3.5)和式(3.6)分别计算半测回竖直角,再按式(3.7)计算出一测回竖直角。

表 3-4 竖直角观测手簿

测站	目标	竖盘位置	竖盘读数 ° ′ ″	半测回竖直角 ° ′ ″	指标差 (″)	一测回竖直角 ° ′ ″	备注
O	A	左	75 30 04	14 29 56	+10	14 30 06	
		右	284 30 17	14 30 17			
	B	左	101 17 23	−11 17 23	+6	−11 17 16	
		右	258 42 50	−11 17 10			

3.5.4 竖盘指标差

上述式(3.5)和式(3.6)是在这样的前提条件下得出的:当视线水平时,竖盘指标水准管气泡居中,竖盘指标盘左正指在 90°,盘右指标指在 270°,即指在 90°的整倍数值上。若视线水平,竖盘指标水准管气泡居中时,竖盘指标未指在 90°的整倍数上,而与 90°整倍数值有一个差值 x,这个小差值称为竖盘指标差,如图 3.14 所示。如果竖盘存在指标差,则所算出的竖直角 α_L 与 α_R 中含有指标差的影响,而用盘左竖直角 α_L 与盘右竖直角 α_R 取平均数值,可以抵消指标差的影响,求得正确的竖直角值。

如图 3.14a 所示,当指标偏离方向与注计方向相同时,x 为正;反之,则 x 为负。若

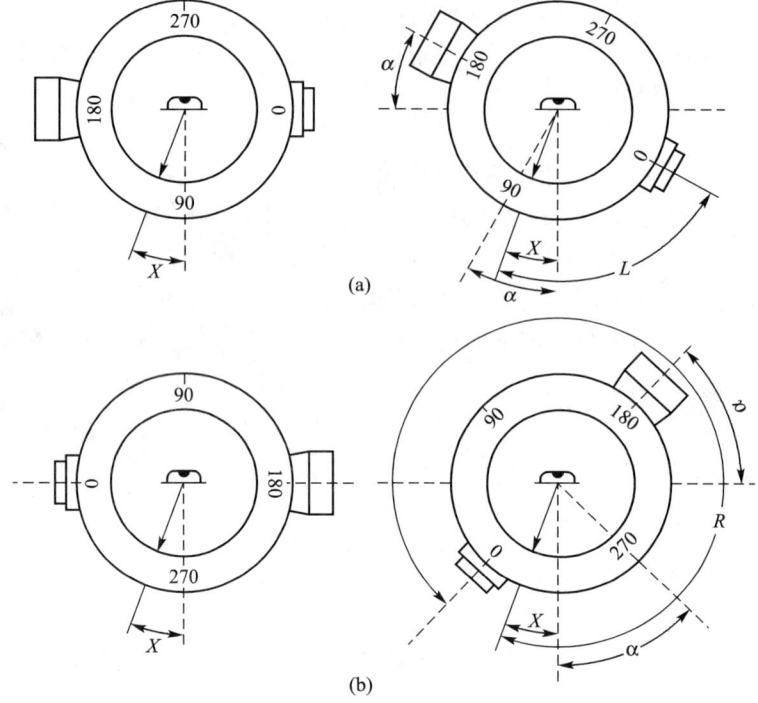

图 3.14 竖盘指标差

仪器存在竖盘指标差,则竖直角的计算公式与式(3.5)和式(3.6)有所不同。

如图 3.14a 所示中,盘左位置,望远镜往上仰,读数减小,若视线倾斜时的竖盘读数为 L,则正确的竖直角为:

$$\alpha_L = 90° - L + x = \alpha_L + x \tag{3.8}$$

如图 3.14b 所示中,盘右位置,望远镜往上仰,读数增大,若视线倾斜时的竖盘读数为 R,则正确的竖直角为:

$$\alpha_R = R - 270° - x = \alpha_R - x \tag{3.9}$$

将式(3.11)和式(3.12)联立求解可得:

$$x = (\alpha_R - \alpha_L) = \frac{1}{2}(R + L - 360°) \tag{3.10}$$

由于指标差的存在,竖直角测量并不比较盘左竖直角 a_L 与盘右竖直角 a_R 的较差,而是以一个测站各方向的指标差之间的互差来衡量观测精度。规范规定竖盘指标差互差要求在 25″ 以内。

3.6 经纬仪的检验与校正

3.6.1 经纬仪轴线及应满足的几何条件

为了准确地测出水平角及竖直角,经纬仪的设计制造有严格的要求,如图 3.15 所示,经纬仪的主要轴线有以下几个。

(1) 水准管轴(LL)：通过水准管内壁圆弧中点的切线。
(2) 竖轴(VV)：经纬仪在水平面内的旋转轴。
(3) 视准轴(CC)：望远镜物镜中心与十字丝中心的连线。
(4) 横轴(HH)望远镜的旋转轴(又称水平轴)。

各轴线之间应满足的几何条件有：
(1) 照准部水准管轴应垂直于仪器竖轴，即 $LL \perp VV$。
(2) 望远镜十字丝竖丝应垂直于仪器横轴 HH。
(3) 视准轴应垂直于仪器横轴，即 $CC \perp HH$。
(4) 仪器横轴应垂直于仪器竖轴，即 $HH \perp VV$。

除此以外，经纬仪一般还应满足竖盘指标差为 0，以及光学对点器的光学垂线与仪器竖轴重合等条件。

经纬仪在使用过程中，由于外界条件、磨损、振动等因素影响，其状态会发生变化。仪器质量直接关系到测量成果的好坏，因此，经纬仪与其他测绘仪器一样，在使用仪器作业前，必须对仪器进行检验和校正，即使是新仪器也不例外。

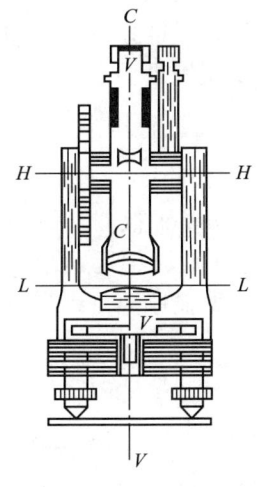

图 3.15 经纬仪轴线示意图

3.6.2 经纬仪的检验与校正

1. 水准管轴垂直于竖轴($LL \perp VV$)的检验与校正

1) 检验

先将仪器大致整平，然后使水准管平行于一对脚螺旋的连线，调节脚螺旋，使气泡居中。将照准部旋转 $180°$，若水准管气泡仍居中，说明此条件满足，否则，应进行校正。

2) 校正

若 LL 不垂直于 VV，则气泡居中(LL 水平)时，VV 不铅垂，它与铅垂线有一夹角 α，如图 3.16a 所示；当绕倾斜的 VV 旋转 $180°$ 后，LL 便与水平线形成 2α 的夹角，如图 3.16b 所示，它反映为气泡的总偏移量。

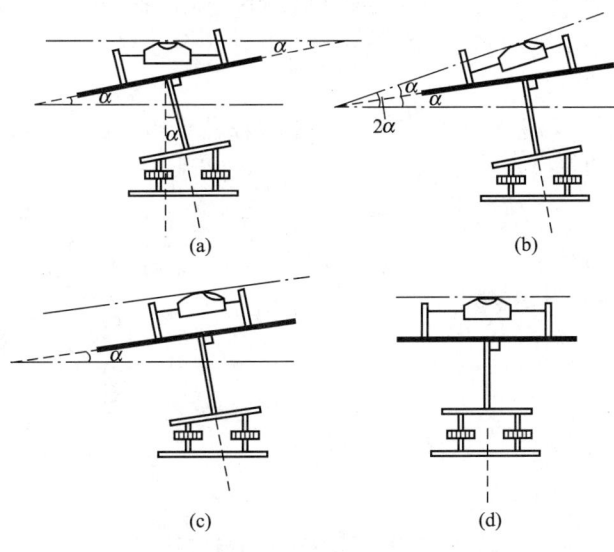

图 3.16 照准部水准管检验与校正

目前状态下,调节与水准管平行的脚螺旋,使气泡回移总偏移量之半,如图 3.16c 所示。用校正针拨动水准管一端的校正螺钉,使气泡居中,如图 3.16d 所示。反复检校几次,直至满足要求。

2. 望远镜十字丝的竖丝垂直于横轴的检验与校正

1)检验

(1)整平仪器,使竖丝清晰地照准远处点状目标,并重合在竖丝上端。

(2)旋转望远镜微动螺旋,将目标点移向竖丝下端,检查此时竖丝是否与点目标重合,若明显偏离,则需校正,如图 3.17 所示。

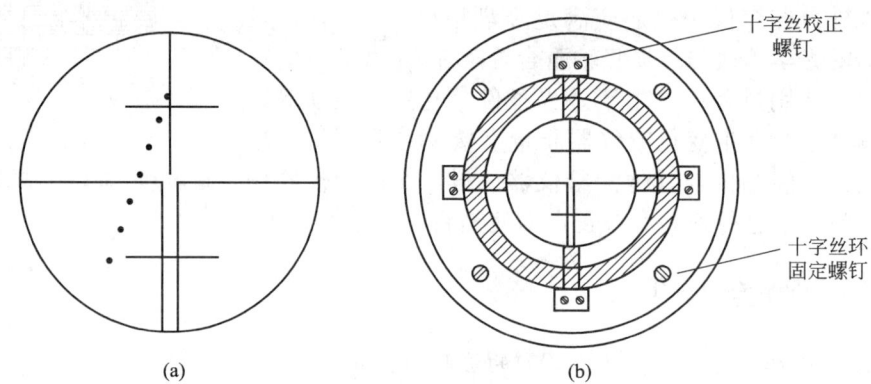

图 3.17 十字丝检验与校正

2)校正

拧开望远镜目镜端十字丝分划板的护盖,用校正针微微旋松分划板固定螺丝,然后微微转动十字丝分划板,至竖丝与点状目标始终重合,最后拧紧分划板固定螺丝,并上好护盖。

3. 视准轴垂直于横轴($CC \perp HH$)的检验与校正

当望远镜绕横轴旋转时,若视准轴与横轴垂直,视准轴所扫过的面为一竖直面;若视准轴语横轴不垂直,则偏离的角度 c 称为视准轴误差。

1)检验

(1)如图 3.18a 所示,选择一平坦场地,安置仪器于 A、B 中点 O,在 B 点垂直于 AB 横置一刻有毫米分划的直尺,并使 A、O 与直尺约位于同一水平面。整平仪器后,先以盘左位置照准远处目标 A,保持照准部不动,纵转望远镜,于直尺上读得 B_1

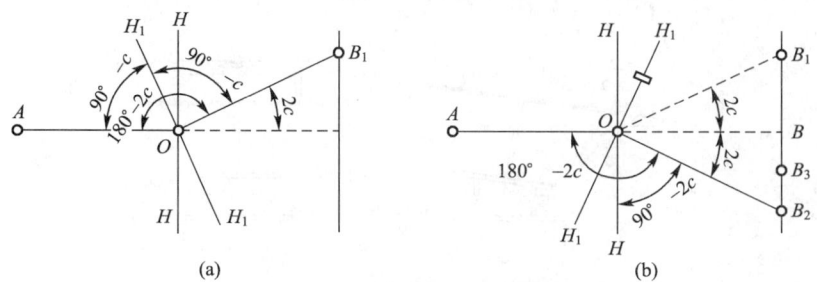

图 3.18 视准轴检验与校正

(2) 以盘右位置仍照准目标 A，同法在直尺上读取读数 B_2，如图 3.18b 所示。

(3) 若 $B_1=B_2$，则 $CC \perp HH$；若 $B_1 \neq B_2$，则需校正。

2) 校正

设视准轴误差为 c，在盘左位置时，视准轴 OA 与水平轴 OH_1 的夹角为 $\angle AOH_1 = 90°-c$，如图 3.18a 所示，倒转望远镜后，视准轴与水平轴的夹角不变，即 $\angle H_1OB_1 = 90°-c$，因此，OB_1 与 OA 的延长线之间的夹角为 $2c$。同理，OB_2 与 AO 延长线的夹角也是 $2c$，所以 $\angle B_1OB_2=4c$。$4c$ 的大小可以由 B_1B_2 在分划小尺上的读数差反映出来。

校正时在尺上定出 B_3 点，使 $B_2B_3=B_1B_2/4$，则 $\angle B_3OB_2=c$。因此，OB_3 垂直于水平轴 OH，然后松开望远镜护盖，用校正针稍松十字丝，上、下校正螺旋，拨动左右两个校正螺丝，使十字丝交点对准 B_3。

此项检验校正也要反复进行。采用盘左、盘右观测取平均值，可消除此项误差。

4. 横轴垂直竖轴（$HH \perp VV$）的检验与校正

此项检校的目的是使仪器水平时，望远镜绕横轴旋转所扫过的平面成为竖直状态，而不是倾斜的。

1) 检验

在高墙近处安置仪器，盘左瞄准墙上高处固定点 P，仰角要大于 $30°$。放平望远镜，在墙上定出一点 P_1，如图 3.19 所示。盘右再抬高望远镜瞄准 P 点，放平望远镜定另一点 P_2。如果 P_1 与 P_2 重合，则满足要求，勿需校正；否则，应进行校正。

2) 校正

取 P_1 和 P_2 的中点 M，瞄准 M 后固定照准部，转动望远镜使与 P 点同高，此时十字丝交点将偏离 P 点。抬高或降低横轴的一端，即可使十字丝的交点对准 P 点。此项校正要反复进行。

上述的检验、校正次序不可颠倒，因为后一步的检校需要前一步的条件满足后方可进行。

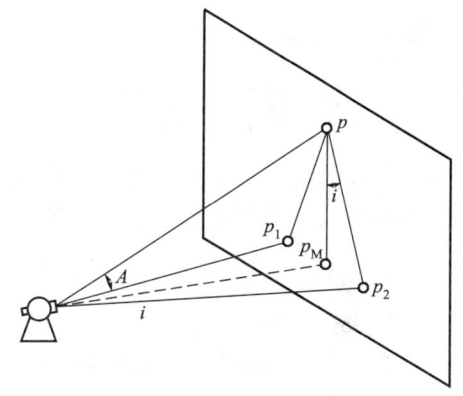

图 3.19 横轴检验与校正

5. 竖直指标差的检验与校正

1) 检验

在地面上安置好经纬仪，用盘左、盘右分别瞄准同一目标，正确读取竖盘读数，计算出竖直角 α 和指标差 x。当 x 值超过 $\pm 1'$ 时，应加以校正。

2) 校正

用盘右位置照准原目标。调节竖盘指标水准管微动螺旋，使竖盘读数对准正确读数。正确读数 $R=a+$ 盘右视线水平时的读数

此时，气泡不再居中，用校正针调节竖盘指标水准管校正螺丝，使气泡居中，注意勿使十字丝偏离原来的目标。应反复检校，直至指标差在 $\pm 1'$ 以内为止。

6. 光学对中器的检验与校正

若这一关系不满足，仪器整平后，光学对点器绕竖轴旋转时，视线在地面上的移动轨

迹是一个圆圈，而不是一点。

1) 检验

安置仪器于平坦地上，严格整平，在地面角架中央固定一张白纸，光学对点器调焦，在纸上标记出视线的位置 P，将光学对点器旋转 $180°$，观察视线的位置 P 是否离开原来位置或偏离超限。若是，则需进行校正。

2) 校正

在纸板上画出分划圈中心与 P 点的连线，取中点 P'。通过调节对点器上相应的校正螺钉，使 P 点移至 P'。反复 1~2 次，直到照准部旋转到任何位置时，目标都落在分划圈中心为止。

3.7 角度测量的误差分析

由于多种原因，任何测量结果中都不可避免地会含有误差。影响测量误差的因素可分为 3 类：仪器误差、观测误差和外界条件影响。

3.7.1 仪器误差

经纬仪经过校正，各轴线线处于理想的状态。但经纬仪在出厂之前就存在一些制造不完善的误差，如照准部偏心、度盘刻划误差、竖轴不垂直等误差。仪器由于长期的使用和测量作业的特点，使得各种几何轴线间的关系被破坏产生误差，这些误差中，有的可以用适当的方法消除或减弱其影响，有的可以通过校正的方法加以减弱或消除。

1. 视准轴不垂直于横轴的误差

如果视准轴与横轴不相垂直，而与正确位置相差一个微小的角度 c，即视准轴误差，或称视准差。且视准轴倾斜成 a 角时，则视准轴不能在正确位置 AO，而是位于 AO_1 或 AO_2，如图 3.20 所示。视准轴误差 c 在水平面上的投影为 x，则 x 为视准轴误差对水平方向观测的影响。其计算式为：

$$x = \frac{c}{\cos\alpha} = c\sec\alpha \qquad (3.11)$$

(1) 视准轴误差对方向观测的影响，与垂直角 a 有关。a 角越大，x 也越大；当 $a=0$ 时，$x=c$。

(2) 盘左、盘右观测时，视准轴倾斜误差对水平方向的影响，数值相等，符号相反，因此，取盘左、盘右读数的平均值可以消除视准轴倾斜误差的影响。

2. 横轴不垂直于竖轴的误差

如果视线已与横轴垂直，但横轴不垂直于竖轴，则在仪器整平后，即竖轴铅垂时，横轴并不水平。在这种情况下，视线绕横轴旋转所形成的是一个倾斜平面。它在过目标点 O 且垂直于视线方向的铅垂面内所形成的轨迹为一倾斜直线，这条直线与铅垂

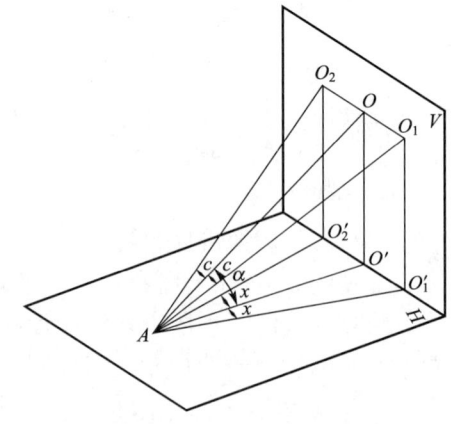

图 3.20 视准轴误差

线所形成的夹角与横轴的倾斜角 i 相同,如图 3.21 所示。视线照准高处一点 O 与在水平面上且处于同一轨迹上的 O_1,其水平盘读数是不变的。但 O 点在水平面上的投影为 O',AO' 与 AO_1 两方向之间的夹角 ε,即为由于横轴不垂直坚轴所造成的方向误差。

$$\varepsilon = i\tan\alpha \tag{3.12}$$

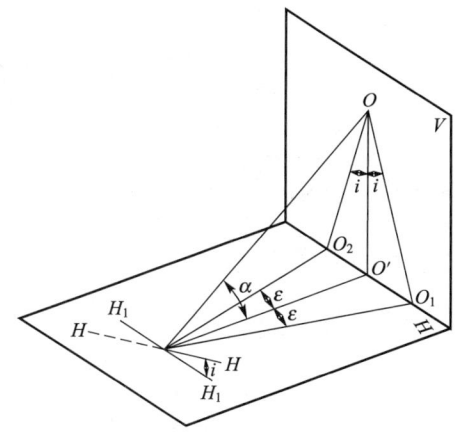

图 3.21 横轴误差

(1) 上式表明,ε 与 a 的大小有关,a 越大,ε 也越大,当 $a=0$ 时,$\varepsilon=0$,即视线水平时,横轴倾斜对方向观测没有影响。

(2) 倒转望远镜时,ε 符号与盘左时相反,因此,取盘左与盘右读数的平均值可以消除横轴倾斜的影响。

3. 竖轴误差

由于水准确管应垂直于仪器竖轴的校正不完善而引起竖轴倾斜误差,当水准气泡居中时,VV 并不垂直,HH 也不水平,在用盘左、盘右观测水平角时,因 VV 不垂直,HH 总是向一个方向倾斜,因此,盘左、盘右观测取平均值并不能消除此项误差。这种误差与视线竖直角的正切成正比,因此,在观测前应严格检校仪器,观测时仔细整平,在观测过程上,要特别注意仪器的整平。

4. 度盘偏心误差

度盘偏心差主要是由于度盘加工及安装不完善而引起的。造成照准部旋转中心与水平度盘分划中心不重合,导致读数指标所指的读数含有误差。由于一测回中盘左、盘右读取的读数是度盘上对径方向的两数值,两读数中度盘偏心误差的影响值大小相等而符号相反,因此,盘左、盘右取平均值可自动抵消度盘的偏心误差。

5. 度盘刻划误差

度盘刻划误差是由于度盘的刻划不完善引起的。这一项误差一般较小。在高精度角度测量时,多个测回之间按一定方式变换度盘起始位置的读数,可有效地减小度盘刻划误差的影响。

3.7.2 观测误差

1. 仪器对中误差

观测水平角时,对中不准确使仪器中心与测站点的标志中心不在同一铅垂线上,造成测站偏心,致使测角误差。

如图 3.22 所示,设 O 为地面站点,A,B 为两目标点,由于仪器存在对中误差,仪器中心偏至 O',偏离量 OO' 为 e,β 为实际水平角,β' 为所测水平角,过 O 点分别做平行于 $O'A$、$O'B$ 的平行线。则:

$$\Delta\beta = \beta - \beta' = \varepsilon_1 + \varepsilon_2 \tag{3.13}$$

$$\varepsilon_1 \approx \sin\varepsilon_1 = \frac{e\sin\theta}{S_{OA}}\rho'' \tag{3.14}$$

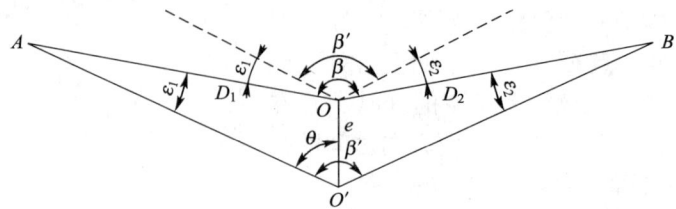

图 3.22　仪器对中误差

$$\varepsilon_2 \approx \sin\varepsilon_2 = \frac{e\sin(\beta'-\theta)}{S_{OB}}\rho'' \tag{3.15}$$

$$\Delta\beta = e\left(\frac{\sin\theta}{S_{OA}} + \frac{\sin(\beta'-\theta)}{S_{OB}}\right)\rho'' \tag{3.16}$$

根据上式：

当 β'、θ 一定时，$\Delta\beta$ 则越大；

当 e、θ 一定时，边长 S 越短，$\Delta\beta$ 则越大；

当 e、S 一定时，若 β' 接近 180°，θ 接近 90°，则 $\Delta\beta$ 为最大。

由此可知：目标点较近或水平角接近 180°时，应尤其注意仔细对中。

2. 目标偏心误差

造成目标偏心的原因是观测标志与地面点未在同一铅垂线上，致使视线偏移。其影响似于测站偏心。

不难理解，目标偏心距愈大，误差也愈大。在目标点较近时，观测标志应尽可能使用垂球，并仔细瞄准，尽量瞄准目标底部。

3. 仪器整平误差

角度观测时若气泡不居中，导致竖轴倾斜而引起的角度误差，不能通过改变观测方法来消除。因此，在观测过程中，必须保持水平度盘水平、竖轴竖直。在一测回内，若气泡偏离超过两格，应重新整平仪器，并重新观测该测回。

4. 照准误差

测角时人眼通过望远镜瞄准目标而产生的误差称照准误差。照准误差与望远镜的放大率，人眼的分辨能力，目标的形状、大小、颜色、亮度和清晰度等因素有关。

5. 读数误差

读数误差与读数设备、观测者的经验及照明情况有关，其中主要取决于读数设备。对 DJ6 经纬仪一般不超过 $\pm 6''$，对 DJ2 经纬仪一般不超过 $\pm 1''$。

3.7.3　外界条件影响

外界环境对测角精度有直接的影响，且比较复杂。例如，大风、烈日曝晒、松软的土质可影响仪器和标杆的稳定性；雾汽会使目标成像模糊；温度变化会引起视准轴位置变化；大气折光变化会使视线产生偏折等。这些都会给角度测量带来误差。因此，应尽量选择较好的观测条件，避免不利因素对角度测量的影响。

3.8 其他经纬仪简介

3.8.1 DJ2 光学经纬仪

1. DJ2 经纬仪的特点

DJ2 光学经纬仪与 DJ6 光学经纬仪相比,相比主要有以下特点:

(1) 轴系间结构稳定,望远镜的放大倍数较大,照准部水准管的灵敏度较高。

(2) 在 DJ2 型光学经纬仪读数显微镜中,只能看到水平度盘和竖直度盘中的一种影像,读数时,通过转动换像手轮,使读数显微镜中出现需要读数的度盘影像。

(3) DJ2 型光学经纬仪采用对径符合读数装置,相当于取度盘对径相差 180°处的两个读数的平均值,以可消除偏心误差的影响,提高读数精度。

由于 DJ2 光学经纬仪精度较高,常用于国家三、四等三角测量和精密工程测量。如图 3.23 所示是苏州第一光学仪器厂生产的 DJ_2 光学经纬仪的外形。

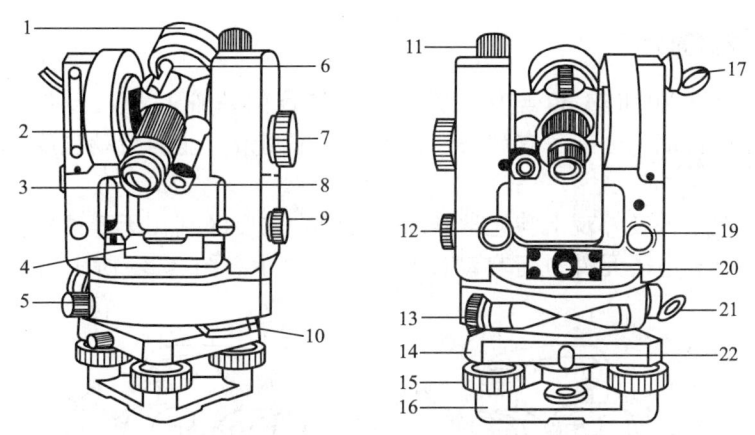

图 3.23　DJ2 光学经纬仪构造

1—物镜　2—望远镜调焦筒　3—目镜　4—照准部水准管　5—照准部制动螺旋　6—粗瞄器　7—测微轮　8—读数显微镜目镜　9—度盘换像手轮　10—水平度盘变换手轮　11—望远镜制动螺旋　12—望远镜微动螺旋　13—照准部微动螺旋　14—基座　15—脚螺旋　16—基座底板　17—竖盘照明反光镜　19—竖盘指标补偿器开关　20—光学对中器　21—水平度盘照明反光镜　22—轴座固定螺旋

2. DJ2 光学经纬仪的读数方法

用对径符合读数装置是通过一系列棱镜和透镜的作用,将度盘相对 180°的分划线,同时反映到读数显微镜中,并分别位于一条横线的上、下方,如图 3.24a 所示,右下方为分划线重合窗,右上方读数窗中上面的数字为整度值,中间凸出的小方框中的数字为整 10′数,左下方为测微尺读数窗。

测微尺刻划有 600 小格,最小分划为 1″,可估读到 0.1″,全程测微范围为 10′。测微尺的读数窗中左边注记数字为分,右边注记数字为整 10″数。读数方法如下:

(1)转动测微轮,使分划线重合窗中上、下分划线精确重合,如图3.24b所示。

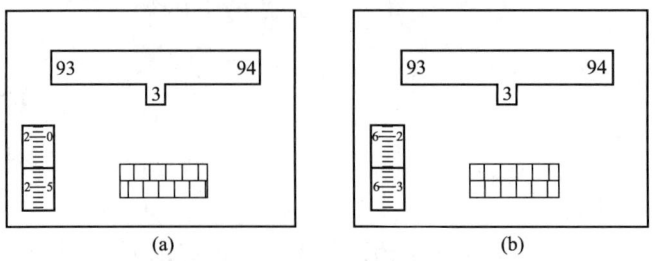

图 3.24 DJ2 光学经纬仪读数窗

(2)在读数窗中读出度数。
(3)在中间凸出的小方框中读出整 $10'$ 数。
(4)在测微尺读数窗中,根据单指标线的位置,直接读出不足 $10'$ 的分数和秒数,并估读到 $0.1''$。
(5)将度数、整 $10'$ 数及测微尺上读数相加,即为度盘读数。如图 3-6b 所示中读数为:

$$96°+3\times10'+6'26.1''=93°36'26.1''$$

3.8.2 电子经纬仪简介

电子经纬仪是在 20 世纪 60 年代末在光学经纬仪的基础上发展起来的新一代测角仪器,它为测量工作自动化创造了有利条件,大降低了测量外业的劳动强度,同时也提高了观测精度。

电子经纬仪在结构及外观上与光学经纬仪类似,主要区别在于其读数系统,电子经纬仪是利用光电扫绘和电子元件进行自动读数并液晶显示。图 3.25 所示为北京拓普康仪器

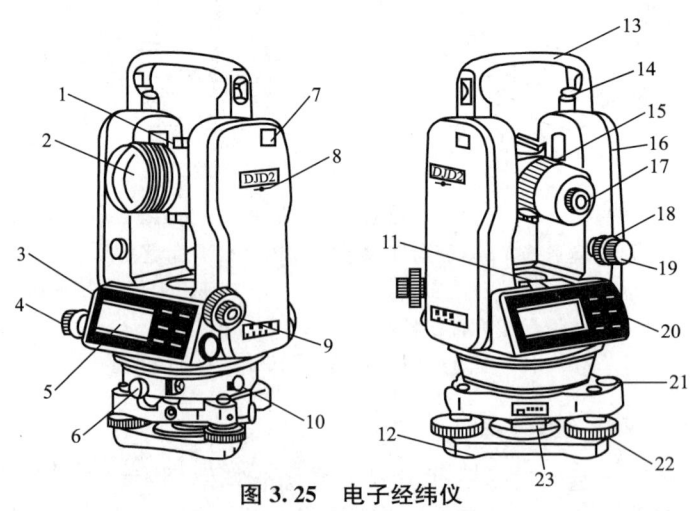

图 3.25 电子经纬仪

1—瞄准器 2—物镜 3—水平制动手轮 4—水平微动手轮 5—液晶显示器 6—下水平制动手轮 7—通信接口(与红外测距仪连接) 8—仪器中心标记 9—光学对点器望远镜 10—RS232C 通信接口 11—管水准器 12—底板 13—手提把 14—手提固定螺钉 15—物镜调焦手轮 16—电池 17—目镜 18—垂直制动手轮 19—垂直微动手轮 20—操作键 21—圆水准器 22—脚螺旋 23—基座固定扳把

公司推出的 DJD2 电子经纬仪。

DJD2 仪器采用光栅度盘测角，水平、竖直角度显示读数分辨率为 1″，测角精度可达 2″。该仪器装有液晶显示窗和操作键盘。键盘上有 6 个键，可发出不同指令。液晶显示窗中可同时显示提示内容、竖直角和水平角。该仪器装有倾斜传感器，当仪器竖轴倾斜时，仪器会自动测量并显示其数值，同时显示对水平角和竖直角误差的自动校正。仪器的自动补偿范围为 $\pm 3'$。

3.8.3 激光经纬仪

激光经纬仪主要应用于各种施工测量中，它是在经纬仪上安装激光装置。如图 3.26 所示为苏州第一光学仪器厂生产的 J2-JD 激光经纬仪，它是在 DJ2 光学经纬仪的基础上，装上激光器及激光电源箱等部件组成，它将激光器发出的激光束导入经纬仪望远镜内，使之沿着视线方向射出一条可见的红色激光束，红色激光束可传播相当远，而光束的直径不会有显著变化，是理想的定位基准线，特别适合于高层建筑、大型塔架、港口、桥梁等工程的施工。

在使用激光经纬仪时要注意电源线的连接要正确，特别要注意正负极不要接反；使用前要预热半小时，以改善激光束的漂移；使用完毕，先关上电源开关，待指示灯熄灭，激光器停止工作后，再拉开电源；长期不使用仪器时，应每月通电一次，使激光器点亮半小时。

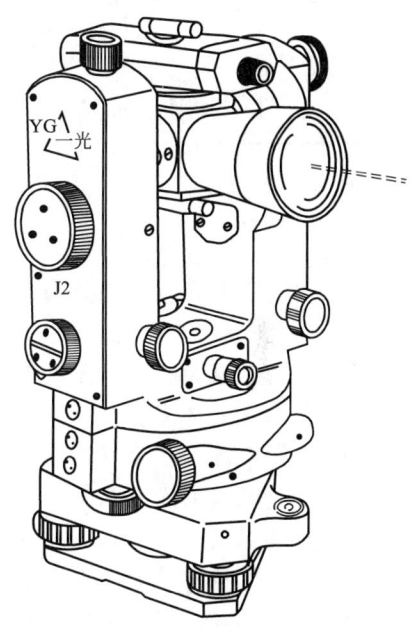

图 3.26　激光经纬仪

本 章 小 结

角度测量是基本的测量工作，本章着重介绍经纬仪的使用和测角方法。要求学生掌握测角的原理和测角的方法，并能在实践中得以应用。本章的主要知识点有：

1. 水平角

一点至两目标方向线在水平面上投影的夹角 β。β = 右目标读数 − 左目标读数

2. 竖直角

在同一竖直面内照准方向线与水平线所夹的锐角。仰角为正，俯角为负。

3. 视准误差

视准轴不垂直于水平轴而相差一个 C 角，称为视准误差。

4. 指标差 x

是经纬仪在指标水准管气泡居中后竖盘指标与正确位置偏差的一个值。

5. 经纬仪的使用方法

对中、整平、照准、读数。

6. 角度观测方法

角度观测方法如表 3−5 所示。

表 3-5　角度观测方法

项　　目	程　　序
水平角	(1) 安置仪器：对中，整平 (2) 盘左照准左目标 A 读数 a_L，照准右目标 B 读数 b_L，$\beta_L = b_L - a_L$ (3) 盘右照准右目标 B 读数 b_R，照准左目标 A 读数 a_R，$\beta_R = b_R - a_R$ (4) 取平均值 $\beta = (\beta_L + \beta_R)/2$，$(\Delta\beta = \beta_L - \beta_R$ 不超过 $\pm 40''$)
竖直角	(1) 安置仪器：对中、整平。 (2) 盘左观测：照准目标 A，指标水准管气泡居中，读数 L，$\alpha_L = (90° - L)$。 (3) 盘右观测：照准目标 A，指标水准管气泡居中，读数 R，$\alpha_R = (R - 270°)$ (4) 取平均值：$\alpha = (\alpha_L + \alpha_R)/2$，(测回间的角值互差不大于 $\pm 25''$)

思考与练习

1. 何为水平角？用经纬照准确同一竖直面内不同高度的两目标时，其水平度盘的读数是否相同？
2. 何谓竖直角？照准某一目标时，若经纬仪高度不同时，则该点的竖直角是否一样？
3. 经纬仪的安置包括哪几个步骤？
4. 采用盘左与盘右观测水平角时，能消除哪些仪器误差？
5. 整平的目的是什么？如何使水准管气泡居中？
6. 经纬仪有哪些轴线？各轴线之间应满足什么关系？
7. 简述影响水平角测量精度的因素及消除误差的方法？
8. 表 3-6 为某测站测回法观测水平角的记录，试在表 3-5 中计算出所测的角度值。

表 3-6　测回法观测水平角记录簿

测站	目标	竖盘位置	水平度盘读数 ° ′ ″	半测回角值 ° ′ ″	一测回角值 ° ′ ″	备注
O	A	左	00 00 06			
	B		78 48 54			
	A	右	180 00 36			
	B		258 49 06			

9. 方向观测法观测水平角的数据列于表 3-7 中，试进行各项计算。

表 3-7　方向观测法观测水平角记录簿

测回数	测站	目标	水平度盘读数		2c	平均 方向值	归零 方向值	各测回归 零方向值 之平均值
			盘左 ° ′ ″	盘右 ° ′ ″	″	° ′ ″	° ′ ″	° ′ ″
1	2	3	4		5	6	7	8
1	O	A	00 00 54	180 00 24				
		B	79 27 48	259 27 30				
		C	142 31 18	322 31 00				

(续)

测回数	测站	目标	水平度盘读数		2c	平均方向值	归零方向值	各测回归零方向值之平均值
			盘左	盘右				
			° ′ ″	° ′ ″	″	° ′ ″	° ′ ″	° ′ ″
	1	2	3	4	5	6	7	8
1		D	288 46 30	108 46 06				
		A	0 00 42	180 00 18				
		Δ						
2	O	A	90 01 06	270 00 48				
		B	169 27 54	349 27 36				
		C	232 31 30	42 31 00				
		D	18 46 48	198 46 36				
		A	90 01 00	270 00 36				
		Δ						

10. 什么叫竖盘指标差？怎样用竖盘指标差来衡量竖直角观测成果是否合格？
11. 角度观测中有哪些误差？应注意哪些问题？
12. 表 3-8 为某测站竖直角的观测记录，试在表中计算出所测的角度值。

表 3-8　竖直角观测记录簿

测站	目标	竖盘位置	竖盘读数	半测回竖直角	指标差	一测回竖直角	备注
			° ′ ″	° ′ ″		° ′ ″	
O	A	左	81 20 45				
		右	278 38 15				
	B	左	96 43 24				
		右	263 15 30				

第4章 距离测量

【教学目标】

本章介绍了距离测量的方法，包括钢尺量距、视距测量和光电量距。通过学习本章，要掌握水平距离的概念；掌握钢尺量距的一般方法和精密量距；掌握直线定线的概念和方法；掌握视距测量的基本原理和施测方法；了解光电测距的基本原理；掌握光电测距仪的使用及电子全站仪的使用。

【教学要求】

知识要点	能力要求	相关知识
钢尺量距	（1）能够根据工地实际情况选用钢尺量距方法 （2）能够利用钢尺等工具进行短距丈量 （3）能够利用钢尺等工具进行长距丈量	（1）水平距离的概念 （2）目估定线和经纬仪定线方法 （3）钢尺量距的一般方法 （4）钢尺量距的精密方法和相关计算 （5）钢尺量距的误差及注意事项
视距测量	（1）能够根据工地实际情况选用视距量距方法 （2）能够利用经纬仪等测量工具进行距离测量	（1）视距测量基本原理 （2）视距测量的观测与计算 （3）视距测量的注意事项
光电测量	（1）能够根据工地实际情况选用光电量距方法 （2）能够利用光电测距仪或电子全站仪等进行距离测量	（1）光电测量基本原理 （2）D3000系列红外测距仪简介 （3）拓普康GTS-211D全站仪简介

4.1 概 述

测量距离是测量的三项基本工作之一，测量学上所谓距离是指两点间的水平长度及地面上两点垂直投影到水平面上的直线距离。实际工作中，如果测得的是倾斜距离，还必须改算为水平距离。如图4.1所示，$A'B'$为水平距离，AB为斜距。

距离测量方法根据所用仪器、工具的不同，分为钢尺量距、视距量距和光电量距三种方法。钢尺量距是指利用钢尺工具进行距离测量的方法。视距量距是

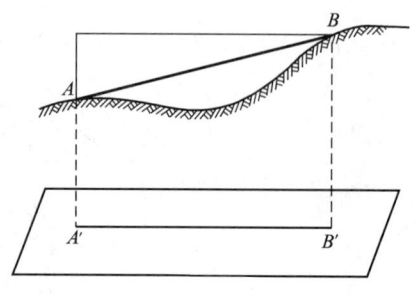

图4.1 水平距离示意图

指利用经纬仪等工具进行距离测量的方法。光电测距是指利用光电测距仪和电子全站仪等工具进行距离测量的方法。

4.2 钢尺量距

4.2.1 丈量工具

1. 钢尺

钢尺是由优质钢制成的带状尺，可卷放在图形盒内或金属架上，故又称钢卷尺，钢尺厚约 0.2～0.4mm，宽为 10～15mm，全长有 20m、30m 及 50m 几种。钢尺的基本分划为厘米，在每米及每分米处有数字标注。一般在起点处 1 分米内刻有毫米分划；有的钢尺，整个尺长内都刻有毫米分划。

由于尺的零点位置不同，钢尺有端点尺和刻线尺之分。端点尺是以尺的最外端作为尺的零点(图 4.2a)，当从建筑物墙边开始丈量时很方便。刻线尺是以尺前端的一刻线作为尺的零点(图 4.2b)。

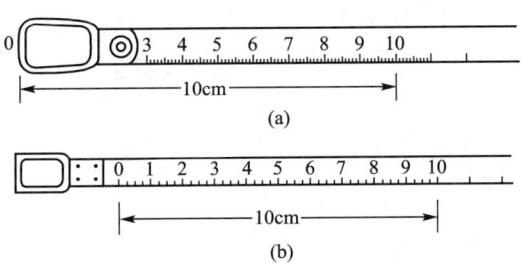

图 4.2 钢尺的种类
(a) 端点尺　(b) 刻线尺

钢尺由优质钢制成，抗拉强度高，受拉力的影响较小，在工程测量中常用钢尺量距。但钢尺有热胀冷缩性，同时钢尺较薄，性脆易折，应防止打结、车轮碾压，钢尺受潮易生锈，应防雨淋、水浸。

2. 标杆

标杆用圆木杆或合金材料制成，直径约 3～4cm，全长 2～3m，杆上涂以红白相间的双色油漆，间隔长为 20cm，故标杆又称花杆。杆的下端有铁制尖脚，以便插入地内，如图 4.3a 所示。标杆是一种简单照准标志，在丈量中用于直线定线。合金材料制成的标杆重量轻且可以收缩，携带方便。

3. 测钎

测钎一般用长约 25～35cm，直径为 3～4mm 粗的铁丝制成，一端卷成圆环，便于套在另一铁环内，以 6 根或 11 根为一串，另一端磨削成尖锥状，以便于插入地内，如图 4.3b 所示，作为丈量的尺段标记。

4. 垂球

垂球也称线垂，为铁制圆锥状重物，它上大下尖，上端的中心悬吊在细线下端，如图 4.3c 所示。当垂球自由静止后，细线和垂球即在同一垂线上。利用其吊线为铅垂线的特性，丈量时用铅垂投递点位位置。

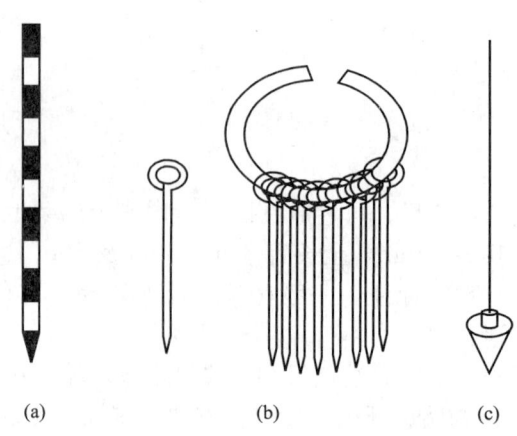

图 4.3 钢尺量距的辅助设备
（a）标杆 （b）测钎 （c）垂球

5. 其他工具

在精密丈量距离时，尚需水准仪、弹簧秤、温度计等工具。

4.2.2 钢尺量距方法

1. 直线定线

当地面上两点间的距离超过尺的全长或地势起伏较大时，必须逐个尺长地连续沿直线方向进行分段丈量，或者距离虽不足一个尺长，但仍要求分段进行丈量。这就提出如何在地面上标定出直线丈量的方向线的问题，这种工作称为直线定线。直线定线的方法有拉线定线、目估定线和经纬仪定线三种。在一般距离测量中常用拉线定线法和目估定线，而在精密距离测量中则采用经纬仪定线。

1）拉线定线

定线时，先在两点间拉一细绳，沿着线绳定出各中间点。

2）目估定线

目估定线精度较低，但能满足一般量距的精度要求。

如图 4.4 所示，欲在通视良好的 A、B 两点间定出 1、2 两点。可由两人进行，先在 A、B 两点竖立标杆，甲立于 A 点标杆后，乙持另一标杆沿 BA 方向走到离 B 点约一尺段长的 1 点附近，甲用手持指挥乙沿与 AB 垂直的方向移动标杆，直到标杆到位于 AB 直线上为止，然后在 1 点处插上标杆或测钎，定出 1 点。乙再带着标杆走到 2 点附近，同法定出 2 点，插上标杆或测钎。

这种从直线远端 B 走向近端 A 的定线方法称为走近定线。从直线近端 A 走向远端 B

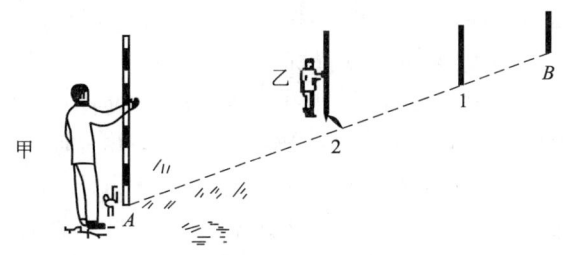

图 4.4 目估定线

的定线方法称为走远定线。走近定线的精度高于走远定线。

3) 经纬仪定线

当量距精度要求较高时,应采用经纬仪定线法。如图 4.5 所示,欲在 A、B 两点间精确定出 1,2,…点的位置,可将经纬仪安置于 A 点,用望远镜瞄准 B 点,固定照准部制动螺旋,然后将望远镜向下俯视,将十字丝交点投到木桩上,并钉小钉以确定出 1 点的位置。同法可定出其余各点的位置。

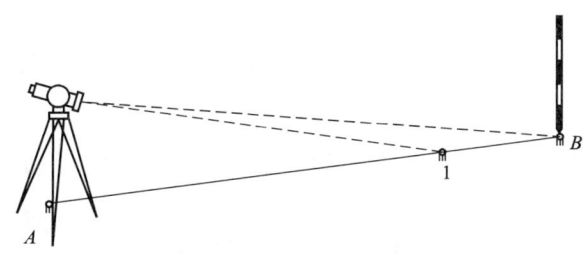

图 4.5 经纬仪定线

2. 钢尺量距的一般方法

1) 平坦地面的距离丈量

平坦地面的距离丈量分为短距测量和长距测量两种。

(1) 短距测量是指地面上两点之间距离不大于整尺全长的量距工作(图 4.6)。欲在 A、B 两端点间丈量其水平距离,其方法是后尺手持尺的零点留在 A 点,前尺手沿直线方向向 B 点行进,到 B 点时,前后尺手将尺落下地面,用力拉紧、拉稳、拉平钢尺,前尺手将钢尺置于 B 点,呼叫"预备",后尺手听到呼叫后,将尺的零刻线对齐在起点 A 的位置上,并呼叫"好"。前尺手在 B 点位置处迅速读出尺上读数。

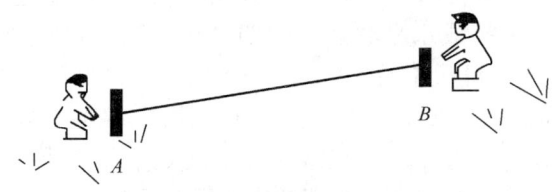

图 4.6 短距测量示意图

(2) 长距测量是指距离大于整尺长的量距工作(图 4.7)。欲在 A、B 两端点间丈量其水平距离,其方法是在 A、B 两点标记外侧各竖立一根标杆,后尺手持尺的零端留在

A 点,前尺手持尺、一根标杆及测钎沿直线方向向 B 点走一个尺长距离。记录者指挥前尺手定线,并在地面上作出直线方向位置标记。前、后尺手将尺落于地面,用力拉紧、拉稳、拉平钢尺,前尺手将钢尺置于作出的直线方向位置标记上,呼叫"预备",后尺手听到呼叫后,将尺的零刻线对齐在起点 A 的位置上,并呼叫"好"。前尺手此时在尺的终点(整尺长 30m 或 50m)的刻线位置处迅速垂直插下测钎1,量完第一个整尺长 $A1$。然后两人将尺悬空,同时沿直线方向再前进一个尺长距离,当后尺手走至测钎1处时,记录者重新指挥前尺手进行定线,重复第一个尺段的丈量工作。后尺手将尺的零刻线对准测钎的中间位置,前尺手再插下第二支测钎2,量完12尺段,后尺手拔出测钎1带走。如上所述,连续丈量各整尺段至 N,$N-B$ 为最后一个不足整尺长的零尺段。后尺手将尺的零刻线对准 N 测钎中间位置后,前尺手根据 B 点位置读出尺上读数(读至毫米位),直线 AB 丈量完毕。如以 AB 前进方向,则完往测的丈量,其直线全长为:

$$D_{AB}=n\times l+q_{往} \tag{4.1}$$

式中　n——尺段数;

　　　l——钢尺整尺长;

　　　q——不足一整尺的余长。

图 4.7　长距测量示意图

为防止丈量中发生错误且提高量距精度,距离要往、返丈量。上述为往测,返测时要重新进行定线,取往、返测距离的平均值作为丈量结果。

2) 倾斜地面的距离丈量

倾斜地面的距离丈量方法分为平量法和斜量法两种。

(1) 平量法。当地面倾斜起伏不是很大时,将钢尺一端抬高,拉成水平状态进行丈量,得到各尺段的水平长度。如图 4.8 所示,欲丈量 AB 直线的水平距离,在 A、B 点外侧各竖立一根标杆,后尺手留在 A 点,前尺手持尺沿 AB 方向前进一个尺段,进行直线定线。前尺手将尺抬高,目估拉成水平状态,呼叫"预备",后尺手将尺零刻线对准 A 点,呼叫"好"。前尺手用线垂对准尺末端 30m 或 50m 刻线处将整尺长位置投递于地面,并插下测钎(前尺手此时既要拉尺,又要抬平,并要对准尺末端整 30m 或 50m 刻画线进行投点,可能感到困难,可另配一人专门投点或读数,前尺手只负责拉尺、抬平)。量完一个尺段,如遇倾斜起伏较大处,按整尺长抬高拉成水平有困难,则可按零尺段进行丈量,用垂球投递点位于地面,应及时记录其长度值。平量法在起伏较大地段丈量时,可能有多个零尺段,故整尺段数与零尺段长度值务必记录清楚。平量法由上往下坡方向丈量较方便。如由下往上坡方向丈量,立下端者既要抬高钢尺,拉成水平,又要注意钢尺零刻线对准垂球吊线，难以兼顾，丈量较困难，因而倾斜地面平量法采用由上往下方向丈量两次，代替往返丈量进行校核。取两次测得距离的平均值作为丈量结果。具体公式为：

$$D=\sum l_i$$

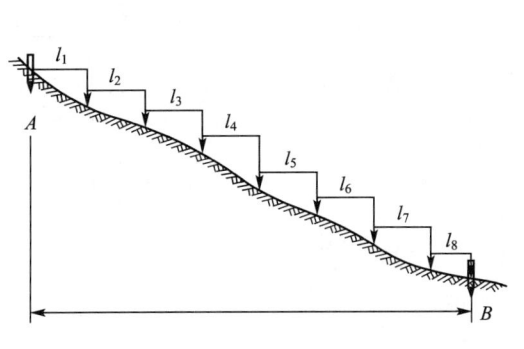

图 4.8　平量法

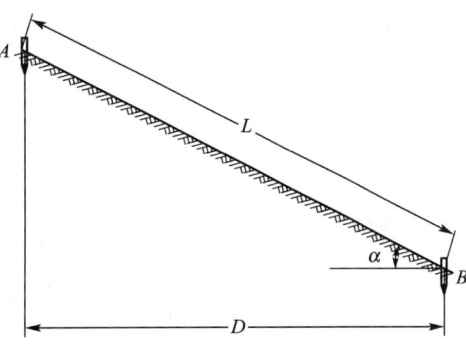

图 4.9　斜量法

（2）斜量法。如图 4.9 所示，当地面呈等倾斜时，可按斜面直接丈量斜距，经过计算后获得水平直线距离。具体操作仍然是在两端各竖立一根标杆，直线定线，逐个进行整尺长丈量，得到往测斜距 $L_{往}$。然后进行返测丈量，得到返测斜距 $L_{返}$。根据地面倾角 α，算得 AB 两点间的水平长度。取往、返测距离的平均值作为丈量结果。具体公式为：

$$D=L\cos\alpha$$

3）距离丈量的精度计算与记录

往、返丈量直线后，应评价距离丈量的质量，进行精度计算。距离丈量的精度是用相对误差相衡量，即往、返丈量长度的绝对差值与其平均值之比，按下式计算：

$$K=\frac{|D_{AB}-D_{BA}|}{D_{平均}}=\frac{1}{\frac{D_{平均}}{|\Delta D|}}=\frac{1}{N} \tag{4.2}$$

式中，K 为相对误差，$D_{平均}$、ΔD 的具体计算公式为：

$$D_{平均}=\frac{(D_{AB}+D_{BA})}{2}$$

$$\Delta D=|D_{AB}-D_{BA}| \tag{4.3}$$

一般方法量距的精度要求相对误差满足以下要求：

$$K\leqslant\frac{1}{3000}$$

困难地段丈量的相对误差不应大于 1/1000。若往、返丈量的精度超过限差要求，应予以返工，重新进行丈量。

【**例 4.1**】　钢尺一般量距方法，采用 50m 的钢尺丈量 AB 两点距离，往、返均测 5 个尺段，往测余长为 35.613m，返测余长为 35.645m，试计算 AB 间的实际距离及精度。

【**解**】　$D_{AB往}=50\times 5\text{m}+35.613\text{m}=285.613\text{m}$

$D_{AB返}=50\times 5\text{m}+35.645\text{m}=285.645\text{m}$

$D_{AB平均}=\frac{1}{2}(285.613+285.645)\text{m}=285.629\text{m}$

$K=\frac{|285.612-285.645|}{285.629}=\frac{0.033}{285.629}\approx\frac{1}{8655}\leqslant\frac{1}{3000}$

填表计算见表 4-1。

表 4-1　一般距离测量手簿

地点：绵阳　　　　　　　　钢尺编号：289(50m)　　　　　　　量距者：王东
日期：2007-08-08　　　　　天　气：阴　　　　　　　　　　　记录者：张强

线　段	观测次数	整尺段(m)	总计(m)	相对误差	平均值(m)
AB	往	5×50	35.613	1/8655	285.629
	返	5×50	35.645		

3. 钢尺量距的精密方法

用钢尺一般量距，量距精度只能达到 1/5000～1/1000，当量距精度要求更高时，例如 1/40000～1/10000，这就要求用精密的方法进行丈量。

1) 量距前的准备工作

(1) 清理场地。在量距开始之前，必须保证量距时每一尺段都不会因障碍物使钢尺产生扰曲。

(2) 经纬仪定线。如图 4.10 所示，用钢尺进地概量，在视线上依次定出比钢尺一整尺略短的 A1，12，23，…等尺段，然后在各尺段端点打下大木桩，在木桩上用小钉(或钉白铁皮后于其上划十字)精确定出中间点的位置。

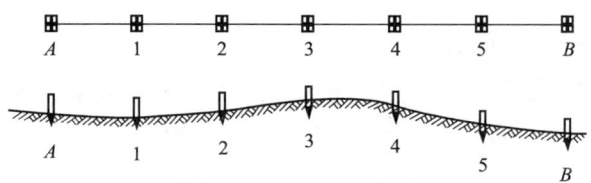

图 4.10　经纬仪定线

(3) 测量高差。定线完成后，用水准仪测量相邻桩顶间的高差，高差测量应经过测站检核。测站校核高差之差不得超过±10mm；如在限差以内，取其平均值作为观测成果。

2) 测量方法

精密量距一般由 5 人组成，2 人拉尺，2 人读数，1 人测定丈量时的钢尺温度兼记录员。

丈量时，后尺手挂拉力计于钢尺零端，前尺手执尺子末端，两人同时拉紧钢尺，把钢尺有刻划的一侧贴于木桩顶十字线交叉点，待拉力计指针指示在标准拉力(30m 钢尺，标准拉力为 100N)时，由后尺手发出"预备"口令，两人拉稳尺子，由前尺手呼叫"好"，前后尺手在此瞬间同时读数，估读至 0.5mm，记录员依次记入观测手簿，并计算尺段长度。

前后移动钢尺 10cm，依同法再次丈量，每一尺段丈量三次，由三组读数算得长度之差不应超过 3mm，否则应重测。如在限差之内，取三次丈量的平均值作为该尺段的观测成果。每一尺段应测定温度一次，估读至 0.5℃。同法丈量至终点完成往测。完成往测后，应立即返测。

3) 成果计算

(1) 尺长改正数。钢尺在标准拉力、标准温度下的检定长度，与钢尺名义长度往往不一致，其差数为 $\Delta l = l' - l_0$，即为整尺段尺长改正数。任意尺段的尺长改正数为：

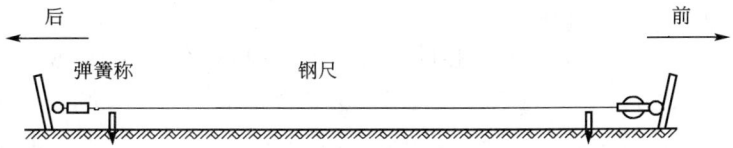

图 4.11 精密量距方法

$$\Delta l_{di} = \frac{\Delta l}{l_0} l \tag{4.4}$$

式中 Δl——$\Delta l = l' - l_0$ 在检定温度下的整尺段改正数，单位为 m；

l_0——钢尺的名义长度，单位为 m；

l'——在检定温度下的钢尺实际长度，单位为 m；

Δl_{di}——在检定温度下任意尺段的尺长改正数，单位为 m；

l——尺段的实测离，单位为 m。

(2) 温度改正数。由于钢尺检定时的标准温度与实际丈量时的温度不同，有一个差值。任意尺段的温度改正数为：

$$\Delta l_{ti} = \alpha(t - t_0)l \tag{4.5}$$

式中 Δl_{ti}——任意尺段的温度改正数，单位为℃；

α——钢尺的膨胀系数，一般取 $\alpha = 1.25 \times 10^{-5}/1℃$；

t——钢尺量距时的温度，单位为℃；

t_0——钢尺检定时的温度，单位为℃；

l_i——尺段的实测距离，单位为 m。

(3) 倾斜改正数。精密丈量是在木桩桩顶间丈量其尺段长度，由于桩顶间存在高差，丈量是在倾斜面上量得的斜距，而不是水平面上的长度，所以要利用两相邻桩顶的高差，进行倾斜改正。任意尺段的倾斜改正数为：

$$\Delta l_{hi} = -\frac{h^2}{2l} \tag{4.6}$$

式中 h——任意两相邻桩顶之间的高差，单位为 m；

l_i——尺段的实测距离，单位为 m；

Δl_{hi}——任意尺段的倾斜改正数。

(4) 改正后尺段长。量得距离、尺长改正数、温度改正数和倾斜改正数之和。

$$d_i = l_i + \Delta l_{di} + \Delta l_{ti} + \Delta l_{hi} \tag{4.7}$$

式中 l_i——任意尺段的实测距离；

d_i——单段距离的实际长度，单位为 m。

(5) 往、返丈量总长。各尺段长之和：

$$D_{往} = \sum_{i=1}^{n} d_{往i}$$

$$D_{返} = \sum_{i=1}^{n} d_{返i}$$

(6) 计算丈量精度。

$$K = \frac{|D_{AB} - D_{BA}|}{D_{平均}} = \frac{1}{\frac{D_{平均}}{|\Delta D|}}$$

计算丈量业度，应达到 1/50000～1/10000。

【例 4.2】 如表 4-2 所示，钢尺名义长度 30m，25℃时检定，实际长度为 29.998m，钢尺的膨胀系数为 $\alpha=1.25\times10^{-5}/1℃$。1—2 尺段实测距离 $l_i=29.9058$，量距时温度 $t=30.5℃$，1—2 两点间的高差 $h_{12}=-0.258$m，计算该尺段改正后的水平距离。

表 4-2　精密量距记录计算表

钢尺编号：No.3　　　　钢尺的膨胀系数：1.25×10⁻⁵/1℃　　　钢尺检定时温度：25℃
钢尺名义长度：30m　　　钢尺检定时长度：29.998m　　　　　钢尺检定时拉力：100N

尺段编号	实测次数	前尺读数(m)	后尺读数(m)	尺段长度(m)	温度(℃)	高差(m)	尺长改正数(m)	温度改正数(m)	倾斜改正数(m)	改正后尺段长(m)
A-1	1	29.7195	0.1000	29.6195	29.0	0.158	−0.0020	0.0015	−0.0027	29.6161
	2	7865	1670	195						
	3	8927	2737	190						
	平均			29.6193						
1-2	1	29.9175	0.0115	29.9060	30.5	−0.258	−0.0020	0.0021	0.0043	29.9102
	2	875	815	060						
	3	455	400	055						
	平均			29.9058						
2-B	1	24.1600	0.0505	24.1095	31.0	0.615	−0.0016	0.0018	−0.0128	24.0977
	2	20	510	110						
	3	25	520	105						
	平均			24.1103						
B-2	1	24.2105	0.1000	24.1105	29.5	0.658	−0.0016	0.0014	−0.0137	24.0961
	2	1175	065	110						
	3	1275	175	100						
	平均			24.1100						
2-1	1	29.9135	0.0060	29.9075	30.5	0.247	−0.0020	0.0021	−0.0041	29.9030
	2	40	075	065						
	3	80	110	070						
	平均			29.9070						
1-A	1	29.7185	0.1080	29.6105	30.0	0.325	−0.0020	0.0019	−0.0055	29.6054
	2	6825	715	110						
	3	6155	040	115						
	平均			29.6110						
备注	因 K 值＞1/10000，数据无效，需重测										

解：(1) 计算单段距离实长

$$\Delta l = 29.998\text{m} - 30\text{m} = -0.002\text{m}$$

$$\Delta l_d = \frac{-0.002\text{m}}{30\text{m}} \times 29.9058 = -0.0020\text{m}$$

$$\Delta l_t = 1.25 \times 10^{-5}/\text{℃} \times (30.5\text{℃} - 25\text{℃}) \times 29.9058 = 0.0021\text{m}$$

$$\Delta l_t = -\frac{-0.258}{2 \times 29.9058} = 0.0043\text{m}$$

$$d_{12} = 29.9058 - 0.0020 + 0.0021 + 0.0043 = 29.9102\text{m}$$

(2) 计算路线全长

$$D_n = \sum_{i=1}^{n} d_{ni} = 29.6161\text{m} + 29.9102\text{m} + 24.0977\text{m} = 83.6240\text{m}$$

$$D_返 = \sum_{i=1}^{n} d_{返i} = 24.0961\text{m} + 29.9030\text{m} + 29.6054\text{m} = 83.6045\text{m}$$

$$D = \frac{(D_{AB} + D_{BA})}{2} = \frac{(83.6240\text{m} + 83.6054\text{m})}{2} = 83.6147\text{m}$$

$$K = \frac{|D_{AB} - D_{BA}|}{D} = \frac{83.6240\text{m} - 83.6054\text{m}}{83.6147} \approx \frac{1}{4495} > \frac{1}{10000}$$

所以，此次丈量精度不符合要求，需重测。

4. 钢尺的检定

1) 尺长方程式

钢尺由于其存在制造误差、经常使用中的变形以及丈量时温度和拉力不同的影响，使得其实际长度往往不等于名义长度。因此，丈量之前必须对钢尺进行检定，求出它在标准拉力和标准温度下的实际长度。以便对丈量结果加以改正。钢尺检定后，应给出尺长随温度变化的函数式，通常称为尺长方程式，其一般形式为：

$$l_t = l_0 + \Delta l + \alpha \times l_0 \times (t - t_0) \tag{4.8}$$

式中　l_t——钢尺在温度 t℃时的实际长度，单位为 m；

　　　l_0——钢尺名义长度，单位为 m；

　　　Δl——尺长改正数，单位为 m；

　　　α——钢尺的线膨胀系数，单位为/℃；

　　　t_0——钢尺检定时的温度，单位为℃；

　　　t——钢尺量距时的温度，单位为℃。

2) 钢尺检定的方法

钢尺应送设有比长台的测绘单位检定，但若有检定过的钢尺，在精度要求不高时，可用检定过的钢尺作为标准尺来检定其他钢尺。检定宜在室内水泥地面上进行，在地面上贴两张绘有十字标记的图纸，使其间距约为一整尺长。用标准尺施加标准拉力丈量这两个标记之间的距离，并修正端点使该距离等于标准尺的长度。然后再将检定的钢尺施加标准拉力丈量该两标志间的距离，取多次丈量结果的平均值作为检定钢尺的实际长度，从而求得尺长方程式。

【例 4.3】 设 1 号钢尺为标准尺，尺长方程式为：

$$l_{t1}=50\text{m}+0.005\text{m}+1.25\times10^{-5}\times(t-25)\times50\text{m}$$

被检定的钢尺为 2 号 50m 钢尺，多次丈量的平均长度为 49.997m，温度为 28℃，从而求得 2 号尺比 1 号尺长 0.003m。设检定时温度变化很小，可略而不计，则可被检定钢尺的尺长方程式是什么？

解： $l_{t2}=l_{t1}+0.003=50\text{m}+0.005\text{m}+1.25\times10^{-5}\times(28-25)\times50\text{m}+0.003$

$l_{t2}=50\text{m}+0.010\text{m}+1.25\times10^{-5}\times(t-28)\times50\text{m}$

4.2.3 钢尺量距的误差分析及注意事项

1. 钢尺量距的误差

1）定线误差

距离是指地面两点垂直投影到水平面上的直线距离，若定线不精确，将使量得的距离成折线距离，使测量结果偏大。一般来说，钢尺量距一般可采用拉线定线和目估定线，精密方法则必须采用经纬仪定线。

2）尺长误差

钢尺实际长度和名义长度往往不同。同时尺长误差具有系统积累性，它与所量距离成正比。一般来说，钢尺一般量距无须尺长改正，但当尺长改正数大于尺长 1/10000 须加尺长改正数；钢尺精密量距须加尺长改正。

3）温度误差

由于钢尺是钢制品，其具有热胀冷缩性，不同温度下，钢尺的长度也不同。根据温度改正公式 $\Delta l_t=\alpha\times(t-t_0)\times l$，对于 30m 的钢尺，温度变化 8℃，将会产生 1/10000 尺长误差。所以，一般来说，若量距时温度与检定时温度相差大于 8℃，钢尺一般量距无须进行温度改正，但量距时温度与检定时温度相差大于 8℃，须进行温度改正；钢尺精密量距时须加温度改正。同时，应注意温度计测量温度，测定的是空气温度，而不是尺子本身的温度，在夏季阳光曝晒下，此两者温度之差可大于 5℃。因此，量距宜在阴天进行，并要尽量靠近钢尺进行测量。

4）拉力误差

钢尺具有弹性，会因受拉而伸长。量距时，如果拉力不等于标准拉力，钢尺的长度就会发生变化。精密量距时，因用弹簧秤控制标准拉力，所以拉力误差较小，几乎为零。但一般量距时，因拉力不能控制，所以误差较大，这就要求拉尺时尺要平稳，用力要均匀。

5）尺子不水平的误差

由于钢尺不水平，会使量得的距离偏大。钢尺量距时应尽量放平钢尺或将斜距换算成水平距离；精密方法必须进行尺长改正。

6）钢尺垂曲和反曲的误差

钢尺悬空丈量时，中间下垂，称为垂曲。在凹凸不平的地面量距时，凸起部分将使钢尺产生上凸现象，称为反曲。垂曲和反曲将使量得的距离偏大。所以，钢尺量距时，应先将钢尺拉平。

7）人为的误差

人为误差包括钢尺刻划对点的误差、插测钎的误差及钢尺读数的误差等。这些误差在丈量结果中可以互相抵消一部分，但仍是量距工作的一项主要误差来源。

2. 钢尺量距时的注意事项

（1）丈量用的钢尺应进行尺长检定。

（2）丈量前应对所使用的钢尺认读零点和末端位置，了解注记规律。

（3）丈量时应准确定线，钢尺应拉平、拉直，用力均匀拉紧，钢尺零点应对准尺段起始位置，末端插测钎应竖直准确插下，前、后尺手应配合默契。

（4）零尺段读数要正确，及时记录该尺段数据，整尺段数应记清，并应与后尺手收回的测钎数符合。

（5）丈量完一个尺段后，前进时，钢尺应悬空，不应触地拖拉，防止钢尺打卷，注意勿被车辆碾压，避免钢尺断裂损坏。

（6）钢尺丈量使用完毕后，应清除尺上泥污和水渍，并涂上防锈油，加以保养。

（7）如进行精密量距，必须按作业要求逐一进行。量距本身是一项简单工作，但在高精度要求下，不遵守操作要求很难达到精度要求，务必要注意。

4.3 视距测量

视距测量是根据几何光学原理，利用望远镜内视距丝，同时间接测定距离和高差的一种方法。此法操作简单，速度快，不受地形起伏的限制，虽测距精度较低，一般可达 1/300～1/200，但能满足地形测图测绘中距离测量的精度要求。

视距测量所用的主要仪器和工具有经纬仪、水准仪和视距尺。视距尺与水准尺基本相同。

4.3.1 视距测量原理

1. 视线水平时的视距测量公式

欲测定 A、B 两点间的水平距离，如图 4.12 所示，在 A 点安置经纬仪，在 B 点竖立视距尺，当望远镜视线水平时，视准轴与尺子垂直，对光后，通过上、下两条视距丝 m、n 就可读得尺上 M、N 两点处的读数，两读数的差值 l 称为视距间隔或视距。f 为物镜焦距，p 为视距丝间隔，δ 为物镜至仪器中心的距离，由图可知，A、B 点之间的平距为：

$$D = d + f + \delta \tag{4.9}$$

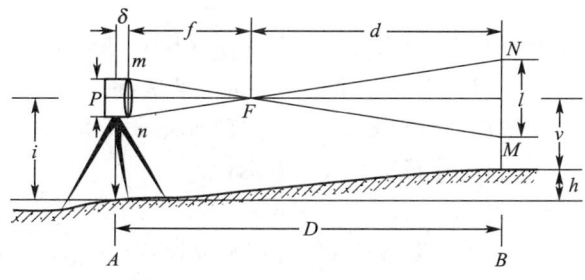

图 4.12 水平视线视距测量原理

其中 d 由两相似三角形 MNF 和 mnF 求得：

$$\frac{d}{f}=\frac{l}{p}$$

$$d=\frac{l}{p}f$$

因此，

$$D=d+f+\delta=\frac{f}{p}l+f+\delta$$

令 $K=\frac{f}{p}$，称为视距乘常数，$C=f+\delta$，称为视距加常数，则：

$$D=Kl+C \tag{4.10}$$

式中　K——视距乘常数，通常为100；

　　　C——视距加常数。

在设计望远镜时，适当选择有关参数后，可使 $K=100$，$c=0$。于是，视线水平时的视距公式为：

$$D=100l \tag{4.11}$$

两点间的高差为：

$$h=i-v \tag{4.12}$$

式中　i——仪器高，单位为 m；

　　　v——望远镜的中丝在尺上的读数，即中丝读数，单位为 m。

2. 视线倾斜时的视距测量公式

当地面起伏较大时，必须使视线倾斜才能照准视距尺读取视距间隔，如图 4.13 所示，由于视准轴不再垂直于尺子，故不能直接用上述公式。若想引用前面的公式，测量时则必须将尺子置于垂直于视准轴的位置，但那是不太可能的。因此，在推导倾斜视线的视距公式时，必须加上两项改正：

(1) 视距尺不垂直于视准轴的改正。

(2) 倾斜视线（距离）化为水平距离的改正。

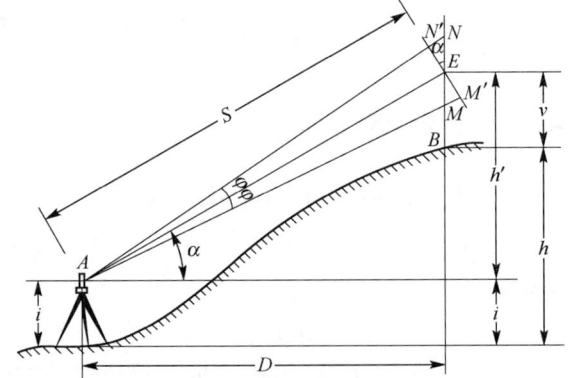

图 4.13　倾斜视线视距测量原理

在图 4.12 中，设视准轴倾斜角为 α，由于 φ 角很小，略为 $17'$，故可将 $\angle NN'E$ 和 $\angle MM'E$ 近似看成直角，则 $\angle NEN'=\angle MEM'=\alpha$，于是有：

$$l'=M'N'=M'E+EN'=ME\cos\alpha+EN\cos\alpha$$
$$=(ME+EN)\cos\alpha=l\cos\alpha$$

根据式(4.11)得倾斜距离

$$S=Kl'=Kl\cos\alpha$$

换算为平距为：

$$D=S\cos\alpha=Kl\cos^2\alpha \tag{4.13}$$

A、B 两点间的高差为：
$$h = h' + i - v$$
式中，
$$h' = S\sin\alpha = Kl\cos\alpha\sin\alpha = \frac{1}{2}Kl\sin 2\alpha$$
称为初算高差。故视线倾斜时的高差公式为：
$$h = \frac{1}{2}Kl\sin 2\alpha + i - v = D\tan\alpha + i - v \tag{4.14}$$

4.3.2 视距测量方法

（1）在测站上安置仪器，对中、整平后，量取仪器高至厘米并记入手簿。
（2）转动经纬仪，用盘左（或盘右）照准视距尺，调节竖直度盘指标水准管使气泡居中。
（3）迅速读取竖直度盘读数计算竖直角 a 和上、中、下三丝读数。
（4）计算水平距离 D 和高差 h。

在实际工作中，可列表计算，如表 4-3 所示。用中丝瞄准仪器高 i 的数值而读取竖直角 a；使上丝照准标尺整米数，以便直接读取尺间隔 l，可简化计算。同时应注意，竖直角测量采用的是半测回测量，在计算竖直角时，需加上竖盘指标差。

表 4-3 视距测量手簿

测站：　　　仪器高：　　　测站高程：　　　指标差：

测点	尺间隔 l(m)	中丝读数 v(m)	竖盘读数 L(°′″)	垂直角 a(°′″)	高差 h(m)	水平距离 D(m)	高程 H(m)	备注

4.3.3 视距测量误差及注意事项

1. 视距测量误差

1）读数误差

在视距尺上读数误差与人眼的分辨能力、尺子最小分划宽度、望远镜的放大率及视距长度等有关。为使测距准确，应按规范要求进行测量。

2）大气折射影响

上、中、下三丝读数光线是通过不同密度的空气层到达望远镜的，越接近地面的光线受折光影响越显著。经验证明，当视线接近地面在视距尺上读数时，垂直折光引起的误差较大，并且这种误差与距离的平方成比例增加。因此，观测时应尽可能使视线距地面1m以上。

3）视距尺倾斜引起的误差

视距尺倾斜引起的距离误差，随地面的坡度增加而使误差增大，因此，视距测量时应尽可能把标尺竖直。

4) 视距乘常数 K 的误差

由于仪器制造及外界温度变化等因素，使视距乘常数 K 值不为 100。因此，对视距乘常数 K 要严格要求测定。

此外，视距尺分划误差、竖直角观测误差及风力、温度影响等，也会影响视距测量的精度。

2. 视距测量注意事项

（1）为减少垂直折光的影响，观测时应尽可能使视线离地面 1m 以上。

（2）作业时，要将视距尺竖直，并尽量采用带有水准器的视距尺。

（3）要严格测定视距常数 K，K 值应在 100 ± 0.1 之内，否则应加以改正，或采用实测值。

（4）视距尺一般应是厘米刻划的整体尺。如果使用塔尺，应注意检查各节尺的接头是否准确。

（5）要在成像稳定的情况下进行观测。

（6）读数时注意消除视差，认真读取视距尺间隔，并尽可能缩短视线长度。

4.4 光 电 测 距

4.4.1 光电测距原理

上个世纪 50 年代，人们发明了光电测距仪。它是以光波为载波，通过测定光电波往返传播的时间差或相位差来测量距离。光电测距和传统的钢尺量距相比，具有测程远、精度高、受地形限制少和速度快的特点，目前在精密量距中已普遍采用。

随着现代光电技术的发展，出现了以红外线、激光、电磁波为载波的光电测距仪。测距仪按测程远近分为远程测距仪（大于 25km）、中程测距仪（10～25km）和短程测距仪（小于 10km）。短程测距仪常以红外光作载波，故称为红外测距仪。红外测距仪采用半导体砷化镓发光二极管作为光源。该种二极管具有体积小、亮度高、功耗低、寿命长，且有连续发光，加载交变电压后，可直接发射调制光波。因此，红外测距仪被广泛应用于工程测量和地形测量中。本节主要讨论红外光电测距仪。

光电测距是通过测量光波在待测距离上往返一次所经历的时间，来确定两点之间的距离。如图 4.14 所示，在 A 点安置测距仪，在 B 点安置反射棱镜，测距仪发射的调制光波到达反射棱镜后又返回到测距仪。设光速 c 为已知，如果调制光波在待测距离 D 上的往返传播时间为 t，则距离 D 为：

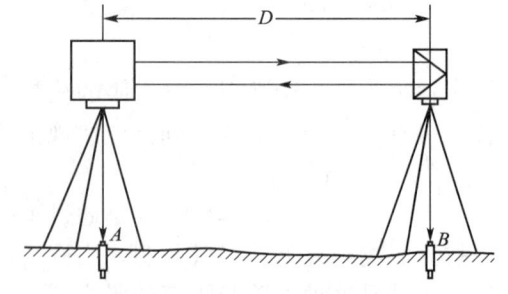

图 4.14 光电测距原理

$$D=\frac{1}{2}ct$$

式中 $c=c_0/n$，其中 c_0 为真空中的光速，其值为 299792458m/s，n 为大气折射率，它与光波波长 λ，测线上的气温 T、气压 P 和湿度 e 有关。因此，测距时还需测定气象元素，对距离进行气象改正。

由式可知，测定距离的精度主要取决于时间 t 的测定精度，即 $d_D=\frac{1}{2}cdt$。当要求测距误差 d_D 小于 1cm 时，时间测定精度 d_t 要求准确到 6.7×10^{-11}s，这是难以做到的。因此，时间的测定一般采用间接的方式来实现。间接测定时间的方法有两种。

1. 脉冲法

由测距仪发出的光脉冲（闪光）经反射棱镜反射后，又回到测距仪而被接收系统接收，测出这一光脉冲往返所需时间间隔 t 的钟脉冲的个数，进而求得距离 D。由于钟脉冲计数器的频率所限，所以测距精度只能达到 0.5～1m。故此法常用在激光雷达等远程测距上。

2. 相位法

相位法测距是通过测量连续的调制光波在待测距离上往返传播所产生的相位变化来间接测定传播时间，从而求得被测距离。红外光电测距仪就是典型的相位式测距仪。

红外光电测距仪的红外光源是由砷化镓（GaAs）发光二极管产生的。如果在发光二极管上注入一恒定电流，它发出的红外光光强则恒定不变。若在其上注入频率为 f 的高变电流（高变电压），则发出的光强随着注入的高变电流呈正弦变化，这种光称为调制光。

测距仪在 A 点发射的调制光在待测距离上传播，被 B 点的反射棱镜反射后又回到 A 点而被接收机接收，然后由相位计将发射信号与接收信号进行相位比较，得到调制光在待测距离上往返传播所引起的相位移 φ，其相应的往返传播时间为 t。如果将调制波的往程和返程展开，则有如图 4.15 所示的波形。

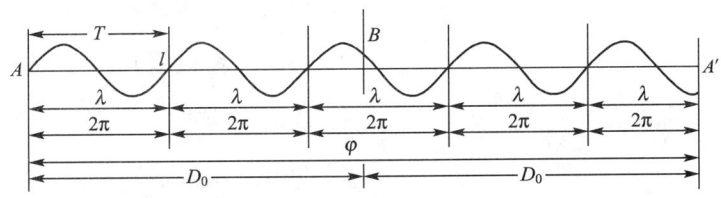

图 4.15 相位式测距原理

从图中可看出，在调制光往返的时间 t 内，其相位变化了 N 个整周（2π）及不足一周的余数 $\Delta\varphi$，而对应 $\Delta\varphi$ 的时间为 Δt，距离为 $\Delta\lambda$。则：

$$t=NT+\Delta t$$

由于变化一周的相位差为 2π，则不足一周的相位差 $\Delta\varphi$ 与时间 Δt 的对应关系为：

$$\Delta t=\frac{\Delta\varphi}{2\pi}T$$

于是得到相位测距的基本公式：

$$\begin{aligned}D&=\frac{1}{2}ct=\frac{1}{2}c\left(NT+\frac{\Delta\varphi}{2\pi}T\right)\\&=\frac{1}{2}cT\left(N+\frac{\Delta\varphi}{2\pi}\right)=\frac{\lambda}{2}(N+\Delta N)\end{aligned} \quad (4.15)$$

式中，$\Delta N = \dfrac{\Delta \varphi}{2\pi}$ 为不足一整周的小数。

在相位测距基本公式中，常将 $\dfrac{\lambda}{2}$ 看作是一把"光尺"的尺长，测距仪就是用这把"光尺"丈量距离。N 为整尺段数，ΔN 为不足一整尺段之余数。两点间的距离 D 就等于整尺段总长 $\dfrac{\lambda}{2}N$ 和余尺段长度 $\dfrac{\lambda}{2}\Delta N$ 之和。

测距仪的测相装置（相位计）只能测出不足整周（2π）的尾数 $\Delta\varphi$，而不能测定整周数 N，只有当所测距离小于光尺长度时，才能有确定的数值。为了解决扩大测程与提高精度的矛盾，目前的测距仪一般采用两个调制频率，即两把"光尺"进行测距。用长测尺（称为粗尺）测定距离的大数，测定百米、十米和米，以满足测程的需要；用短测尺（称为精尺）测定距离的尾数，测定米、分米、厘米和毫米，以保证测距的精度。将两者结果衔接组合起来，就是最后的距离值，并自动显示出来。

4.4.2 D3000 系列红外测距仪简介

D3000 系列测距仪是常州大地测距仪厂的荣誉产品，工艺成熟，质量稳定可靠，是国产测距仪的主要产品。如图 4.16 所示。

1. D3000 系列的主要技术指标

型号	测程
D3010	1200m（单块棱镜）
	1800m（三块棱镜）
D3030	2000m（单块棱镜）
	3000m（三块棱镜）
D3050	2200m（单块棱镜）
	3200m（三块棱镜）
	4500m（九块棱镜）

精度：（3mm＋2ppm×D）（5mm＋3ppm×D）

显示：位液晶显示器（最大显示距离：9999.999m）

最小读数：1mm（跟踪 10mm）

测量时间：连续测量 3 秒，跟踪测量 0.8 秒

垂直角置数：0°～89°59′59″

气象修正输入范围：温度 −20～＋50℃

气压：533～1332hPa

棱镜常数修正：−999～＋999mm

光源：红外发光二极管

电源：镍-镉电池，装卸式 6V，1.2A/h，充电时间 14h(25)

照准望远镜：同轴照准，正像 13 倍，视场角 1°30′

体积：185mm×124mm×81mm

重量：1.8kg

2．结构与性能

1）主机

如图 4.16 所示，主机有发射、接收物镜、显示器和键盘。该测距仪主机可通过连接器安置在普通光学经纬仪或电子经纬仪上。利用光轴调节螺旋，可使测距仪主机的光轴与经纬仪视准轴位于同一竖直面内。同时，测距仪水平轴到经纬仪水平轴的高度与觇牌中心到反射镜的高度相同，因此经纬仪瞄准觇牌中心的视线与测距仪瞄准反射棱镜中心的视线能保持平行。

2）反射镜

反射镜按其镜数的多少分为单棱镜、三棱镜和九棱镜，图 4.17a 为单棱镜，图 4.17b 为三棱镜。通常距离在 1500m 以内选用单棱镜，如距离超过 1500m 但小于 2500m 则选用三棱镜，棱镜安置在三脚架上，利用光学对中器和水准管进行对中和整平。

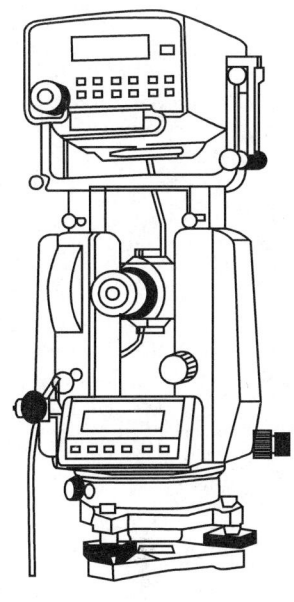

图 4.16　D3000 测距仪

4.4.3　测量距离的步骤

1）安置仪器

先在测站上安置经纬仪，将测距仪主机安装在经纬仪支架上，连接器固定螺钉旋紧，将电池插入主机底部，扣紧。将经纬仪对中，整平，在目标点安置反射棱镜，对中，整平，并使镜面朝向主机。

2）观测垂直角、气温和气压

对测距仪测量出的斜距进行倾斜改正、温度改正和气压改正，以得到正确的水平距离。

3）测距准备

按电源开关键 PWR 开机，主机自检并显示原设定的温度、气压和棱镜常数值。

4）距离测量

调节测距仪主机水平调整手轮（或经纬仪水平微动螺旋）和主机俯仰微动螺旋，使测距仪望远镜精确瞄准棱镜中心，然后按键进行测量。

4．测距仪使用注意事项

(1) 不准将测距仪物镜对准太阳或其他强光源，以免损坏测距仪内感光元件。

(2) 注意爱护仪器，防止仪器受日晒雨淋，阳光下或雨天观测需撑伞。

(3) 防止不利气候对测距的影响，无风的阴天观测最佳。

(4) 观测时，反光棱镜后面不应有反光镜和其他强光源。

(5) 观测时测线应远离强电磁场。

(6) 测线应尽量离开地面障碍物 1.3km 以上，避免通过发热体和较宽水面的上空。

(7) 如出现电压报警，注意及时更换电池。测距完毕后应立即关机，换站时应断电后再搬仪器。

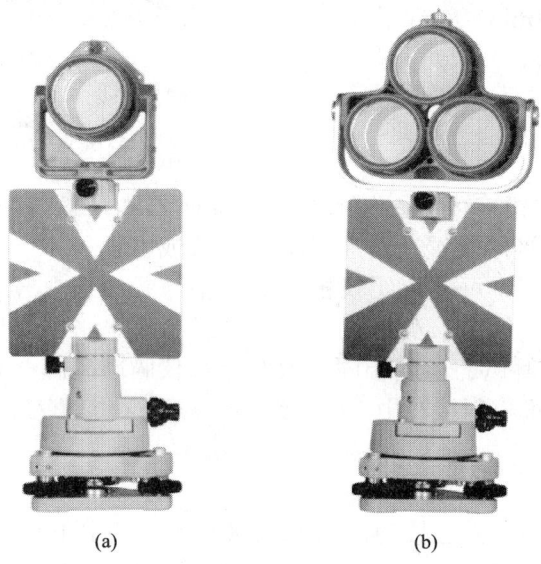

(a)   (b)

图 4.17 棱镜

4.5 全站仪简介

随着科学技术的发展，出现了由电子测角、电子测距、电子计算和数据存储等单元组成的三维坐标测量系统，能自动显示测量结果，能与外围设备交换信息的多功能测量仪器。由于仪器较完善地实现了测量和处理过程的电子一体化，所以人们通常称之为全站型电子速测仪，简称全站仪。

4.5.1 全站仪的基本构造

1. 全站仪的组成

1）采集数据设备：主要有电子测角系统、电子测距系统、自动补偿设备等。

2）微处理器：微处理器是全站仪的核心装置，主要由中央处理器、随机储存器和只读存储器等构成。测量时，微处理器根据键盘或程序的指令控制各分系统的测量工作，进行必要的逻辑和数值运算以及数字存储、处理、管理、传输、显示等。

通过上述两大部分有机结合，才真正体现出"全站"功能，既能自动完成数据采集，又能自动处理数据，使整个测量过程工作有序、快速、准确地进行。

2. 全站仪的分类

20世纪80年代末、90年代初，人们根据电子测角系统和电子测距系统的发展不平衡，把两种系统结构配置在一起构成全站仪。按其结构形式，全站仪分成两大类，即积木式和整体式。

1）积木式

也称组合式，它是指电子经纬仪和测距仪可以分离开使用，照准部与测距轴不共轴。作业时，测距仪安装在电子经纬仪上，相互之间用电缆实现数据通信，作业结束后卸下分别装箱。这种仪器可根据作业精度要求，用户可以选择不同测角、测距设备进行组合，灵活性较好。

2) 整体式

也称集成式，它是将电子经纬仪和测距仪融为一体，共用一个光学望远镜，使用起来更方便。

4.5.2 科力达全站仪 KTS-552 简介

如图 4.18 所示，科力达全站仪是由广州科力达仪器有限公司生产的。由于其较低的价格，目前已被很多建筑公司、大中专院校采用，作为施工和教学的仪器。本节以科力达全站仪为例，介绍一下全站仪的性能及使用。

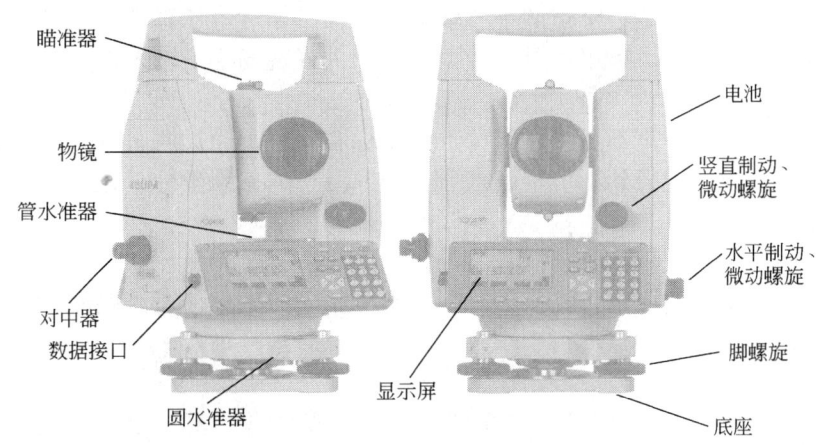

图 4.18 全站仪

1. 技术指标（表 4-3）

表 4-4 技术指标

最大测程（单棱镜）	1.8km
最大测程（三棱镜）	2.6km
测距精度	2+2ppm
测距时间	精测 3s，跟踪 1s
测角方式	绝对编码式
测角精度	2″
测角探测方式	水平盘：对径 竖直盘：对径
望远镜放大倍率	30×
补偿器系统	双轴液体电子传感补偿
补偿器工作范围	±3′
补偿器精度	1″
显示类型	双面、8 行中文显示
电源	可充电镍-氢电池
电池连续工作时间	8h
重量	6.0kg

2. KTS-552基本测量程序

1) 放样

点位放样可以有四种不同的方式。三维放样元素由存储的待放样已知点和现场测站综合信息计算而来。

2) 偏心测量

偏心测量用于测定测站至通视但无法设置棱镜的点，或者测站至不通视点间的距离和角度。测量时，将棱镜（偏心点）设在待测点（目标点）附近，通过对测站至棱镜（偏心点）间距离和角度的测量。来定出测站至待测点（目标点）间的距离和角度。

3) 对边测量

该程序可以测定任意两点间的距离、方位角和高差。测量模式既可以是相邻两点之间的折线方式，也可以是固定一个点的中心辐射方式。参加对边计算的点既可以是直接测量点，也可以是间接测量点，也可以是由数据文件导入或现场手工输入点。

4) 悬高测量

悬高测量用于测量计算不可接触点的点位坐标和高程。通过测量基准点，然后照准悬高点，测量员可以方便地得到不可接触点（也称悬高点）的三维坐标，还可得到基准点和悬高点之间的高差。

5) 后方交会测量

通过对多个已知点的测量（角度、距离）定出测站坐的坐标。可测距时，已知点不得少于2个；无法测距时，已知点不得少于3个。

6) 面积测量

该程序用于测量计算闭合多边形的面积。用于定义面积计算的点可以通过测量、数据文件导入或手工输入等方式来获得。程序通过图形显示可以查看面积区域的形状。

7) 直线放样

直线放样用来做相对基线到设计距离的必须点的放样，也用于求从基线到一个测量点的距离。

8) 点投影

点投影用来做将一点投影到一确定基线上。待投影点的坐标可以通过测量获得，也可以由手工输入实现。投影后仪器将计算并显示从起始点到（待投影的点向基线引垂线与基线正交的）垂足之间的距离。

9) 道路放样

该程序可以实现道路曲线放样、线路控制以及测设纵、横断面等功能。这个软件还可以在任意中桩处插入断面，计算各类元素。同时，用道路数据编辑器可以查看、编辑甚至创建新的项目文件。

3. 科力达全站仪的操作

1) 仪器安置

仪器安置包括对中与整平，其方法与光学仪器相同。仪器有双轴补偿器，整平后气泡略有偏离，对观测并无影响。

2) 开机和设置

开机后仪器进行自检，自检通过后，显示主菜单。测量工作中进行的一系列相关设

置,全站仪除了厂家进行的固定设置外,主要包括以下内容:

(1) 各种观测量单位与小数点位数的设置:包括距离单位、角度单位及气象参数单位等。

(2) 测距仪常数的设置,包括加常数、乘常数以及棱镜常数设置。

(3) 标题信息、测站标题信息、观测信息。根据实际测量作业的需要,如导线测量、交点放线、中线测量、断面测量、地形测量等不同作业建立相应的电子记录文件。主要包括建立标题信息、测站标题信息、观测信息等。标题信息内容包括测量信息、操作员、技术员、操作日期、仪器型号等。仪器安置好后,应在气压或温度输入模式下设置当时的气压和温度。在输入测站点号后,可直接用数字键输入测站点的坐标,或者从存储卡中的数据文件直接调用。按相关键可对全站仪的水平角置零或输入一个已知值。观测信息内容包括附注、点号、反射镜高、水平角、竖直角、平距、高差等。

3) 角度距离坐标测量

在标准测量状态下,角度测量模式、斜距测量模式、平距测量模式、坐标测量模式之间可互相切换,全站仪精确照准目标后,通过不同测量模式之间的切换,可得到所需要的观测值。

全站仪均备有操作手册,要全面掌握它的功能和使用,使其先进性得到充分的发挥,应详细阅读操作手册。

4. 注意事项

(1) 严禁将仪器直接置于地上,以免砂土对仪器、中心螺旋及螺孔造成损坏。

(2) 作业前应仔细、全面检查仪器,确定电源、仪器各项指标、功能、初始设置和改正参数均符合要求后,再进行测量。

(3) 在烈日、雨天或潮湿环境下作业时,请务必在测伞的遮掩下进行,以免影响仪器的精度或损坏仪器。此外,在烈日下作业应避免将物镜直接照准太阳,若需要可安装滤光镜。

(4) 全站仪是精密仪器,务必小心轻放,不使用时应将其装入箱内,置于干燥处,注意防振、防潮、防尘。

(5) 若仪器工作处的温度与存放处的温度相差太大,应先将仪器留在箱内,直至它适应环境温度后再使用。

(6) 仪器使用完毕,应用绒布或毛刷清除表面灰尘;若被雨淋湿,切勿通电开机,应该用干净的软布轻轻擦干,并放在通风处一段时间。

(7) 取下电池务必先关电源,否则会造成内部线路的损坏。将仪器放入箱内,必须先取下电池并按原布局放置;如果不取下电池可能会使仪器发生故障或耗尽电池的电能。关箱时,应确保仪器和箱子内部的干燥,如果内部潮湿将会损坏仪器。

(8) 若仪器长期不使用,应将电池卸下,并与主机分开存放。电池应每月充电一次。

(9) 外露光学件需要清洁时,应用脱脂棉或镜头纸轻轻擦净,切不可使用其他物品擦拭。

(10) 仪器运输时应将其置于箱内,运输时应小心,避免挤压、碰撞和剧烈振动。长途运输最好在箱子周围放一些软垫。

(11) 若发现仪器功能异常,非专业维修人员不可擅自拆开仪器,以免发生不必要的损失。

本 章 小 结

本章涉及内容为距离丈量,其方法分为钢尺量距、视距测量和光电测距。本章的知识点如下:

1. 钢尺量距

钢尺量距是指利用钢尺进行距离丈量的方法。钢尺量距方法分为一般方法和精密方法:一般方法的精度要求为 1/3000 以上;精密方法的精度要求为 1/10000 以上。钢尺量距方法一般只适用于平坦地区。

2. 视距测量

视距测量是指利用光学仪器(如水准仪或经纬仪)进行距离丈量的方法。视距测量的精度较低一般仅为 1/300~1/200。若水准仪进行视距测量时,要求地面起伏不能大于仪器高度。若用经纬仪进行视距测量,则无此限制。视距测量可用于平坦地区也可用于山区。

3. 光电测距

光电测距是指利光电仪器(如光电测距仪或全站仪)进行距离丈量的方法。光电测距精度较钢尺量距和视距测量都高,且不受地理条件限制,是目前较为先进的距离丈量方法。

思考与练习

1. 距离测量的方法主要有几种?
2. 用钢尺丈量了 AB、CD 两段距离,AB 的往测值为 206.32m,返测值为 206.17m;CD 的往测值为 102.83m,返测值为 102.74m。问这两段距离丈量精度是否相同,为什么?
3. 试述钢尺精密量距的工作步骤。
4. 某钢尺的尺长方程为 $l_1 = 30.0000 + 0.0070 + 12 \times 10^{-5} \times 30(t - 20℃)$m。用此钢尺在 10℃ 条件下丈量一段坡度均匀,长度为 170.380m 的距离。丈量时的拉力与钢尺检定拉力相同,并测得该段距离两端点高差为 -1.8m,试求其水平距离。
5. 钢尺量距时是否会产生误差?如何提高量距的精度?
6. 用竖盘顺时针注记的光学经纬仪(竖盘指标差忽略不计)进行视距测量,测站点高程 $H_A = 56.87$,仪器高 $i = 1.45$,视距测量结果见下表,计算完成表 4-4 中各项。

表 4-5 视距测量结果

点号	上、下丝读数 (m)	中丝 (m)	竖盘读数 ° ′	竖直角 ° ′	水平距离 (m)	高差 (m)	高程 (m)
1	2.154 1.745	1.95	92 54				
2	1.987 1.256	1.60	90 24				
3	2.486 1.763	2.10	88 42				
4	0.985 0.489	0.70	85 30				

第 5 章 方 向 测 量

【教学目标】

了解直线方向的表示方法；了解3种方位角之间的关系；着重掌握坐标方位角的推算公式并能够进行坐标方位角的推算；掌握坐标正、反算的基本方法；掌握罗盘仪的使用，并能够使用罗盘仪测定直线的磁方位角。

【教学要求】

知识要点	能力要求	相关知识
直线方向的表示方法	（1）能够根据工程实际情况选择合适的表示直线方向的方法 （2）了解3种方位角之间关系的换算 （3）能够进行坐标方位角与象限角关系的换算 （4）能够用罗盘仪测定直线的磁方位角	（1）标准方向 （2）真方位角、磁方位角、坐标方位角以及象限角的概念 （3）3种方位角之间的关系 （4）罗盘仪的构造和使用 （5）用罗盘仪测定直线磁方位角
坐标方位角的计算	（1）能够计算直线的正、反坐标方位角 （2）能够进行直线坐标方位角的推算	（1）正、反坐标方位角的概念 （2）直线坐标方位角的推算公式
坐标正、反算	（1）能够进行坐标正算 （2）能够进行坐标反算	（1）坐标正算计算公式 （2）坐标反算计算公式 （3）根据坐标增量符号进行方位角象限的判断

5.1 直 线 定 向

在测量工作中，常要确定两点间平面位置的相对关系，除了需要测量两点之间的水平距离外，还需要确定这条直线的方向。在测量学中，确定一条直线与标准方向之间所夹的水平角的工作称为直线定向。

5.1.1 标准方向的种类

标准方向也称基准方向。我国通用的标准方向有3种，即真子午线方向、磁子午线方向和坐标纵轴方向，简称为真北方向、磁北方向和轴北方向。这3种标准方向即通常所说的三北方向，如图5.1所示。

1. 真子午线方向

椭球的子午线称为真子午线，通过地球表面某点的真子午线的切线方向称为该点的真子午线方向，即真北方向。它可以通过天文观测、陀螺经纬仪测量来测定。

2. 磁子午线方向

通过地球表面某点的磁子午线的切线方向称为该点的磁子午线方向，即磁北方向。它是用罗盘仪测定的，磁针在地球磁场的作用下自由静止时所指的方向即为磁子午线方向。

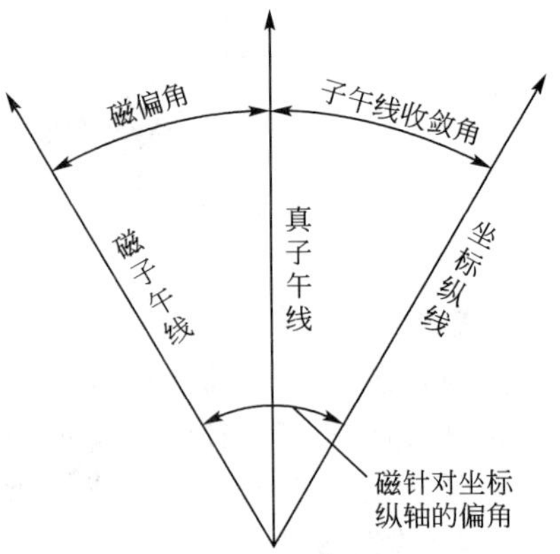

图 5.1 三北方向

3. 坐标纵轴方向

在高斯平面直角坐标系中，其每一投影带中央子午线的投影为坐标纵轴方向，即 x 轴方向。若采用假定坐标系则将坐标纵轴方向作为标准方向。

5.1.2 直线方向的表示方法

测量工作中，常用方位角或象限角来表示直线的方向。

1. 方位角的概念

直线的方位角是从标准方向线的北端顺时针旋转至某直线所夹的水平角，一般用 α 表示，其角值范围在 $0°\sim 360°$ 之间。

2. 方位角的分类

根据所选的标准方向不同，方位角又分为真方位角、磁方位角和坐标方位角 3 种。

1）真方位角

从真子午线的北端顺时针旋转到某直线所夹的水平角，称为该直线的真方位角，一般用 $\alpha_真$ 表示。

2）磁方位角

从磁子午线的北端顺时针旋转到某直线所夹的水平角，称为该直线的磁方位角，一般用 $\alpha_磁$ 表示。

3）坐标方位角

从坐标纵轴的北端顺时针旋转到某直线所夹的水平角，称为该直线的坐标方位角。一般用 α 表示。

在测量工作中常采用坐标方位角来表示直线的方向。以后在不加以说明的情况下，方位角均指坐标方位角。

3. 3 种方位角之间的关系

1）真方位角与磁方位角之间的关系

由于地磁的两极与地球的两极并不重合，故同一点的磁北方向与真北方向一般是不一致的，其之间的夹角称为磁偏角，以 δ 表示。真方位角与磁方位角之间的关系如图

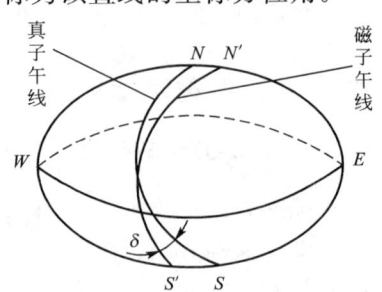

图 5.2 磁偏角

5.2所示,其换算关系式如下:

$$\alpha_{真}=\alpha_{磁}+\delta \tag{5.1}$$

当磁针北端偏向真北方向以东称为东偏,磁偏角为正;当磁针北端偏向真北方向以西称为西偏,磁偏角为负。我国的磁偏角的变化范围大约在+6°~-10°之间。

2) 真方位角与坐标方位角之间的关系

赤道上各点的真子午线方向是相互平行的,地面上其他各点的真子午线都收敛于地球两极,是不平行的。地面上各点的真子午线北方向与坐标纵线北方向之间的夹角,称为子午线收敛角,一般用γ表示。真方位角与坐标方位角的关系如图5.3所示,其换算关系式如下:

$$\alpha_{真}=\delta+\gamma \tag{5.2}$$

在中央子午线以东地区,各点的坐标纵线北方向偏在真子午线的东边,γ为正值;在中央子午线以西地区,γ为负值。

3) 坐标方位角与磁方位角之间关系

已知某点的子午线收敛角γ和磁偏角δ,则坐标方位角与磁方位角之间的关系为:

$$\alpha=\alpha_{磁}+\delta-\gamma \tag{5.3}$$

4. 象限角

在测量工作中,有时也用象限角表示直线的方向,象限角是从标准方向线的南端或北端旋转至某直线所成的锐角,一般用R表示,其角值范围是0°~90°。由于可以从标准方向线的南端开始旋转,也可以从标准方向线的北端开始旋转,象限角是有方向性的。表示象限角时不但要表示角度的大小,而且还要注明该直线所在的象限。象限角分别用北东、南东、北西和南西表示。如图5.4所示,第一象限记为"北东"或"NE",第二象限记为"南东"或"SE",第三象限记为"北西"或"NW",第四象限记为"南西"或"SW"。

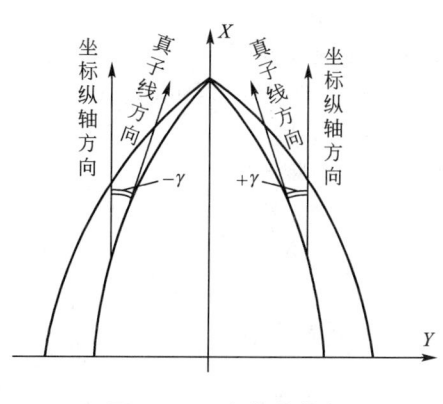

图 5.3　子午线收敛角

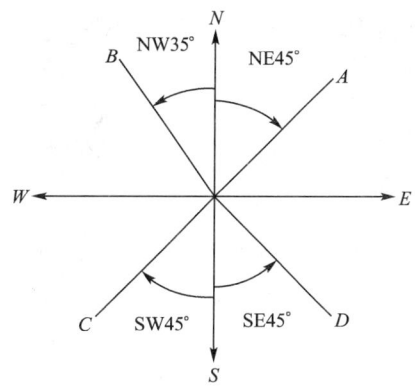

图 5.4　象限角

5. 坐标方位角与象限角的关系

坐标方位角与象限角之间的关系见表5-1。

表 5-1 坐标方位角与象限角之间的关系

象限	坐标方位角与象限角之间的关系
第Ⅰ象限	$\alpha = R$
第Ⅱ象限	$\alpha = 180° - R$
第Ⅲ象限	$\alpha = R + 180°$
第Ⅳ象限	$\alpha = 360° - R$

5.2 坐标方位角的推算

5.2.1 正、反坐标方位角

测量工作中的直线都是具有一定方向性的，一条直线存在正、反两个方向。如图 5.5 所示，就直线 AB 而言，通过 A 点的坐标纵轴北方向与直线 AB 所夹的水平角 α_{AB} 称为直线 AB 的正坐标方位角；过 B 点的坐标纵轴北方向与直线 BA 所夹的水平角 α_{BA} 称为直线 AB 的反坐标方位角。正、反坐标方位角的概念是相对的。

由于坐标北方向都是相互平行的，所以一条直线的正、反坐标方位角互差 180°，即

$$\alpha_{AB} = \alpha_{BA} \pm 180° \tag{5.4}$$

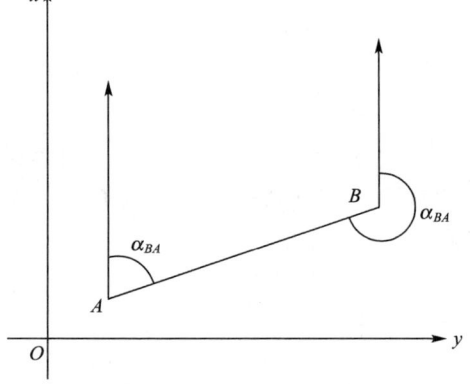

图 5.5 正、反坐标方位角

5.2.2 坐标方位角的推算

测量工作中并不直接测定每条直线的坐标方位角，而是通过一已知直线的坐标方位角，根据该直线与已知直线所夹的水平角进行推算。如图 5.6 所示，折线 1—2—3—4—5 所夹的水平角 β_2、β_3、β_4，称为转折角，在推算时，β 角有左角和右角之分，左角（右角）是指该角位于推算前进方向左侧（右侧）的水平夹角。

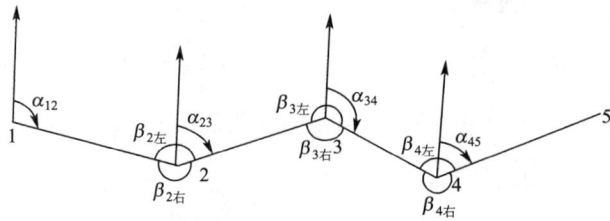

图 5.6 坐标方位角推算

1. 相邻两条边坐标方位角的推算

设 α_{12} 为已知坐标方位角，各转折角为左角，则有：

$$\alpha_{23} = \alpha_{12} + \beta_{2\text{左}} - 180° \tag{5.5}$$

同理有

$$\alpha_{34} = \alpha_{23} + \beta_{3\text{左}} - 180° \tag{5.6}$$

$$\alpha_{45} = \alpha_{34} + \beta_{4\text{左}} - 180° \tag{5.7}$$

...

$$\alpha_{i,i+1} = \alpha_{i-1,i} + \beta_{i\text{左}} - 180° \tag{5.8}$$

由此可以得出按左角推算相邻边坐标方位角的计算公式为：

$$\alpha_{\text{前}} = \alpha_{\text{后}} + \beta_{\text{左}} - 180° \tag{5.9}$$

根据左、右角间的关系：将 $\beta_{\text{左}} = 360° - \beta_{\text{右}}$ 代入式(5.9)，则有：

$$\alpha_{\text{前}} = \alpha_{\text{后}} + \beta_{\text{左}} + 180° \tag{5.10}$$

综合式(5.9)和式(5.10)可得出相邻两条边坐标方位角的计算公式为：

$$\alpha_{\text{前}} = \alpha_{\text{后}} \pm \beta \pm 180° \tag{5.11}$$

2. 任意边坐标方位角的推算

将式(5.5)~式(5.8)左、右两边依次相加到所求的边，可得：

$$\alpha_{\text{终}} = \alpha_{\text{始}} \pm \sum \beta \pm n \times 180° \tag{5.12}$$

式(5.12)即为坐标方位角推算公式的表达式。

不难看出，式(5.11)是式(5.12)的特殊情况。

使用公式计算时，需要注意以下几个问题：

(1) 式(5.12)中 $\sum \beta$ 前"±"的取法：当 β 为左角时取"+"，当 β 为右角时取"-"。

(2) 实际计算时，可根据坐标方位角的范围为 0°~360° 这一特征，$n \times 180°$ 前的"±"可以任意取"+"或"-"，随之坐标方位角可能出现大于 360° 或负值的两种情况，此时，可以通过 $\pm n \times 360°$，使坐标方位角取值在 0°~360° 范围内。

(3) 式(5.12)中，β 角是从起始边(已知方向)所在终点的转折角开始连续计算到终边(所求方向)始点的转折角。

(4) 若 n 为偶数，在计算中可以不考虑 $\pm n \times 180°$；若 n 为奇数，计算中可以只考虑一个 $\pm 1 \times 180°$，从而使计算工作简化。

【例 5.1】 图 5.6 中，已知 $\alpha_{12} = 120°$，$\beta_{2\text{左}} = 160°$，$\beta_{3\text{左}} = 240°$，$\beta_{4\text{左}} = 130°$，求 α_{45}。

根据式(5.12)可得：

$$\alpha'_{45} = 120° + 160° + 240° + 130° + 3 \times 180° = 1190°$$

化为 0°~360° 之内的角值为

$$\alpha_{45} = 1190° - 6 \times 180° = 110°$$

或

$$\alpha_{45} = 120° + 160° + 240° + 130° - 3 \times 180° = 110°$$

可见，不管式(5.12)中 $\pm n \times 180°$ 取"+"还是取"-"，计算结果完全相同。

5.3 坐标计算原理

地面上两点间的平面位置关系与该两点间的水平距离、坐标方位角密切相关。地面点的平面位置可以用该点的纵坐标和横坐标来表示。

5.3.1 坐标正算

根据直线起点的坐标、直线的水平距离及直线的坐标方位角来计算直线终点的坐标，称为坐标正算。如图 5.7 所示，已知直线 AB 的起点 A 的坐标(x_A，y_A)，以及 AB 两点间的水平距离 D_{AB} 和 AB 边的坐标方位角 α_{AB}，要计算终点 B 的坐标(x_B，y_B)可按下列步骤计算：

设 $\Delta x_{AB} = x_B - x_A$ Δx_{AB} 称为 A 点至 B 点的纵坐标增量。

$\Delta y_{AB} = y_B - y_A$，$\Delta y_{AB}$ 称为 A 点至 B 点的横坐标增量。

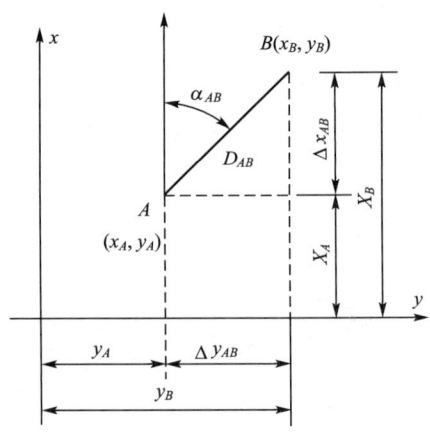

图 5.7 坐标计算

依数学公式可以得出：

$$\left.\begin{array}{l}\Delta x_{AB} = D_{AB}\cos\alpha_{AB}\\ \Delta y_{AB} = D_{AB}\sin\alpha_{AB}\end{array}\right\} \quad (5.13)$$

B 点的坐标计算式为：

$$\left.\begin{array}{l}x_B = x_A + \Delta x_{AB} = x_A + D_{AB}\cos\alpha_{AB}\\ y_B = y_A + \Delta y_{AB} = y_A + D_{AB}\sin\alpha_{AB}\end{array}\right\} \quad (5.14)$$

5.3.2 坐标反算

根据直线始点和终点的坐标，计算直线的水平距离和直线的坐标方位角，称为坐标反算。

如图 5.7 所示，A、B 两点的水平距离及坐标方位角可按下列公式计算：

$$D_{AB} = \sqrt{\Delta x_{AB}^2 + \Delta y_{AB}^2} = \sqrt{(x_B - x_A)^2 + (y_B - y_A)^2} \quad (5.15)$$

$$\alpha'_{AB} = \arctan\frac{\Delta y_{AB}}{\Delta x_{AB}} = \arctan\frac{y_B - y_A}{x_B - x_A} \quad (5.16)$$

根据式(5.16)计算所得的角值，还需要进行象限判断，计算得出坐标方位角值。直线的坐标方位角值在四个象限中的情况如下：

(1) 当 $\Delta x_{AB} > 0$，$\Delta y_{AB} > 0$ 时，α_{AB} 是第 I 象限的角，其角值范围在 0°～90°之间。所求的坐标方位角 α_{AB} 就等于计算的角值 α'_{AB}，即 $\alpha_{AB} = \alpha'_{AB}$。

(2) 当 $\Delta x_{AB} < 0$，$\Delta y_{AB} > 0$ 时，α_{AB} 是第 II 象限的角，其角值范围在 90°～180°之间。所求的坐标方位角 α_{AB} 等于计算所得的负角值 α'_{AB} 加上 180°，即 $\alpha_{AB} = \alpha'_{AB} + 180°$。

(3) 当 $\Delta x_{AB} < 0$，$\Delta y_{AB} < 0$ 时，α_{AB} 是第 III 象限的角，其角值范围在 180°～270°之间。所求的坐标方位角 α_{AB} 等于计算所得的正角值 α'_{AB} 加上 180°，即 $\alpha_{AB} = \alpha'_{AB} + 180°$。

(4) 当 $\Delta x_{AB} > 0$，$\Delta y_{AB} < 0$ 时，α_{AB} 是第 IV 象限的角，其角值范围在 270°～360°之间。所求的坐标方位角 α_{AB} 等于计算所得的负角值 α'_{AB} 加上 360°，即 $\alpha_{AB} = \alpha'_{AB} + 360°$。

如果先计算出坐标方位角值，也可用下式计算水平距离 D_{AB}：

$$D_{AB} = \frac{\Delta y_{AB}}{\sin\alpha_{AB}} = \frac{\Delta x_{AB}}{\cos\alpha_{AB}} \quad (5.17)$$

【例 5.2】 已知 A 点的坐标为(423.46，654.36)，AB 边的边长为 80.56m，AB 边的坐标

方位角 $\alpha_{AB}=30°30'$，试求 B 点坐标。

【解】 $x_B=423.46+80.56\cos30°30'=492.87$

$y_B=654.36+80.56\sin30°30'=695.25$

【例 5.3】 已知 A、B 两点的坐标为 $A(350.00,689.48)$，$B(455.21,500.00)$，试计算 AB 的边长及 AB 边的坐标方位角。

【解】 $D_{AB}=\sqrt{(x_B-x_A)^2+(y_B-y_A)^2}=\sqrt{(455.21-350.00)^2+(500.00-689.48)^2}=216.73$

$\alpha_{AB}=\arctan\dfrac{y_B-y_A}{x_B-x_A}=\arctan\dfrac{500.00-689.48}{455.21-350.00}=-60°57'31''$

由于 $\Delta x_{AB}>0$，$\Delta y_{AB}<0$，所以 α_{AB} 应为第Ⅳ象限的角，根据坐标方位角的判断方法得：

$\alpha_{AB}=-60°57'31''+360°=299°02'29''$

5.4 用罗盘仪测定直线磁方位角

1. 罗盘仪的构造

罗盘仪是用来测定直线磁方位角的一种测量仪器。罗盘仪的种类很多，构造大同小异，其主要部件均由磁针、度盘和望远镜三部分构成。如图 5.8 所示为罗盘仪的一种。

磁针是由磁铁制成，磁针位于刻度盘中心的顶针上，当罗盘仪水平放置时，磁针就指向南北极方向，即过测站点的磁子午线方向。一般在磁针的北端涂有黑漆，南端缠绕有细铜丝，这是因为我国位于地球的北半球，磁针的北端受磁力的影响下倾，缠绕铜丝可以保持磁针水平。磁针下方有一小杠杆，不用时应拧紧杠杆一端的小螺钉，使磁针离开顶针，避免顶针产生不必要的磨损。罗盘仪的度盘按逆时针方向由 0°～360°，最小分划为 1°或 30'，每 10°有一注记，物镜端与目镜端分别在刻划线 0°与 180°的上面。罗盘仪内装有两个相互垂直的长水准器，用于整平罗盘仪。罗盘仪的刻度盘如图 5.9 所示。

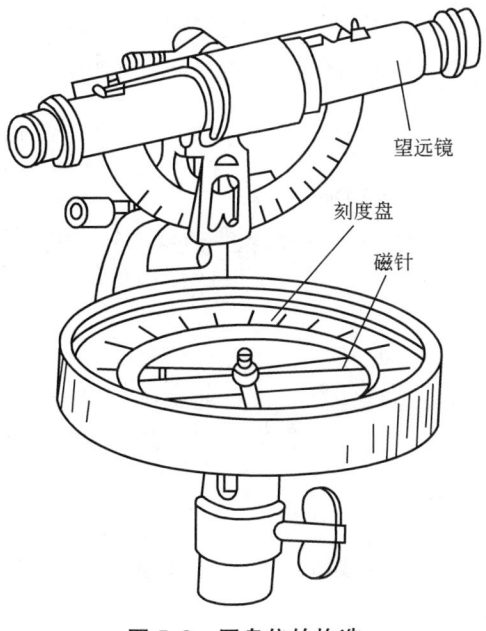

图 5.8 罗盘仪的构造

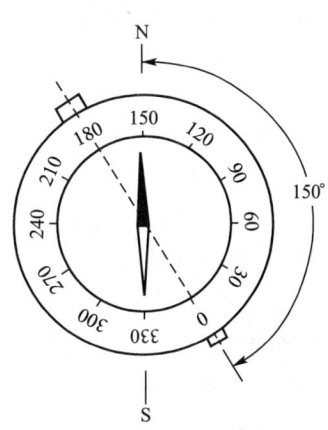

图 5.9 刻度盘

2. 用罗盘仪测定直线磁方位角的方法

如图 5.10 所示，为了测定直线 AB 的磁方位角，将罗盘仪安置在 A 点，用垂球对中，使刻度盘中心与 A 点处于同一铅垂线上，在调平仪器上的水准管，松开磁针固定螺钉，使磁针处于自由状态，用望远镜瞄准 B 点，待磁针静止后读取磁针北端所指的读数，图 5.9 中读数为 150°，该读数即为直线 AB 的磁方位角。

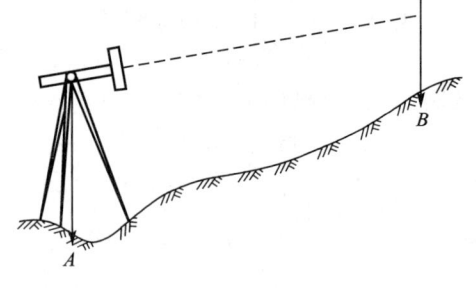

图 5.10　罗盘仪测定磁方位角

3. 使用罗盘仪时的注意事项

使用罗盘仪时应注意以下几点：

(1) 罗盘仪须置平，磁针能自由转动，必须待磁针静止时才能读数。

(2) 使用罗盘仪时附近不能有任何铁器，应避开高压线、磁场等物质，否则磁针会发生偏转而影响测量结果。

(3) 观测结束后，必须旋紧顶起螺钉，将磁针顶起，以免磁针磨损，并保护磁针的灵敏性。若磁针长时间摆动不能静止，则说明仪器使用太久，磁针的磁性不足，应进行充磁。

本 章 小 结

在测量工作中要确定两点间平面位置的相对关系，除了需要测量两点之间的水平距离以外，还需要确定这条直线的方向，本章主要介绍了方向测量的基本知识，本章的主要知识点如下。

1. 直线定向

确定一条直线与标准方向之间所夹的水平角的工作称为直线定向，在测量工作中一般用方位角和象限角来表示直线的方向，学习中，要理解坐标方位角与象限角的关系，掌握正、反坐标方位角的换算。

2. 坐标方位角的推算

坐标方位角的推算是本章的重点内容之一，掌握坐标方位角的计算为后续学习导线内业计算打下基础。要理解坐标方位角公式的推导过程，重点掌握坐标方位角的推算方法，尤其注意公式中左、右角和"+"、"-"号的使用以及如何根据坐标增量的符号确定坐标方位角的范围。

3. 坐标正、反算

坐标正、反算是本章又一个重点内容，坐标正算是导线计算的基础，坐标反算是施工放样中计算放样数据的关键。学习这部分内容时，坐标反算是难点，需要进行坐标方位角象限的判断。

4. 用罗盘仪测定直线磁方位角

掌握罗盘仪的构造及使用方法，特别是罗盘仪的读数，并通过实验掌握如何用罗盘仪测定直线的磁方位角。

思考与练习

1. 什么叫直线定向？为什么要进行直线定向？
2. 测量上作为定向依据的标准方向有几种？
3. 什么叫方位角？方位角有几种？它们之间的关系是什么？
4. 已知直线 AB 的坐标方位角为 $215°45'$，直线 BA 的坐标方位角是多少？
5. 如图 5.11 所示，已知 AB 边的坐标方位角为 $108°12'30''$，观测转折角 $\beta_1=110°54'45''$，$\beta_2=120°36'42''$，$\beta_3=106°24'36''$，试计算 DE 边的坐标方位角。

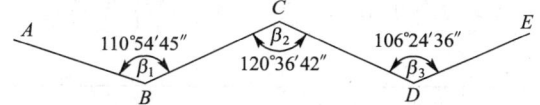

图 5.11 坐标方位角推算

6. 已知 A 点的坐标为 $A(421.35,356.86)$，AB 边的边长 $D_{AB}=85.79\text{m}$，AB 边的坐标方位角 $\alpha_{AB}=70°42'$，试求 B 点的坐标。
7. 已知 A 点的坐标为 $A(383.28,589.57)$，B 点的坐标为 $B(352.14,554.58)$，试求 AB 的边长 D_{AB} 及 AB 边的方位角 α_{AB}。
8. 如何使用罗盘仪测定直线的磁方位角？

第6章　测量误差的基本知识

【教学目标】

本章为测量误差的基本知识，主要介绍了测量误差的概念、来源和分类；偶然误差的特性；衡量观测值精度的指标；误差传播定律及其应用。通过学习本章，要求了解测量误差的概念和来源；认识到观测条件对观测值质量的影响；掌握测量误差的分类；理解偶然误差的特性；熟知衡量观测值精度的指标；掌握误差传播定律及其在测量中的应用。

【教学要求】

知识要点	能力要求	相关知识
测量误差的基本知识	(1) 能够理解测量误差的概念及来源 (2) 能够区分系统误差和偶然误差 (3) 能够根据偶然误差的特性确定测量限差	(1) 测量误差的概念 (2) 观测条件 (3) 系统误差和偶然误差的概念 (4) 偶然误差的特性
衡量观测值精度的指标	(1) 能够进行中误差、相对误差和极限误差的计算 (2) 能够根据精度指标来衡量观测值的精度高低 (3) 能够根据实际情况选取合适的衡量精度的指标	(1) 中误差、相对误差、极限误差的概念 (2) 中误差、相对误差、极限误差的计算
误差传播定律及其在测量中的应用	(1) 能够理解误差传播定律的推导过程 (2) 能够运用误差传播定律评定观测值函数的精度	(1) 观测值倍数函数的中误差及其应用 (2) 观测值和或差函数的中误差及其应用 (3) 观测值线性函数的中误差及其应用 (4) 观测值一般函数的中误差及其应用

6.1　测量误差概述

6.1.1　测量误差的概念

测量实践表明，在测量工作中，无论观测环境多么良好，无论采用多么精密的测量仪器设备，也无论观测者多么仔细认真，在测量结果中总是有误差存在。例如，观测某一闭合水准路线，各测站的高差之和不等于零；又如对某一三角形的三个内角进行观测，其三个内角值之和也不等于180°。通常我们将测量结果与观测量真值之间的差值称为真误差。

一般用 Δ 表示真误差，用 X 表示真值，用 L 表示观测值，则真误差可用下式表示：

$$\Delta = L - X \tag{6.1}$$

测量工作中总是不可避免地存在误差，研究观测误差的来源及其规律，可采取各种措施来减小误差的影响。

6.1.2 测量误差的来源

引起测量误差的因素有很多，概括起来主要有以下三个方面：

1. 仪器误差的影响

测量工作总是需要使用一定的仪器、工具设备，仪器的误差表现在两个方面：一是仪器设备本身固有的误差，给观测结果带来的影响；二是仪器设备在使用前虽经过了校正，但残余误差仍然存在。测量结果中就不可避免地包含了这种误差。

2. 观测者的影响

测量工作离不开人的参与，由于观测者感觉器官的鉴别能力的局限性，所以无论观测者怎样仔细地工作，在仪器的安置、照准、读数等方面都会产生误差。此外，观测者的工作态度和技术水平，也是对观测成果质量有直接影响的重要因素。

3. 外界条件的影响

观测时所处的外界条件，如温度、湿度、风力，气压等因素的影响，必然使观测结果产生误差。

测量仪器、观测者和外界条件这三方面的因素综合起来称为观测条件。观测条件与观测结果的精度有着密切的关系。在较好的观测条件下进行观测所得的观测结果的精度就要高一些；反之，观测结果的精度就要低一些。

在测量过程中，有时还会出现读错、记错等错误，是由观测者粗心大意造成的，称为粗差。测量中粗差是绝对不允许出现的，而测量中的误差则是不可避免的。要严格区分误差和粗差的界线。

6.1.3 测量误差的分类

根据测量误差对观测结果的影响性质不同，测量误差可分为系统误差和偶然误差两类。

1. 系统误差

在相同的观测条件下对某量进行一系列观测，如果误差出现的符号及大小均相同或按一定的规律变化，这种误差称为系统误差。

系统误差产生的原因主要是仪器制造或校正不完善、观测人员操作习惯和测量时外界条件等引起的。如量距中用名义长度为30m而经检定后实际长度为30.002m的钢尺，每量一尺段就有0.002m的误差，丈量误差与距离成正比。可见系统误差具有积累性。又如某些观测者在照准目标时，总习惯于把望远镜十字丝对准于目标的某一侧，也会使观测结果带有系统误差。

在实际测量工作中，系统误差可以采取适当的观测方法或加改正数来消除或减弱其影响。例如，在水准测量中采用前后视距相等来消除视准轴与水准管轴不平行而产生的误差，在水平角观测中采用盘左盘右观测来消除视准轴误差等。因此，只要找到系统误差的规律之后，就可以采取一定的观测方法和观测手段设法减小以至消除系统误差的影响。

2. 偶然误差

在相同的观测条件下对某量进行一系列观测，如果误差在大小和符号都表现出偶然性，即从单个误差看，该系列误差的大小和符号没有规律性，但就大量观测误差总体而言，又服从一定的统计规律性，这种误差称为偶然误差，也叫随机误差。如望远镜的照准误差、读数的估读误差、经纬仪的对中误差等。偶然误差产生的原因是由观测者、仪器和外界条件等多方面引起的。对于偶然误差，通常采用增加观测次数来减少其误差，从而提高观测成果的质量。

在观测过程中，系统误差与偶然误差是同时产生的，当系统误差采取了适当的方法加以消除或减弱以后，决定观测精度的主要因素就是偶然误差了，所以在测量误差理论中研究的对象主要是偶然误差。

6.1.4 偶然误差的特性

偶然误差从表面看似乎没有规律性，但从整体上对偶然误差加以归纳统计，则显示出一种统计规律，而且观测次数越多，这种规律性表现得越明显。

例如某一测区在相同观测条件下独立地观测了 200 个三角形的全部内角，由于观测值中带有误差，各三角形的内角之和均不等于 $180°$。

现将 200 个真误差进行统计分析：取 $0.5''$ 为区间，将 200 个真误差按其大小和正负号排列，统计误差出现在各区间的个数 μ_i，计算出误差出现在某区间内的频率 μ_i/n，将结果以表格的形式进行统计，见表 6-1。

表 6-1 偶然误差的区间分布表

误差区间 $d\Delta$	正误差($+\Delta$)		负误差($-\Delta$)		总 数	
	个数 μ	相对个数 $\left(\dfrac{\mu}{n}\right)$	个数 μ	相对个数(n)	个数 μ	相对个数 $\left(\dfrac{\mu}{n}\right)$
$0.0''\sim0.5''$	30	0.150	31	0.155	61	0.305
$0.5''\sim1.0''$	25	0.125	25	0.125	50	0.250
$1.0''\sim1.5''$	19	0.095	20	0.100	39	0.195
$1.5''\sim2.0''$	12	0.060	11	0.055	23	0.115
$2.0''\sim2.5''$	8	0.040	8	0.040	16	0.080
$2.5''\sim3.0''$	3	0.015	4	0.020	7	0.035
$3.0''\sim3.5''$	2	0.010	2	0.010	4	0.020
$3.5''$ 以上	0	0	0	0	0	0
$\sum$	99	0.495	101	0.505	200	1.000

从表 6.1 中可以看出，该组误差的分布表现出以下规律：

小误差比大误差出现的频率多；绝对值相等的正、负误差出现的频率大约相同；误差都在一个小范围内，最大误差不超过 3.5″。

为了更直观清晰地表达误差的分布情况，除了采用误差分布表的形式外，还可以利用图形形象地表达。在图 6.1 中，取误差 Δ 的大小为横坐标，取误差出现于各区间的频率（相对个数）除以区间的间隔值 $d\Delta$ 为纵坐标，建立坐标系并绘图，这样每一个误差区间上的长方条面积就代表误差出现在该区间的相对个数，该图称为直方图。用直方图的形式可以表示误差分布情况。

在图 6.1 中，当误差个数 $n \to \infty$ 时，如果再把误差间隔 $d\Delta$ 无限缩小，则图 6.1 中连接各长方形顶点的折线就变成了一条光滑的曲线，该曲线称为误差分布曲线，即正态分布曲线。如图 6.2 所示，图中曲线形状越陡峭，表示误差分布越密集，观测质量越高；曲线越平缓，表示误差分布越离散，观测质量越低。

从误差分布曲线中可以看出，曲线中间高、两端低，表明小误差出现的机会大，大误差出现的机会小；曲线对称，表明绝对值相等的正、负误差出现的机会均等；曲线以横轴为渐近线，即最大误差不会超过一定限值。

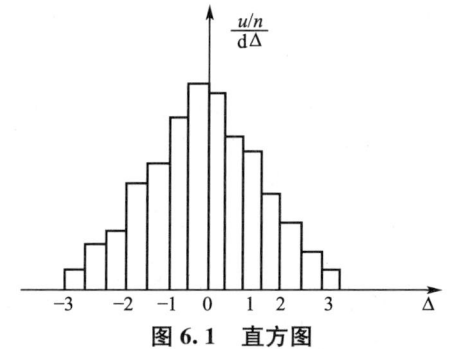

图 6.1　直方图

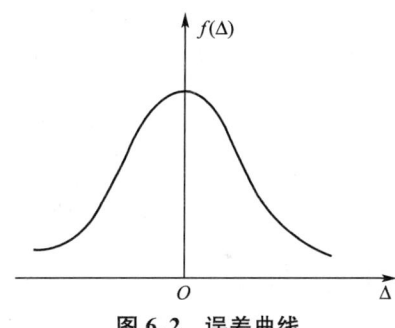

图 6.2　误差曲线

通过以上分析，总结出偶然误差具有以下四条统计特性：

(1) 有限性：在一定观测条件下，偶然误差的绝对值不超过一定的限度。

(2) 显小性：绝对值小的误差比绝对值大的误差出现的机会多。

(3) 对称性：绝对值相等的正、负误差出现的概率大致相同。

(4) 抵消性：随着观测次数无限增多，偶然误差的算术平均值趋近于零，即：

$$\lim_{n \to \infty} \frac{[\Delta]}{n} = 0 \tag{6.2}$$

式中，n 为观测次数，$[\Delta] = \Delta_1 + \Delta_2 + \Delta_3 + \cdots + \Delta_n$。

显然，第四条特性可以由第三条特性导出。

6.2　衡量精度的指标

在测量工作中，观测质量是有优劣的，即精度有高有低。所谓精度，就是指误差分布的密集或离散的程度。在一定条件下对某量进行的一组观测，如果误差分布较为密集，则表示其观测质量较好，观测精度较高；如果误差分布较为离散，则表示观测质量较差，观测精度较低。研究测量误差最主要的目的，就是衡量测量成果的质量。为了较好地评定测量精度，衡量观测精度的高低，需要建立衡量精度的统一标准。

下面介绍几种常用的精度指标。

6.2.1 中误差

在相同的观测条件下，对某量进行了一系列观测，其观测值为 L_1，L_2，…，L_n，相应的真误差为 Δ_1，Δ_2，…，Δ_n，则各个真误差平方和平均值的平方根，称为中误差，通常用 m 表示，即：

$$m = \pm\sqrt{\frac{\Delta_1^2 + \Delta_2^2 + \cdots + \Delta_n^2}{n}} = \pm\sqrt{\frac{[\Delta\Delta]}{n}} \tag{6.3}$$

m 值越大，观测精度越低；m 值越小，则观测精度越高。

【例 6.1】 对某三角形内角之和观测了 5 次，其三角形内角和的观测值与其真值 180°相比较，真误差分别为 +5″、−3″、0″、−5″、+2″，求观测值的中误差。

【解】 $m = \pm\sqrt{\frac{[\Delta\Delta]}{n}} \pm\sqrt{\frac{(+5)^2+(-3)^2+0^2+(-5)^2+(+2)^2}{5}} = \pm\sqrt{\frac{63}{5}} = \pm 3.5''$

【例 6.2】 设有甲、乙两组观测值，其真误差分别为：甲：−5″、−2″、0″、+4″、+2″；乙：−6″、−5″、0″、+4″、+6″。试比较两相观测值的精度。

【解】
$$m_甲 = \pm\sqrt{\frac{25+4+0+16+4}{5}} = \pm 3.1''$$
$$m_乙 = \sqrt{\frac{36+25+0+16+36}{5}} = \pm 4.8''$$

因为 $m_1 < m_2$，所以甲组观测精度比乙组观测精度高。

6.2.2 相对中误差

中误差是一种绝对误差，当观测误差与观测值的大小有关时，仅用中误差不能准确反映观测精度的高低。例如，用钢尺丈量 200m 及 500m 两段距离，两段距离的中误差均为 ±0.1m，两者的中误差相同，若用中误差来衡量精度，两段距离测量的精度是相等的。但就单位长度的测量精度而言，两者并不相同，显然前者的测量精度要比后者低。因此，必须引入相对中误差（简称相对误差）这一精度指标。

相对误差定义为观测值中误差的绝对值与观测值之比，通常化成分子为 1 的分数形式：

$$K = \frac{|中误差|}{观测值} = \frac{|m|}{L} = \frac{1}{\frac{L}{|m|}} = \frac{1}{N} \tag{6.4}$$

根据相对误差的定义，上述两段距离测量中，相对中误差分别为：

$$K_1 = \frac{0.1}{200} = \frac{1}{2000}$$
$$K_2 = \frac{0.1}{500} = \frac{1}{5000}$$

显然，500m 的长度相对误差小于 100m 长度的相对误差。测量 500m 的精度要高些。

在测量工作中，一般用相对误差来衡量距离测量的精度。

6.2.3 极限误差

偶然误差的第一个特性说明,在一定观测条件下,偶然误差的绝对值不会超过一定的限值,这个限值就是极限误差,也称为容许误差。在测量工作中,如果观测误差绝对值不大于极限误差,则认为该观测值合格。如果观测误差的绝对值大于极限误差,就认为观测值质量不合格,该观测结果就舍去。那么应该如何确定这个限值?

实践证明,等精度观测的一组误差中,绝对值大于2倍中误差的偶然误差出现的可能性约为5%;大于3倍中误差的偶然误差出现的可能性仅为0.3%,这个规律就是确定极限误差的依据。

在实际测量工作中,通常采用2倍中误差作为极限误差。

$$\Delta_{限}=2m \tag{6.5}$$

当要求较低时,也采用3倍中误差作为极限误差。

$$\Delta_{限}=3m \tag{6.6}$$

6.3 误差传播定律及其应用

6.2节已经阐述了衡量一组观测值质量的精度指标。但在测量工作中,有些量往往不是直接测得的,而是通过观测量间接计算得到的。例如,在水准测量中,一测站的高差是由前、后尺读数计算得到的,即$h=a-b$。读数a、b是直接观测值,高差h是a、b的函数。显然,观测值a、b的测量误差必然会影响其函数h的精度。如果观测值的中误差已经求得,那么如何根据观测值的中误差来计算观测值函数的中误差呢?本节就研究观测值的中误差与其函数中误差之间的关系。

阐述观测值的中误差与其函数中误差之间关系的定律称误差传播定律。

误差传播的方式与其函数形式有关,下面就用由简到繁的函数形式推导误差传播定律的公式。

6.3.1 观测值倍数函数的中误差及其应用

设有函数:

$$z=kx \tag{6.7}$$

式中,x为独立观测值,其中误差为m_x,k为常数,如果x产生真误差Δx,则其函数z也产生真误差Δz,即:

$$z+\Delta z=k(x+\Delta x) \tag{6.8}$$

式(6.8)减去式(6.7),得:

$$\Delta z=k\Delta x \tag{6.9}$$

若对x同精度观测了n次,则有

$$\left.\begin{array}{l}\Delta z_1=k\Delta x_1\\ \Delta z_2=k\Delta x_2\\ \cdots\\ \Delta z_n=k\Delta x_n\end{array}\right\} \tag{6.10}$$

将式(6.10)各式两边平方，然后相加得：

$$[\Delta z^2] = k^2 [\Delta x^2] \quad (6.11)$$

将式(6.11)两边同除以 n，得：

$$\frac{[\Delta z^2]}{n} = k^2 \frac{[\Delta x^2]}{n} \quad (6.12)$$

式(6.12)中，根据中误差的定义：

$$\frac{[\Delta z^2]}{n} = m_z^2$$

$$\frac{[\Delta x^2]}{n} = m_x^2$$

则式(6.12)可写为：

$$m_z^2 = k^2 m_x^2$$

或

$$m_z = k m_x \quad (6.13)$$

式(6.13)即为观测值倍数函数中误差的计算公式。

【例 6.3】 在 1：1000 地形图上，量得某段距离 $d = 85.50 \text{cm}$，测量中误差 $m_d = \pm 0.2 \text{cm}$，求该段距离的实际长度和中误差。

【解】

$$D = kd = 1000 \times 85.50 \text{cm} = 855.00 \text{m}$$

$$m_D = k m_d = 1000 \times (\pm 0.2) \text{m} = \pm 2.00 \text{m}$$

所以实际长度为：$D = (855.00 \pm 2.00) \text{m}$。

6.3.2 观测值和或差函数的中误差及其应用

设有函数：

$$z = x \pm y \quad (6.14)$$

式中，x、y 为独立观测值，其中误差分别为 m_x、m_y，如果 x、y 各产生真误差 Δx、Δy，则其函数 z 也产生真误差 Δz，即：

$$z + \Delta z = (x + \Delta x) \pm (y + \Delta y) \quad (6.15)$$

式(6.15)减去式(6.14)，得：

$$\Delta z = \Delta x \pm \Delta y \quad (6.16)$$

若对 x、y 同精度各观测了 n 次，则有：

$$\left.\begin{array}{l}\Delta z_1 = \Delta x_1 + \Delta y_1 \\ \Delta z_2 = \Delta x_2 + \Delta y_2 \\ \cdots \\ \Delta z_n = \Delta x_n + \Delta y_n\end{array}\right\} \quad (6.17)$$

将式(6.17)各式两边平方，然后相加得：

$$[\Delta z^2] = [\Delta x^2] + [\Delta y^2] \pm 2[\Delta x \Delta y] \quad (6.18)$$

将式(6.18)两边除以 n，得：

$$\frac{[\Delta z^2]}{n} = \frac{[\Delta x^2]}{n} + \frac{[\Delta y^2]}{n} \pm 2 \frac{[\Delta x \Delta y]}{n} \quad (6.19)$$

式(6.19)中，Δx、Δy 均为相互独立的偶然误差，$[\Delta x \Delta y]$ 也具有偶然误差的特性，由偶然误差的特性 4 可知，当 $n \to \infty$ 时，$\frac{[\Delta x \Delta y]}{n}$ 趋近于零。

第6章 测量误差的基本知识

式(6.19)中，根据中误差的定义：$\dfrac{[\Delta z^2]}{n}=m_z^2$，$\dfrac{[\Delta x^2]}{n}=m_x^2$，$\dfrac{[\Delta y^2]}{n}=m_y^2$。

则式(6.19)可写为：

$$m_z^2=m_x^2+m_y^2$$

或

$$m_z=\pm\sqrt{m_x^2+m_y^2} \tag{6.20}$$

式(6.20)即为观测值和或差函数中误差的计算公式。

【例6.4】 在水准测量中，若水准尺上每次读数中误差为±3.0mm，则每站高差中误差是多少？

【解】
$$h=a-b$$
$$m_h=\pm\sqrt{m_a^2+m_b^2}=\pm\sqrt{3.0^2+3.0^2}\text{mm}=\pm4.2\text{mm}$$

6.3.3 观测值线性函数的中误差及其应用

设有线性函数：

$$z=k_1x_1\pm k_2x_2\pm\cdots\pm k_nx_n \tag{6.21}$$

式中，x_1、x_2、$\cdots x_n$为独立观测值，其中误差分别为m_{x_1}，m_{x_2}，$\cdots$，m_{x_n}；k_1，k_2，$\cdots$，k_n为常数。如果观测值x_1，x_2，$\cdots$，x_n各产生真误差Δx_1，Δx_2，$\cdots$，Δx_n，则其函数z也产生真误差Δz，即：

$$z+\Delta z=k_1(x_1+\Delta x_1)\pm k_2(x_2+\Delta x_2)\pm\cdots\pm k_n(x_n+\Delta x_n) \tag{6.22}$$

将式(6.22)减去式(6.21)得：

$$\Delta z=k_1\Delta x_1\pm k_2\Delta x_2\pm\cdots\pm k_n\Delta x_n \tag{6.23}$$

若对观测值x_1，x_2，$\cdots$，x_n进行了n次等精度观测，则有：

$$\left.\begin{array}{l}\Delta z_1=k_1\Delta x_{11}\pm k_2\Delta x_{21}\pm\cdots\pm k_n\Delta x_{n1}\\ \Delta z_2=k_1\Delta x_{12}\pm k_2\Delta x_{22}\pm\cdots\pm k_n\Delta x_{n2}\\ \cdots\\ \Delta z_n=k_1\Delta x_{1n}\pm k_2\Delta x_{2n}\pm\cdots\pm k_n\Delta x_{nn}\end{array}\right\} \tag{6.24}$$

把式(6.24)各式两边平方，相加后再除以n得：

$$\frac{[\Delta z^2]}{n}=k_1^2\frac{[\Delta x_1^2]}{n}+k_2^2\frac{[\Delta x_2^2]}{n}+\cdots+k_n^2\frac{[\Delta x_n^2]}{n}+2k_1k_2\frac{[\Delta x_1x_2]}{n}+2k_2k_3\frac{[\Delta x_2x_3]}{n}+\cdots \tag{6.25}$$

根据偶然误差的第4条特性，上式可写成：

$$\frac{[\Delta z^2]}{n}=k_1^2\frac{[\Delta x_1^2]}{n}+k_2^2\frac{[\Delta x_2^2]}{n}+\cdots+k_n^2\frac{[\Delta x_n^2]}{n}$$

根据中误差的定义，则有：

$$m_z^2=k_1^2m_{x_1}^2+k_2^2m_{x_2}^2+\cdots+k_n^2m_{x_n}^2$$

或

$$m_z=\pm\sqrt{k_1^2m_{x_1}^2+k_2^2m_{x_2}^2+\cdots+k_n^2m_{x_n}^2} \tag{6.26}$$

式(6.26)即为观测值线性函数中误差的计算公式。

【例6.5】 用经纬仪对某一角观测四个测回，其观测值为$L_1=80°35'36''$、$L_2=80°35'42''$、$L_3=80°35'30''$、$L_4=80°35'36''$，如果一测回测角的中误差为±6″，试求该角值的中误差。

【解】 该角值的最后测量结果β就是四测回所测角值的算术平均值，即：

$$\beta=\frac{L_1+L_2+L_3+L_1}{4}$$

则
$$m_\beta = \left(\pm\sqrt{\frac{4\times 6^2}{4^2}}\right)'' = \pm 3''$$

6.3.4 观测值一般函数的中误差及其应用

设有函数：
$$z = f(x_1, x_2, \cdots, x_n) \tag{6.27}$$

式中，$x_1, x_2, \cdots, x_n$ 为独立观测值，其中误差分别为 $m_{x_1}, m_{x_2}, \cdots, m_{x_n}$，若观测值 $x_1, x_2, \cdots, x_n$ 产生的真误差为 $\Delta_{x_1}, \Delta_{x_2}, \cdots, \Delta_{x_n}$，则函数 z 也产生真误差 Δz。

现对函数取全微分，得：
$$dz = \frac{\partial f}{\partial x_1}dx_1 + \frac{\partial f}{\partial x_2}dx_2 + \cdots + \frac{\partial f}{\partial x_n}dx_n \tag{6.28}$$

式(6.28)可用下式代替，即：
$$\Delta z = \frac{\partial f}{\partial x_1}\Delta x_1 + \frac{\partial f}{\partial x_2}\Delta x_2 + \cdots + \frac{\partial f}{\partial x_n}\Delta x_n \tag{6.29}$$

式中，$\frac{\partial f}{\partial x}$ 为函数对自变量 x 的偏导数，当函数关系确定时，它们均为常数。

设：
$$\frac{\partial f}{\partial x_1} = k_1, \quad \frac{\partial f}{\partial x_2} = k_2, \quad \cdots, \quad \frac{\partial f}{\partial x_n} = k_n$$

因此，式(6.29)为线性函数的真误差关系式，则由式(6.26)可得：
$$m_z^2 = k_1^2 m_{x_1}^2 + k_2^2 m_{x_2}^2 + \cdots + k_n^2 m_{x_n}^2$$

即
$$m_z = \pm\sqrt{\left(\frac{\partial f}{\partial x_1}\right)^2 m_{x_1}^2 + \left(\frac{\partial f}{\partial x_2}\right)^2 m_{x_2}^2 + \cdots + \left(\frac{\partial f}{\partial x_n}\right)^2 m_{x_n}^2} \tag{6.30}$$

式(6.30)即为观测值一般函数中误差的计算公式。

通过以上推导可以看出，观测值线性函数中误差关系式是一般函数中误差关系式的特殊形式。

【例6.6】 有一长方形，测得其长为 (58.65 ± 0.01)m，宽为 (44.36 ± 0.02)m。求该长方形的面积及其中误差。

【解】 设长为 a，宽 b，面积为 S。

则有： $S = ab = 58.65\times 44.36 \text{m}^2 = 2601.71 \text{m}^2$

$$m_z = \pm\sqrt{\left(\frac{\partial S}{\partial a}\right)^2 m_a^2 + \left(\frac{\partial S}{\partial b}\right)^2 m_b^2}$$
$$= \pm\sqrt{b^2 m_a^2 + a^2 m_b^2}$$
$$= \pm\sqrt{44.36^2\times(\pm 0.01)^2 + 58.65^2\times(\pm 0.02)^2}\text{m}^2 = \pm 1.25 \text{m}^2$$

所以，该长方形的面积为 $S = (2601.71\pm 1.25)\text{m}^2$。

【例6.7】 $z = D\cos\alpha$，其中 $D = (65.35\pm 0.04)$m，$\alpha = 56°30'18''\pm 12''$。试求 z 的中误差 m_z。

【解】 $z = D\cos\alpha$

$$m_z = \pm\sqrt{\left(\frac{\partial z}{\partial D}\right)^2 m_D^2 + \left(\frac{\partial z}{\partial \alpha}\right)^2 \left(\frac{m_\alpha}{\rho}\right)^2}$$
$$= \pm\sqrt{\cos^2\alpha\, m_D^2 + (-D\sin\alpha)^2 \left(\frac{m_\alpha}{\rho}\right)^2}$$

$$= \pm\sqrt{\cos^2 56°30'18'' \times 0.04^2 + (-65.35\sin 56°30'18'')^2 \left(\frac{12}{206265}\right)^2} \text{m} = \pm 0.022\text{m}$$

在计算中，$\dfrac{m_a}{\rho}$ 是将角值化为弧度，$\rho = \dfrac{360°}{2\pi} = 57.3° = 3438' = 206265''$。

6.3.5 应用误差传播定律求观测值函数中误差的计算步骤

（1）根据题意，列出具体的函数关系式 $z = f(x_1, x_2, \cdots, x_n)$。

（2）如果函数是非线性的，则对函数式求全微分，得出函数的真误差与观测值真误差之间的关系式。

$$\Delta z = \frac{\partial f}{\partial x_1}\Delta x_1 + \frac{\partial f}{\partial x_2}\Delta x_2 + \cdots + \frac{\partial f}{\partial x_n}\Delta x_n$$

（3）写出函数中误差与观测值中误差的关系式。

$$m_z = \pm\sqrt{\left(\frac{\partial f}{\partial x_1}\right)m_{x_1}^2 + \left(\frac{\partial f}{\partial x_2}\right)m_{x_2}^2 + \cdots + \left(\frac{\partial f}{\partial x_n}\right)m_{x_n}^2}$$

（4）代入已知数据，计算函数值的中误差。

本 章 小 结

本章主要介绍了测量误差理论的基本知识，本章的知识点如下：

1. 测量误差的定义及特性

本章首先介绍了测量误差的基本概念，即测量结果与观测量客观存在的真值之间的差值，然后从三项观测条件入手介绍了测量误差的来源，并根据测量误差对观测结果的影响将测量误差分为两大类——系统误差和偶然误差。根据误差理论将偶然误差作为研究对象，因此要理解偶然误差的特性。

2. 衡量精度的指标

衡量观测精度的指标主要有中误差、极限误差和相对误差。其中，中误差是衡量精度的绝对指标；当观测误差与观测值的大小有关时，用相对误差来衡量精度，相对误差是观测值中误差的绝对值与观测值之比；另一个衡量精度的指标，就是极限误差，极限误差为2倍的中误差（精度要求不高时，可以3倍的中误差为限）。

3. 误差传播定律

阐述观测值的中误差与其函数中误差之间关系的定律称为误差传播定律。应用定律计算时，如果关系式是线性函数，便直接代入定律式进行计算；如果是非线性函数，就需要求全微分，化为线性式再代入定律进行计算。

思 考 与 练 习

1. 何谓测量误差？测量误差的来源有哪几个方面？
2. 什么叫系统误差？什么叫偶然误差？偶然误差有什么特性？
3. 试判断下列水准测量中误差的性质及对读数的影响：

（1）视准轴与水准轴不平行。

(2) 仪器下沉。

(3) 估读误差。

(4) 水准尺下沉。

4. 什么叫中误差？什么叫相对中误差？什么叫极限误差？

5. 已知观测值 $S=(500.00\pm10)$mm，试求观测值 S 的相对中误差。

6. 已知 $S_1=(200.00\pm20)$mm，$S_2=(500.00\pm20)$mm，试说明：它们的真误差是否相等？它们的中误差是否相等？它们的最大误差是否相等？它们的精度是否相等？

7. 已知一测回测角中误差为 $\pm6''$，欲使测角精度达到 $\pm2''$，问至少需要几个测回？

8. 用钢尺进行距离测量，共量 5 个尺段，若每尺段测量的中误差均为 ±3mm，问全长中误差是多少？

9. 设有一 n 边形，每个内角的测角中误差均为 $\pm6''$，求该 n 边形内角和闭合差的中误差。

10. 对某三角形 ABC 测量，测得边 $AB=(76.54\pm0.01)$m，角 $A=55°25'18''\pm3.0''$，角 $B=45°24'08''\pm3.5''$，试计算 BC 边长及其中误差。

11. 若水准测量中每千米观测高差的精度相同，则 Kkm 观测高差的中误差是多少？若每测站观测高差的精度相同，则 n 个测站观测高差的中误差是多少？

12. 已知三角形各内角的测量中误差为 $\pm12''$，容许中误差为中误差的 2 倍，求该三角形闭合差的容许中误差。

第7章 小地区控制测量

【教学目标】

掌握平面控制测量和高程控制测量的基本原理和方法，明确导线测量外业工作的内容及施测要求。掌握导线测量内业计算的方法，并注意检核条件。掌握三角高程测量原理，掌握三角高程测量的方法、计算及校核。

【教学要求】

知识要点	能力要求	相关知识
平面控制测量	（1）能够根据工程情况选择合理的平面控制测量方法 （2）能够根据工程情况选择合理的导线布置形式和进行导线外业工作 （3）能够正确根据导线外业数据，进行导线内业计算	（1）三角测量、导线测量和全球卫星定位系统测量3种方法的概念、比较和选择 （2）导线测量外业工作的内容及施测要求 （3）导线测量内业计算的方法
高程控制测量	（1）能够根据工程情况选择合理的高程控制测量方法 （2）能够根据工程已知条件进行三角高程测量的外业工作和内业计算	（1）三、四等水准测量、等外水准测量和三角高程测量的概念、比较和选择 （2）三角高程测量外业工作内容及施测要求 （3）三角高程测量内业计算方法

7.1 控制测量概述

为了减少测量误差累积，保证测绘地形图和施工放样的精度，提高测绘地形图和施工放样速度，测量工作必须遵循"从整体到局部，由高级到低级，先控制后碎部"的原则和程序，即在地形图测绘和施工放样前，先在全测区范围内，选定若干个具有控制作用的点位，组成一定的几何图形，以较精确的方法，测定这些点的平面位置和高程（这些起控制作用的点称为控制点，形成的几何图形称为控制网），然后根据控制网进行地形测图和施工放样。

测定控制点的工作，称为控制测量。控制测量按测定内容不同分为平面控制测量和高程控制测量。测定控制点的平面位置（x，y）的工作称为平面控制测量，测定控制点的高程（H）的工作称为高程控制测量。

控制网按其性质不同分为平面控制网和高程控制网；按其范围和用途分为全球控制网、国家控制网、城市控制网和小地区控制网。

全球控制网是由国际组织在全球范围内建立的大地测量参考框架，主要用于确定、研究地球的形状、大小及其运动变化，确定和研究地球的板块运动等。

在全国范围内建立的控制网，称为国家控制网，国家控制网是由各国测绘部门建立的区域性大地测量参考框架，其作用是提供全国范围内的统一地理坐标系统；保证国家基本图的测绘和更新；满足大比例尺地形图测图的精度要求；为精密确定地面点的位置提供已知点，及其在特定坐标系下的坐标，如以地球参考椭球面为基准面的大地坐标或高斯平面坐标，以大地水准面为基准面的高程。国家控制网是用精密测量仪器和方法，依照施测精度按一、二、三、四等4个等级建立的，它的低级点受高级点逐级控制。

在城市地区，为测绘大比例尺地形图、进行市政工程和建筑工程放样，在国家控制网的控制下而建立的控制网，称为城市控制网。

小地区控制网是指面积在15km²内的控制网，包括为大比例尺测图建立的测图控制网和为工程建设建立的工程控制网。工程控制网是工程项目的空间位置参考框架，是针对某项具体工程建设测图、施工或管理的需要，在一定区域内布设的平面和高程控制网。小地区控制网由工程建设单位或委托其他测绘单位建立。

直接供地形测图使用的控制点，称为图根控制点，简称图根点。测定图根点位置的工作，称为图根控制测量。图根控制点的密度(包括高级控制点)，取决于测图比例尺和地形的复杂程度。平坦开阔地区图根点的密度一般不低于表7-1的规定；地形复杂地区、城市建筑密集区和山区，可适当加大图根点的密度。

表7-1 平坦开阔地区图根点的密度要求

测图比例尺	1:500	1:1000	1:2000	1:5000
图根点密度/(点/km²)	150	50	15	5

建立小地区控制网时，应尽量与国家(或城市)已建立的高级控制网连测，将高级控制点的坐标和高程，作为小地区控制网的起算和校核数据。如果周围没有国家(或城市)控制点，或附近有这种国家控制点而不便连测时，可以建立独立控制网。此时，控制网的起算坐标和高程可自行假定，坐标方位角可用测区中央的磁方位角代替。

7.1.1 平面控制测量

由于测量方法不同，平面控制测量又分为三角测量、导线测量和全球卫星定位系统测量(GPS测量)。

1. 三角测量

三角测量是在地面上选择一系列具有控制作用的点，组成互相连接的三角形且扩展成网状，称为三角网，如图7.1所示。在控制点上，用精密仪器将三角形的3个内角测定出来，并测定其中一条边长，然后根据三角公式解算出各点的坐标。用三角测量方法确定的平面控制点，称为三角点。

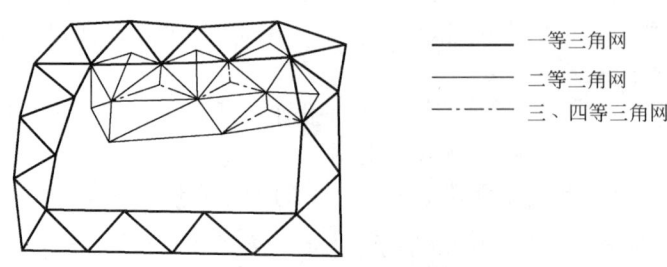

图7.1 三角控制网

三角测量的优点是：测角工作多，而测距工作极少，甚至可以没有；图形涉及的几何条件较多，便于检核；计算结果的点位比较均匀；便于增加多余观测。它适用于山区或丘陵地区的平面控制。

在全国范围内建立的三角网，称为国家平面控制网。按控制次序和施测精度分为四个等级，即一、二、三、四等。布设原则是低级点受高级点逐级控制，一等三角网，沿经纬线方向布设，是国家平面控制网的骨干。二等三角网布设于一等三角网内，是国家平面控制网的全面基础。三、四等三角网为二等三角网的进一步加密，以满足测图和施工的需要。

2. 导线测量

导线测量是在地面上选择一系列控制点，将相邻点连成直线而构成折线形，称为导线网，如图 7.2 所示。在控制点上，用精密仪器依次测定所有折线的边长和转折角，根据解析几何的知识解算出各点的坐标。用导线测量方法确定的平面控制点，称为导线点。

在全国范围内建立三角网时，在某些局部地区采用三角测量有困难的情况下，亦可采用相同等级的导线测量来代替。导线测量也分为 4 个等级，即一、二、三、四等。其中一、二等导线，又称为精密导线。

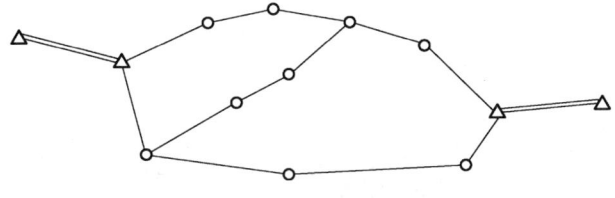

图 7.2 导线控制网

3. GPS 测量全球卫星定位系统测量

应用 GPS 卫星定位技术建立的控制网称为 GPS 控制网，详细介绍见第 13 章。

按《城市测量规范》(CJJ 8—1999)，平面控制网的等级划分见表 7-2～表 7-4 所示。三角测量依次为二、三、四等和一、二级小三角；导线测量依次为三、四等和一、二、三级。各等级的采用，根据工程需要均可作为首级控制网。

表 7-2 三角测量的主要技术要求

等级		平均边长/(km)	测角中误差/″	起始边边长相对中误差	最弱边边长相对中误差	测回数		
						DJ_1	DJ_2	DJ_3
二等		9	1	≤1/300000	≤1/120000	12	—	—
三等	首级	5	1.8	≤1/200000	≤1/80000	6	9	—
	加密			≤1/120000				
四等	首级	2	2.5	≤1/120000	≤1/45000	4	6	—
	加密			≤1/80000				
一级小三角		1	5	≤1/40000	≤1/20000	—	2	6
二级小三角		0.5	10	≤1/20000	≤1/10000	—	1	2

表 7-3 光电测距导线主要技术要求

等级	闭合环或附合导线长度/km	平均边长/m	测距中误差/mm	测角中误差/″	导线全长相对闭合差
三等	15	3000	≤18	≤1.5	≤1/60000
四等	10	1600	≤18	≤2.5	≤1/40000
一级	3.6	300	≤15	≤5	≤1/14000
二级	2.4	200	≤15	≤8	≤1/10000
三级	1.5	120	≤15	≤12	≤1/6000

表 7-4 钢尺量距导线主要技术要求

等级	附合导线长度/km	平均边长/m	往返丈量较差相对误差	测角中误差/″	导线全长相对闭合差
一级	2.5	250	≤1/20000	≤5	≤1/10000
二级	1.8	180	≤1/15000	≤8	≤1/7000
三级	1.2	120	≤1/10000	≤12	≤1/5000

7.1.2 高程控制测量

国家高程控制网的建立主要采用水准测量的方法，按其精度分为一、二、三、四、五等。图7.3所示是国家水准网布设示意图。一等水准网是国家最高级的高程控制骨干，它除用作扩展低等级高程控制的基础外，还为科学研究提供依据；二等水准网为一等水准网的加密，是国家高程控制的全面基础；三、四等水准网是在二等水准网基础上的进一步加密，直接为各种测区提供必要的高程控制；五等水准点又可视为图根水准点，它直接用于工程测量，其精度要求最低。

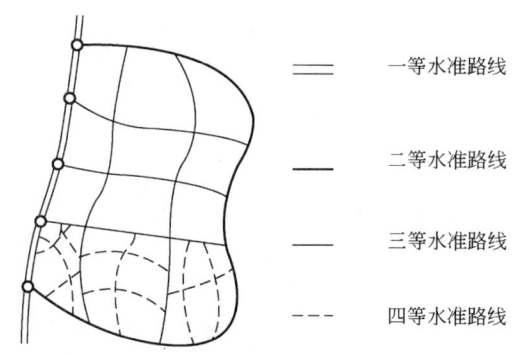

图 7.3 高程控制网

根据《城市测量规范》(CJJ 8—1999)规定：高程控制测量可采用水准测量和三角测量方法进行。高程控制测量等级划分，应依次为二、三、四、图根等，各等级视工程需要均可作为测区首级控制。水准测量适用于地势比较平坦的测区；三角高程测量适用于山区或丘陵地区的高程控制测量。

本章主要讨论小地区控制网建立的有关问题。下面将介绍用导线测量建立小地区平面控制网的方法；用三、四等水准测量、图根水准测量和三角高程测量建立小地区高程控制网的方法。

7.2 导线测量

7.2.1 导线测量概述

导线测量是建立小区域平面控制网的一种常用方法，它适用于地物分布较复杂的建筑区和视线障碍较多的隐蔽区和带状区。将测区内相邻控制点连成直线而构成的折线，称为导线。这些控制点称为导线点。导线测量就是依次测定各导线边的长度和各转折角；根据起算数据，推算各边的坐标方位角，从而求出各导线点的坐标。

用经纬仪测量转折角，用钢尺测定边长的导线，称为经纬仪导线；若用光电测距仪测定导线边长，则称为电磁波测距导线。

1. 导线的布设形式

根据测区的地形条件和已知高级控制点的分布情况，导线可布设成以下3种形式。

1) 闭合导线

闭合导线是从一已知点出发，经历若干个待定点后回到原点的导线。即导线的起始点为同一已知点。如图7.4所示，导线从一高级点 B 和已知方向 BA 出发，经过导线点1、2、3、4，最后回到起点 B，形成一闭合多边形。它本身存在着严密的几何条件，具有检核作用。

2) 附合导线

附合导线是从一已知点和已知方向出发，经历若干个待定点后到达另一已知点的导线。如图7.5所示，导线从一高级控制点 B 和已知方向 AB 出发，经过导线点1、2、3，附合到另一高级控制点 C 和已知方向 CD 上。此种布设形式，具有检核观测成果的作用。

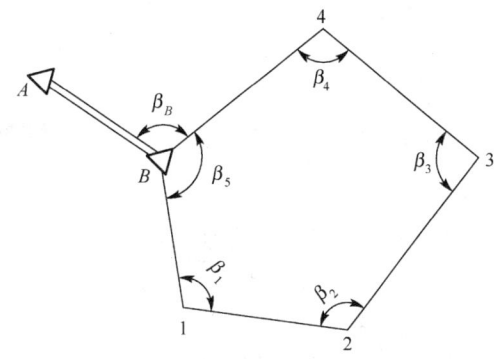

图 7.4 闭合导线

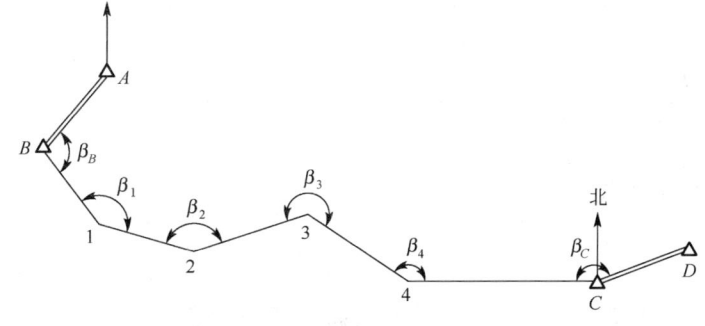

图 7.5 附合导线

3) 支导线

支导线是从一已知点和一已知方向出发，经历若干个待定点后，既不回到原出发点，又不附合到另一已知点上的导线。如图 7.6 所示，导线从一高级控制点 B 和已知方向 AB 出发，经过导线点 1、2、3。

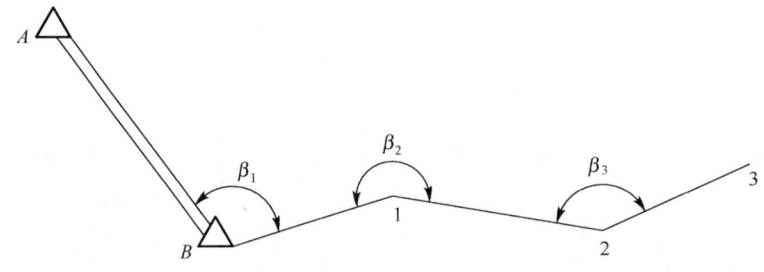

图 7.6 支导线

2. 导线主要技术要求

根据《城市测量规范》(CJJ 8—1999)规定，导线测量方法建立平面控制网分为三、四等及一、二、三级和图根，其主要技术要求见表 7-3 和表 7-4。图根导线测量技术要求见表 7-5 和表 7-6。

表 7-5 图根光电测距导线测量的技术要求

比例尺	附合导线长度/m	平均边长/m	导线相对闭合差	测回数 DJ_6	方位角闭合差/″	测距仪器类型	测距方法与测回数
1∶500	900	80	≤1/4000	1	≤±40$\sqrt{n}$	Ⅱ级	单程观测 1
1∶1000	1800	150					
1∶2000	3000	250					

注：n 为测站数。

表 7-6 图根钢尺量距导线测量的技术要求

比例尺	附合导线长度/m	平均边长/m	导线相对闭合差	测回数 DJ_6	方位角闭合差
1∶500	500	75	≤1/4000	1	≤±60$\sqrt{n}$
1∶1000	1000	120			
1∶2000	2000	200			

注：n 为测站数。

7.2.2 导线测量的外业工作

1. 技术设计

技术设计前，应收集城市各项有关资料并进行现场踏勘，在周密的调查研究基础上进行控制网的图上设计。

2. 踏勘选点及建立标志

在技术设计完成后，应再次到野外踏勘，实地核对、修改、落实点位和建立标志。实地选点时，控制点位选定，应符合下列要求：

（1）相邻点之间应通视良好，其视线距障碍物的距离宜保证在便于观测的范围内。

（2）点位应选在土质坚实或坚实稳定的高建筑物顶面上、视野开阔处，以便于保存点的标志和安置仪器，同时也便于碎部测量和施工放样。

（3）导线各边的长度应大致相等，除特殊情形外，应不大于350m，也不宜小于50m，平均边长见表7-3和表7-4。

（4）导线点应有足够的密度，分布均匀，便于控制整个测区。

导线选定后，要在每一点位上打一木桩，其周围浇筑一圈混凝土，桩顶钉一小钉，作为临时性标志（如图7.7所示）；若导线点需要保存的时间较长，就要埋设混凝土桩或石桩，作为永久性标志（如图7.8所示）。为了便于寻找，应量出导线点与附近固定而明显的地物点的距离，绘制草图，注明尺寸，称为点之记，如图7.9所示。

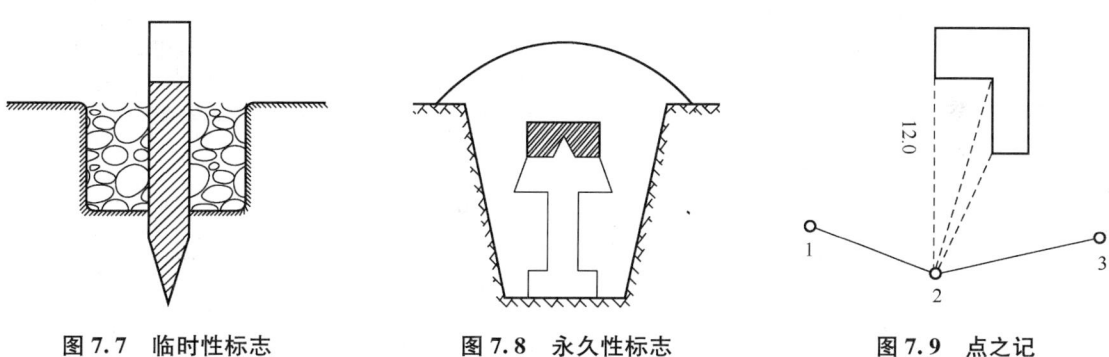

图7.7 临时性标志　　图7.8 永久性标志　　图7.9 点之记

3．水平角观测

通常采用测回法观测导线之间的连接角，若连接角位于导线前进方向的左侧则称为左角；位于导线前进方向的右侧则称为右角。一般在附合导线中，测量导线左角，在闭合导线中均测内角。若闭合导线按逆时针方向编号，则其左角是内角。各等级导线加连接角观测应符合表7-7的规定。

表7-7 导线测量水平角观测的技术要求

等　级	测角中误差 /″	测　回　数			方位角闭合差/″
		DJ_1	DJ_2	DJ_3	
三等	≤1.5	8	12	—	≤$3\sqrt{n}$
四等	≤2.5	4	6	—	≤$5\sqrt{n}$
一级	≤5	—	2	4	≤$10\sqrt{n}$
二级	≤8	—	1	3	≤$16\sqrt{n}$
三级	≤12	—	1	2	≤$24\sqrt{n}$

注：n为测站数。

4．水平距离观测

导线边长可用光电测距仪测定，测量时要同时观测竖直角，供倾斜改正之用。若用钢尺丈量，钢尺必须经过检定。对于图根导线，用一般方法往返丈量或同一方向丈量两次；当尺长改正数大于 1/10000 时，应加尺长改正；量距时平均温度与检定时温度相差 10℃ 时，应进行温度改正；尺面倾斜大于 1.5% 时，应进行倾斜改正；取其往返丈量的平均值作为成果，并要求其相对误差不大于 1/3000。光电测距主要技术要求见表 7-8。

表 7-8 各等级平面平面控制网光电测距的技术要求

控制网等级	测距仪	观测次数		总测回数	备 注
		往	返		
二等	Ⅰ	1	1	6	一测回是指照准目标一次，一般读数 4 次，可根据仪器出现的离析程度和大气透明度适当增减。往返测回数各占总测回一半
	Ⅱ			8	
三等	Ⅰ	1	1	4	
	Ⅱ			6	
四等	Ⅰ	1	1	2	
	Ⅱ			4	
一级	Ⅱ	1	—	2	
二、三级	Ⅱ	1	—	1	

5. 与高级控制点连测

如图 7.10 所示，导线与高级控制点连接，必须观测连接角和连接边，作为传递坐标方位角和坐标之用。如果附近无高级控制点，则应用罗盘仪施测导线起始边的磁方位角，并假定起始点的坐标作为起算数据。

7.2.3 导线测量的内业工作

导线测量内业工作的目的是根据已知的起始数据和外业的观测成果计算出导线点的坐标。计算之前，应检查导线测量外业记录，数据是否齐全，有无记错、算错，成果是否符合精度要求，起算数据是否准确。然后绘制导线略图，把各项数据注于图上相应位置，如图 7.10 所示。

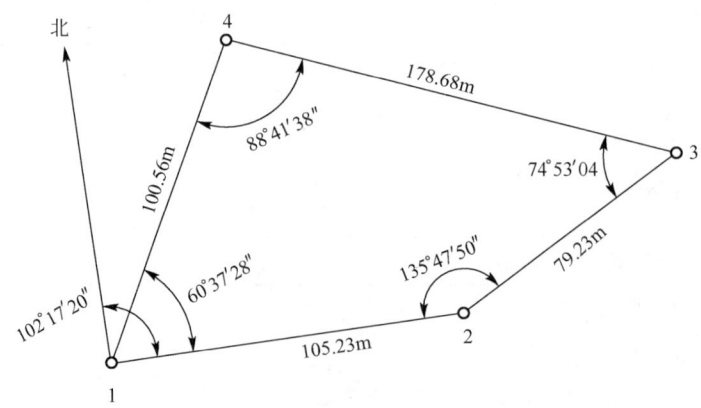

图 7.10 导线内业计算草图

1. 闭合导线的内业计算

闭合导线必须满足的条件：一是多边形的内角和条件；二是坐标条件。闭合导线应按下列步骤进行计算。

1）角度闭合差计算与调整

n 边形内角和的理论值应为：

$$\sum \beta_{理} = (n-2) \times 180° \tag{7.1}$$

由于测角误差的影响，使观测所得的内角和 $\sum \beta_{测}$ 不等于理论值 $\sum \beta_{理}$，二者之差称为角度闭合差，用 f_β 表示。

$$f_\beta = \sum \beta_{测} - \sum \beta_{理} = \sum \beta_{测} - (n-2) \times 180° \tag{7.2}$$

对于图根导线，角度闭合差的容许值一般为：

$$f_{\beta允} = \pm 60'' \sqrt{n} \tag{7.3}$$

当角度闭合差 $f_\beta \leqslant f_{\beta允}$ 时，将角度闭合差以相反的符号平均分配给各观测角，即在每个角度观测值上加上一个改正数 v，其数值为：

$$v = -\frac{f_\beta}{n} \tag{7.4}$$

改正值 v 取值到秒。当 f_β 不能被 n 整除而有余秒数时，可将余秒数人为调整到短边的邻角上。经改正后的角值总和应等于理论值，以此来校核计算是否有误。

2）导线各边坐标方位角的推算

角度闭合差调整好后，用改正后的角值从第一条边的已知方位角开始，依次推算出其他各边的方位角。其计算式为：

$$\alpha_{前} = \alpha_{后} \pm 180° \pm \beta \tag{7.5}$$

7.5 式中 $\pm 180°$，若 $\alpha_{后}$ 小于 $180°$ 则取 $+180°$；否则取 $-180°$；上式中的 $\pm \beta$，若 β 为左角，取 $+\beta$，否则取 $-\beta$。

在推算方位角时，为了校核，还要从最后一条边的方位角，推算出起始边的方位角，推算出的方位角应和已知方位角相等。

3）坐标增量及坐标增量闭合差的计算与调整

当已知导线各边边长和坐标方位角后，可计算各边的坐标增量，按下式计算：

$$\left.\begin{array}{l} \Delta x = D\cos\alpha \\ \Delta y = D\sin\alpha \end{array}\right\} \tag{7.6}$$

为了满足坐标条件，闭合导线各边坐标增量的代数和理论上应等于零，即：

$$\left.\begin{array}{l} \sum \Delta x_{理} = 0 \\ \sum \Delta y_{理} = 0 \end{array}\right\} \tag{7.7}$$

由于量距误差的存在和角度闭合差调整后残余误差的影响，使计算所得坐标增量的代数和不等于零，此值称为闭合导线的坐标增量闭合差，用下式表示：

$$\left.\begin{array}{l}f_x = \sum \Delta x_{测} \\ f_y = \sum \Delta y_{测}\end{array}\right\} \quad (7.8)$$

由于坐标增量闭合差的存在使图 7.11 中 A、A' 两点不重合而产生了 f 的缺口，f 称为全长闭合差。f_D 的大小可用下式求得：

$$f_D = \sqrt{f_x^2 + f_y^2} \quad (7.9)$$

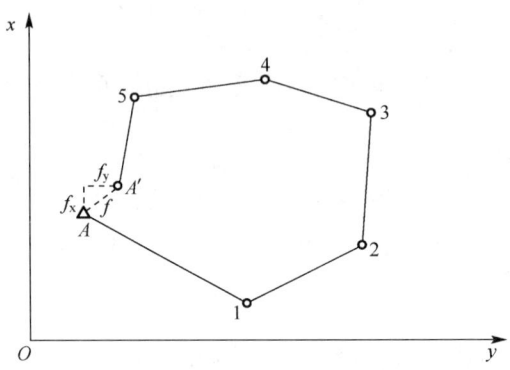

图 7.11 导线全长闭合差示意图

导线测量精度高低通常用全长相对闭合差 K 来衡量，导线全长闭合差 f 与导线全长之比称为导线全长相对闭合差，简称为导线相对闭合差，一般化成分子为 1 的分数来表示，即

$$K = \frac{f_D}{\sum D} = \frac{1}{\sum D/f_D} \quad (7.10)$$

经纬仪导线的相对闭合差，应满足相关规范的规定。若 K 值符合精度要求，可将增量闭合差以相反的符号，按各边长度成比例分配给各坐标增量，使改正后坐标增量的代数和等于零。各坐标增量改正值 δ_x、δ_y 可按下式计算：

$$\left.\begin{array}{l}\delta_{xi} = -\dfrac{f_x}{\sum D} D_i \\ \delta_{yi} = \dfrac{f_y}{\sum D} D_i\end{array}\right\} \quad (7.11)$$

式中，δ_{xi}、δ_{yi} 是第 i 条边的纵、横坐标增量的改正数，D_i 是第 i 条边的边长，$\sum D$ 为导线全长。

纵横坐标增量改正数之和应满足下式：

$$\left.\begin{array}{l}\sum \delta x = -f_x \\ \sum \delta y = -f_y\end{array}\right\} \quad (7.12)$$

计算完坐标增量改正数后，写在增量计算值的上面。为了书写简便，通常以坐标增量的末位为单位，并应上下对齐。然后算出改正后的纵、横坐标增量。此时，纵、横坐标增量的代数和应分别等于零。

4) 导线点的坐标计算 根据起始点的已知坐标和改正后的坐标增量，按计算路线依次

计算各导线点的坐标。即

$$\left.\begin{array}{l}x_i = x_{i-1} + \Delta x_{i-1,i} \\ y_i = y_{i-1} + \Delta y_{i-1,i}\end{array}\right\} \quad (7.13)$$

最后推算出起点坐标。二者应完全相等，以此作为坐标计算的校核。

2. 附合导线的内业计算

附合导线的内业计算步骤与闭合导线相同，但由于附合导线与闭合导线几何图形不同，满足的几何条件也就不同。在角度闭合差的计算及纵、横坐标增量闭合差的计算与闭合导线有所不同。下面着重介绍不同之处。

1) 角度闭合差的计算

如图 7.12 所示为两端附合在高级点 A、B 和 C、D 上的附合导线，根据式(7.5)从起始边 AB 的方位角 α_{AB} 通过各转角 β 可推算出各边方位角直至终边方位角 $\alpha_{CD测}$。

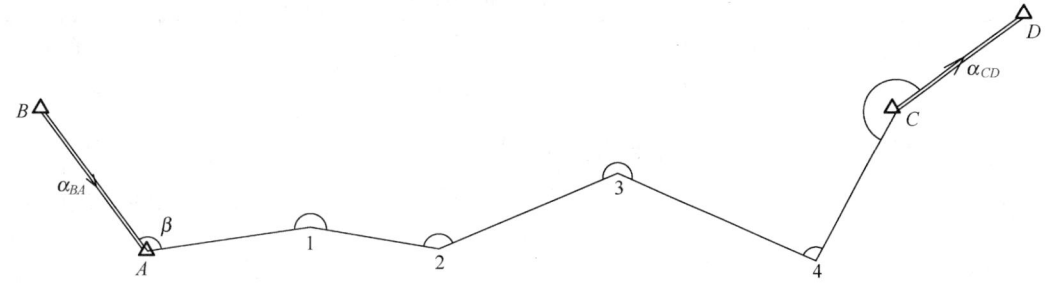

图 7.12 附合导线示意图

$$\alpha_{CD测} = \alpha_{AB} + n \times 180° + \sum \beta \quad (7.14)$$

用上式计算终边方位角应减去若干个 360°，使 $\alpha_{CD测}$ 在 360°以内，由于角度观测值存在误差，使得 $\alpha_{CD测}$ 与已知 α_{CD} 不相等，而产生了角度闭合差 f_β，即：

$$f_\beta = \alpha_{AB} + n \times 180° + \sum \beta - \alpha_{CD} \quad (7.15)$$

附合导线角度闭合差容许值与调整方法与闭合导线相同。

2) 坐标增量闭合差的计算

附合导线起点 B 和终点 C 都是高一级控制点，两点坐标增量的理论值为：

$$\left.\begin{array}{l}\sum \Delta x_理 = x_C - x_B \\ \sum \Delta y_理 = y_C - y_B\end{array}\right\} \quad (7.16)$$

由于测量的角度和边长均存在误差，根据改正后的方位角和边长所计算的坐标增量之和往往不等于式(7.16)的理论值，其差值称为附合导线坐标增量闭合差。即

$$\left.\begin{array}{l}f_x = \sum \Delta x_测 - (x_C - x_B) \\ f_y = \sum \Delta y_测 - (y_C - y_B)\end{array}\right\} \quad (7.17)$$

有关附合导线的全长闭合差的计算，全长相对闭合差的计算以及 f_x、f_y 的调整方法与闭合导线完全相同。

【例 7.1】 如图 7.13 所示，A、B 为控制点，计算导线点 1、2、3、4 的坐标。
已知：

$$\begin{cases} x_A = 0.000\text{m} \\ y_A = 0.000\text{m} \\ \alpha_{AB} = 354°13'51'' \end{cases}$$

计算见表 7-9。

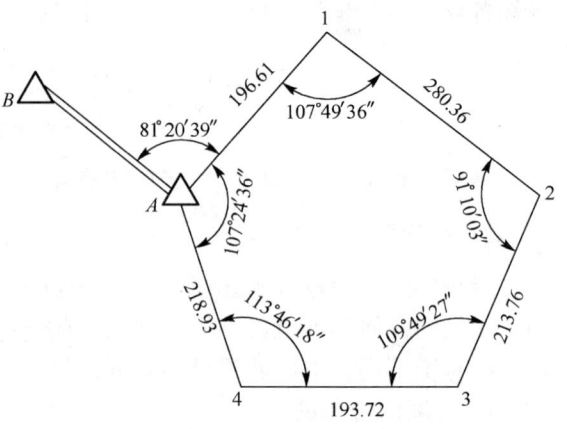

图 7.13 闭合导线

表 7-9 闭合导线坐标计算

点号	观测角/ (° ′ ″)	改正 数/″	改正角/ (° ′ ″)	坐标方位角/ (° ′ ″)	距离 /m	增量计算值		改正后增量		坐标	
						$\Delta x/m$	$\Delta y/m$	$\Delta x/m$	$\Delta y/m$	x/m	y/m
A				75 34 30	196.61	+0.01 48.99	+0.00 190.41	49.00	190.41	0.000	0.000
1	107 49 36	+12	107 49 48	147 44 42	280.36	+0.01 −237.10	+0.01 149.62	−237.09	149.63	49.00	190.41
2	91 10 03	+12	91 10 15	236 34 27	213.76	+0.01 −117.75	+0.00 −178.40	−117.74	−178.40	−188.09	340.04
3	119 49 27	+12	119 49 39	296 44 48	193.72	+0.00 87.18	+0.00 −172.99	87.18	−172.99	−305.83	161.64
4	113 46 18	+12	113 46 30	2 58 18	218.93	+0.01 218.64	+0.00 11.35	218.65	11.35	−218.65	−11.35
A	107 23 36	+12	107 23 48	75 34 30						0.000	0.000
1											
Σ	539 59 00	+60	540 00 00		1103.38	−0.04	−0.01	0	0		
辅助计算	$\sum\beta_{理}=(n-2)\times180=(5-2)\times180=540°$ $f_\beta=\sum\beta_{测}-\sum\beta_{理}=539°59'00''-540°=-0°01'00''$ $f_{\beta容}=\pm60\sqrt{n}=\pm2'14''$ $f_x=\sum\Delta x_{测}-\sum\Delta x_{理}=-0.04(\text{m})$ $f_y=\sum\Delta y_{测}-\sum\Delta y_{理}=-0.01(\text{m})$ $f_D=\sqrt{f_x^2+f_y^2}=0.04$ $K=f_D/\sum D=1/27585$										

【例 7.2】 如图 7.14 所示，A、B、C、D 为控制点，计算导线点 1、2、3 的坐标。已知：

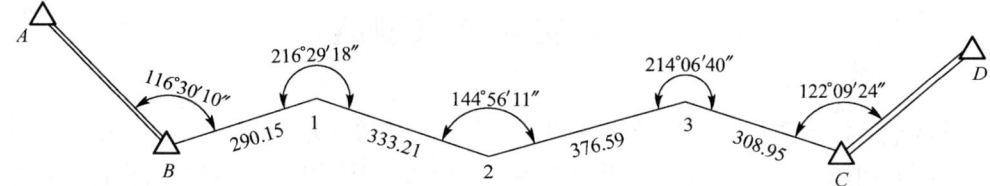

图 7.14 附合导线

$$\begin{cases} x_B = 0.000\text{m} \\ y_B = 0.000\text{m} \\ \alpha_{AB} = 136°00'26'' \end{cases} \begin{cases} x_C = -12.90\text{m} \\ y_B = 1247.32\text{m} \\ \alpha_{CD} = 50°13'09'' \end{cases}$$

计算见表 7 - 10。

表 7 - 10 附合导线坐标计算

点号	观测角/(° ′ ″)	改正数/″	改正角/(° ′ ″)	坐标方位角/(° ′ ″)	距离/m	增量计算值 Δx/m	增量计算值 Δy/m	改正后增量 Δx/m	改正后增量 Δy/m	坐标 x/m	坐标 y/m
A				136 00 26							
B	116 30 10	+12	116 30 22			+0.01	−0.02	87.20	276.72	0.000	0.000
				72 30 48	290.15	87.19	276.74				
1	216 29 18	+12	216 29 30			+0.01	−0.03	−108.50	315.02	87.20	276.72
				109 00 18	333.21	−108.51	315.05				
2	144 56 11	+12	144 56 23			+0.01	−0.03	104.16	361.87	−21.30	591.74
				73 56 41	376.59	104.15	361.90				
3	214 06 40	+12	214 06 52			+0.01	−0.02	−95.76	293.71	82.86	953.61
				108 03 33	308.95	−95.77	293.73				
C	122 09 24	+12	122 09 36							−12.90	1247.32
D				50 13 09							
Σ	814 11 43	+60	814 12 43		1308.90	−12.94	1247.42	−12.90	1247.32		

辅助计算:

$f_\beta = \alpha_{CD算} - \alpha_{CD} = -0°01'00''$

$f_{β容} = \pm 60\sqrt{n} = \pm 2'14''$

$f_x = \sum \Delta x_测 - \sum \Delta x_理 = -0.04 (\text{m})$

$f_y = \sum \Delta y_测 - \sum \Delta y_理 = +0.10 (\text{m})$

$f_D = \sqrt{f_x^2 + f_y^2} = 0.11$

$K = f_D / \sum D = 1/11900$

7.3 交会定点测量

在进行平面控制测量时,当导线点和小三角点的密度不能满足工程施工或大比例尺测图要求,而需加密的点不多时,可用交会定点测量法加密控制点。根据测角、测边的不同,交会定点法可分为:测角前方交会(图 7.15a)、测角侧方交会(图 7.15b)测角后方交会(图 7.15c)和测边交会(图 7.15d)几种方法。

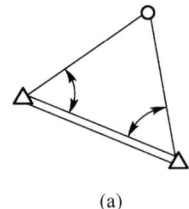 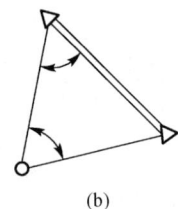 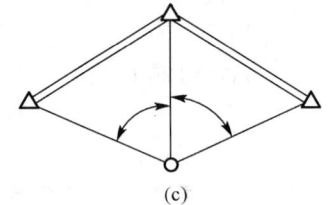 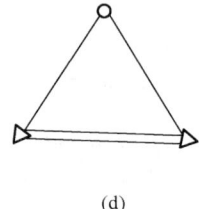

(a)　　　　　　(b)　　　　　　(c)　　　　　　(d)

图 7.15　交会定点
(a) 前方交会　(b) 侧方交会　(c) 后方交会　(d) 距离交会

在选用交会法时,必须注意交会角不应小于 30°或大于 150°,交会角是指待定点至两相邻已知点方向的夹角。注意交会定点的外业工作要求与导线测量外业类同。

7.3.1　前方交会

如图 7.16 所示,已知 A 点坐标为(x_A,y_A),B 点坐标为(x_B,y_B),在 A、B 两点上设站,观测出 α、β,通过三角形余切公式求出加密点 P 的坐标,这种方法称为测角前方交会法,简称前方交会。

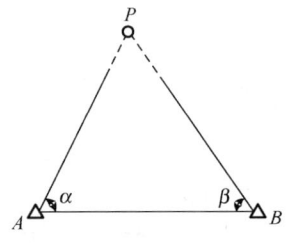

图 7.16　前方交会

1. 计算公式

1) 按导线推算 P 点坐标

(1) 用坐标反算公式计算 AB 边的坐标方位角 a_{AB} 或 D_{AB}。

$$\begin{cases} a_{AB}=\arctan\dfrac{y_B-y_A}{x_B-x_A} \\ D_{AB}=\sqrt{(y_B-y_A)^2+(x_B-x_A)^2} \end{cases}$$

(2) 计算 AP、BP 边的方位角 a_{AP}、a_{BP} 及边长 D_{AP}、D_{BP}。

$$\begin{cases} a_{AP}=a_{AB}-\alpha \\ a_{BP}=a_{AB}\pm 180°\mp\beta \\ D_{AP}=\dfrac{D_{AB}}{\sin\gamma}\sin\beta \quad D_{BP}=\dfrac{D_{AB}}{\sin\gamma}\sin\alpha \end{cases}$$

式中,$\gamma=180°-\alpha-\beta$,且应有:$a_{AP}-a_{BP}=\gamma$(可用作检核)。

(3) 按坐标正算公式计算 P 点坐标。

$$\begin{cases} x_P = x_A + \Delta x_{AP} = x_A + D_{AP}\cos a_{AP} \\ y_P = y_A + \Delta y_{AP} = y_A + D_{AP}\sin a_{AP} \end{cases}$$

或

$$\begin{cases} x_P = x_B + \Delta x_{BP} = x_B + D_{BP}\cos a_{BP} \\ y_P = y_B + \Delta y_{BP} = y_B + D_{BP}\sin a_{BP} \end{cases}$$

由公式计算的 P 点坐标应相等，可用作校核。由于计算中存在小数位的取舍，可能有微小差异，可取其平均值。

2）按余切公式计算 P 点的坐标

（1）公式推导。

按导线公式有：

$x_P = x_A + \Delta x_{AP} = x_A + D_{AP}\cos a_{AP}$

$a_{AP} = a_{AB} - a$，$D_{AB} = D_{AB}\sin\beta/\sin(\alpha+\beta)$

$$\begin{aligned} x_P &= x_A + D_{AP}\cos a_{AP} = x_A + \frac{D_{AB}\sin\beta\cos(a_{AB}-a)}{\sin(a+\beta)} \\ &= x_A + \frac{D_{AB}\sin\beta(\cos a_{AB}\cos a + \sin a_{AB}\sin a)}{\sin a\cos\beta + \cos a\sin\beta} \\ &= x_A + \frac{D_{AB}\sin\beta(\cos a_{AB}\cos a + \sin a_{AB}\sin a)/(\sin a\sin\beta)}{(\sin a\cos\beta + \cos a\sin\beta)/(\sin a\sin\beta)} \\ &= x_A + \frac{D_{AB}\cos a_{AB}\cot a + D_{AB}\sin a_{AB}}{\cot a + \cot\beta} \\ &= x_A + \frac{(x_B + x_A)\cot a + (y_B - y_A)}{\cot a + \cot\beta} \\ &= \frac{x_A\cot\beta + x_B\cot a - y_A + y_B}{\cot a + \cot\beta} \end{aligned}$$

同理可得：

$$y_P = \frac{y_A\cot\beta + y_B\cot a - x_B + x_A}{\cot a + \cot\beta}$$

则有：

$$\begin{cases} x_P = \dfrac{x_A\cot\beta + x_B\cot\alpha - y_A + y_B}{\cot\alpha + \cot\beta} \\ y_P = \dfrac{y_A\cot\beta + y_B\cot\alpha - x_B + x_A}{\cot\alpha + \cot\beta} \end{cases} \qquad (7.18)$$

式（7.18）是前方交会，侧方交会坐标计算公式，常称为余切公式或戎格公式。应用公式时，必须注意 A、B、P 三点的相互位置应按逆时针编号排列。

2. 计算校核

在实践中，为了校核和提高 P 点坐标的精度，如图 7.17 所示，通常采用 3 个已知点 A、B、C 上设站，分别向点 P 进行角度观测，由两个三角形分别解算 P 点的坐标。

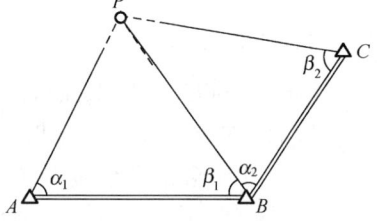

图 7.17 三点前方交会

由于测角误差，两组 P 点坐标不可能相等，若两组坐标之差不大于两倍比例尺精度时，取两组坐标的平均值作为 P 点最后的坐标。

$$f_D = \sqrt{(x_{P1}-x_{P2})^2 + (y_{P1}-y_{P2})^2} \leqslant f_{容} = 2\times 0.1M(\text{mm}) \qquad (7.19)$$

式中，M 为测图比例尺分母。

7.3.2 侧方交会

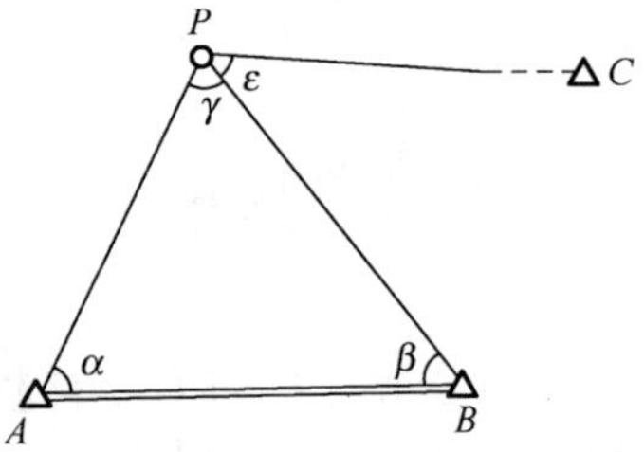

如图 7.18 所示，已知 A 点坐标为 (x_A, y_A)，B 点坐标为 (x_B, y_B)，在 A、P 两点上设站，观测出 α、γ，通过三角形余切公式求出加密点 P 的坐标，这种方法称为测角侧方交会法，简称侧方交会。侧方交会法计算同前方交会法，可利用已知点上角度 α 和未知点角度 γ，求出已知点 B 上的角度 β，即可利用前方交会公式求出加密点 P 的坐标。

图 7.18 侧方交会

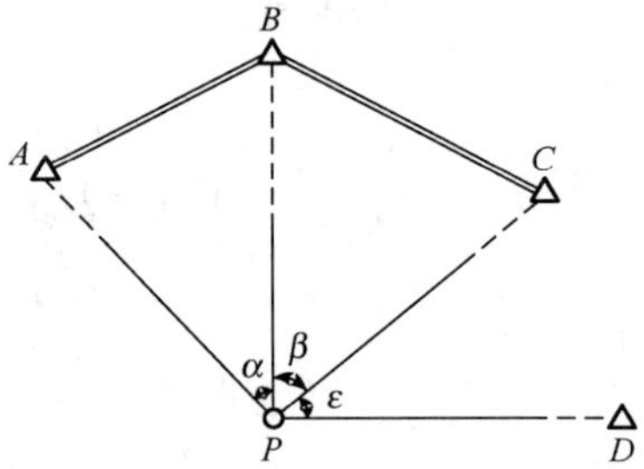

7.3.3 后方交会

如图 7.19 所示，已知 A 点坐标为 (x_A, y_A)，B 点坐标为 (x_B, y_B)，C 点坐标为 $(x_C、y_C)$，在 P 点上设站，观测出 α、β，通过三角形余切公式求出加密点 P 的坐标，这种方法称为测角后方交会法，简称后方交会。

图 7.19 后方交会

1. 计算公式

$$a = (x_A - x_B) + (y_A - y_B)\cot\alpha$$
$$b = (y_A - y_B) - (x_A - x_B)\cot\alpha$$
$$c = (x_C - x_B) + (y_C - y_B)\cot\beta$$
$$d = (y_C - y_B) + (x_C - x_B)\cot\beta$$
$$k = \tan\alpha_{BP} = \frac{c-a}{b-d}$$

$$\left.\begin{array}{r}\Delta x_{BP} = \dfrac{a+bk}{1+k^2} \\ \Delta x_{BP} = \dfrac{a+bk}{1+k^2} \\ x_P = x_B + \Delta x_{BP} \\ y_P = y_B + \Delta y_{BP}\end{array}\right\} \quad (7.20)$$

2. 计算校核

为了保证 P 点的坐标精度，后方交会还应该用第四个已知点进行检核。在 P 点观测 A、B、C 点，同时还应观测 D 点，测定检核角。同时应注意，一般交会角应接近 $90°\sim 120°$ 时，其交会精度最高。被测点 P 不能位于 3 个已知点所确定的圆周，若 P 点位于三点所确定圆周上将无法求出 P 点坐标。

7.3.4 测边交会

如图 7.20 所示，已知 A 点坐标为 (x_A, y_A)，B 点坐标为 (x_B, y_B)，通过测出未知点 P 与 A、B 两点的距离 PA、PB，求出加密点 P 的坐标，这种方法称为测边交会法，简称测边

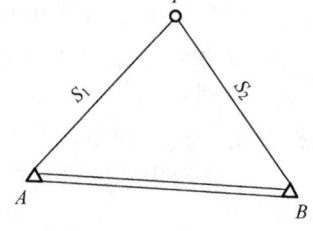

图 7.20 测边交会

交会。

1. 计算公式

1）利用坐标反算公式计算 AB 边的坐标方位角 a_{AB} 和边长 D_{AB}

$$\begin{cases} a_{AB} = \arctan \dfrac{y_B - y_A}{x_B - x_A} \\ D_{AB} = \sqrt{(y_B - y_A)^2 + (x_B - x_A)^2} \end{cases}$$

2）根据余弦定理可求出 $\angle A$

$$\angle A = \cos^{-1}\left(\dfrac{D_{AB}^2 + D_{AP}^2 - D_{BP}^2}{2D_{AB}D_{AP}}\right)$$

而 $a_{AP} = a_{AB} - \angle A$。

3）根据导线推导公式计算 P 点坐标

$$\left. \begin{aligned} x_P &= x_A + \Delta x_{AP} = x_A + D_{AP}\cos a_{AP} \\ y_P &= y_A = \Delta y_{AP} = y_A + D_{AP}\sin a_{AP} \end{aligned} \right\} \quad (7.21)$$

2. 计算校核

以上是两边交会法。工程中为了检核和提高 P 点的坐标精度，通常采用三边交会法。三边交会观测三条边，分两组计算 P 点坐标进行核对，最后取其平均值。

7.4 高程控制测量

小地区高程控制测量包括三、四等水准测量和三角高程测量。

7.4.1 三、四等水准测量

三、四等水准测量一般应与国家一、二等水准网进行联测，除用于国家高程控制网加密外，还用于建立小地区首级高程控制网，以及建筑施工区内工程测量及变形观测的基本控制。独立测区可采用闭合水准路线。

三、四等水准测量的观测应在通视良好、成像清晰稳定的条件下进行。常用的观测方法有双面尺法和变仪器高法。其观测方法和内业计算见第 2 章。

7.4.2 三角高程测量

在山地测定控制点的高程，若采用水准测量，则速度慢，困难大，故可采用三角高程测量的方法。但必须用水准测量的方法在测区内引测一定数量的水准点，作为三角高程测量高程起算的依据。常见三角高程测量为：电磁波测距三角高程测量和视距三角高程测量。电磁波测距三角高程测量适用于三、四等和图根高程网。视距三角高程测量一般适用于图根高程网。

1. 三角高程测量的原理

三角高程测量是根据两点间的水平距离和竖直角计算两点的高差。如图 7.21 所示，

已知 A 点高程 H_A，欲测定 B 点高程 H_B，可在 A 点安置经纬仪，在 B 点竖立标杆，用望远镜中丝瞄准标杆的顶点 M，测得竖直角 α，量出标杆高 V 及仪器高 i，再根据 AB 的平距 D，则可算出 AB 的高差。

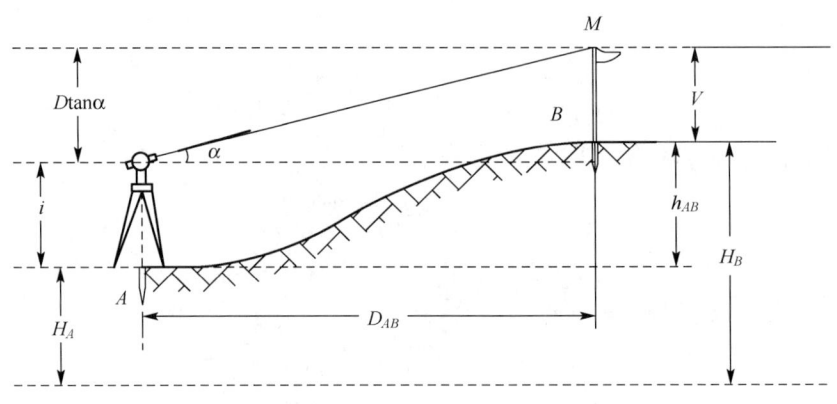

图 7.21 三角高程测量

$$h = D\tan\alpha + i - v \tag{7.22}$$

B 点的高程为：

$$H_B = H_A + h = H_A + D\tan\alpha + i - v \tag{7.23}$$

当两点距离大于 300m 时，应在上式中考虑地球曲率和大气折光对高差的影响，其值为：

$$f = 0.43\frac{D^2}{R} \tag{7.24}$$

式中　f——两差改正；

D——两点间平距；

R——地球半径，其值为 6371km。

2. 三角高程测量外业工作

三角高程测量，宜在平面控制网的基础上布设成高程导线附合路线、闭合环线或三角高程网。对于光电测距三角高程测量，应采用不低于 Ⅱ 级的光电测距仪、DJ_2 型经纬仪、最小读数为 0.2℃ 的温度计、最小读数为 100Pa 的气压表和大小为 25cm×25cm 的觇牌。对于视距三角高程测量，可采用 DJ_6 型经纬仪。

1) 安置仪器

安置仪器于测站，量仪器高 i 和标杆（觇牌）高 v。注意仪器高和标杆高都要丈量两次，读至 5mm，两次较差不大于 1cm，取中间数。

2) 测竖直角

用经纬仪中横丝瞄准目标，将竖盘水准管气泡居中，读取竖盘读数，盘左、盘右观测为一测回。竖直角观测测回数及限差见表 7-11。

表 7-11 竖直角观测测回数及限差

项目	等级 仪器	一、二级小三角		一、二、三级导线		图根控制
		DJ_2	DJ_6	DJ_2	DJ_6	DJ_6
测回数		2	4	1	2	1
各测回	竖直角互差	15″	25″	15″	25″	25″
	指标差互差					

3) 距离测量

光电测距三角高程测量应满足平面控制测量中对光电测距要求。视距三角高程测量一般只用于图根高程控制网上的图解支点，故其往返距离较差要求小于 1/200。

三角高程测量，一般应进行往返观测，即由 A 点向 B 点观测(称为直觇)，又由 B 点向 A 点观测(称为反觇)，这样的观测，称为对向观测，或称双向观测。

3. 三角高程测量内业工作

1) 计算高差

按公式进行计算，但应注意计算所得光电测距三角测量高差应满足以下几个条件：

(1) 三角高程测量对向观测所求得的高差较差不应大于 $0.1D(m)$（D 为平距，以 km 为单位)。

(2) 由两个单方向算得的高程不符值不应大于 $0.07\sqrt{S_1^2+S_2^2}(m)$（$S_1$、$S_2$ 为两单方向边长，单位为 km）

对于视距三角测量高差应满足：

往返测高差较差不大于 1/7 等高距。

2) 计算高差闭合差

计算高差闭合差 f_h，其方法与水准测量方法相同。对于闭合导线或附合导线来说，其高差闭合差容许值为：

$$f_{h容}=\pm 0.05\sqrt{[D^2]}m \qquad (7.25)$$

式中，D 为各边的水平距离，以 km 为单位。

3) 计算高差改正数、改正后高差及各点高程

当 f_h 不超过 $f_{h容}$ 时，则按边长成正比例的原则，将 f_h 反符号分配于各高差之中，然后用改正后的高差，由起始点的高程计算各待定点的高程。

本 章 小 结

控制测量是地形测绘和工程施工测量工作的基础，精度要求高，理论性强。因此它是本课程的重点内容。本章的知识点如下：

1. 导线测量

导线测量分为外业和内业两部分工作。其外业工作主要有踏勘选点、测角、测边及导线定向。内业工作主要包括角度闭合差计算与调整、坐标方位角的推算、坐标增量计算、

坐标增量闭合差的计算与调整、各点坐标推算。角度闭合差的调整原则是将闭合差反号平均分配到各观测角上，而坐标增量闭合差调整原则是将闭合差反号按各边长度成比例分配到各坐标增量上。导线计算的各个步骤之间相互联系，后一步以上一步计算结果为条件。因此各步计算要严格校核，以保证最后成果的正确无误。

2. 交会定点

当平面控制点的密度不能满足测量要求时，需要加密控制点，加密控制点通常采用交会定点。交会定点分为测角交会和距离交会。测角交会又分为前方交会、侧方交会、后方交会。学习本部分内容要掌握前方交会、侧方交会、后方交会和距离交会的特点，掌握戎格（余切）公式的使用条件和使用方法。

3. 高程控制测量

高程控制测量可以采用三、四水准测量的方法和三角高程测量，在此，主要介绍了三角高程测量的外业工作和三角高程内业计算的方法。三角高程的外业工作包括安置仪器、测竖直角和测水平距离。进行三角高程内业计算时要注意每个步骤的检核。

思考与练习

1. 试绘图说明导线的布设形式。
2. 导线外业工作包括哪些内容？选择导线点时应注意哪些问题？
3. 当测区图根点不与高级控制点联测时，应如何建立测区控制网？
4. 附合导线计算与闭合导线计算有哪些不同点？
5. 已知 A 点坐标为：

$x_A = 2736.85$m，$y_A = 1677.28$m AB 的水平距离、坐标方位角为：$D_{AB} = 125.66$m，$a_{AB} = 172°08'24''$ 求：B 点坐标(x_B, y_B)。

6. 已知 A、B 坐标分别为：

$x_A = 5136.78$m，$y_A = 3372.94$m $x_B = 5213.44$m，$y_B = 3264.58$m 求：AB 的水平距离及坐标方位角。

7. 一图根闭合导线如图 7.22 示，其中，$x_1 = 5030.70$m，$y_1 = 4553.66$m，$a_{12} = 97°58'08''$。各边边长与转折角角值均注于图中，求2、3、4点坐标。

8. 如图 7.23 所示，已知：$x_A = 3846.35$m，$y_A = 1654.54$m，$x_B = 3873.96$m，$y_B = 1772.68$m，测得 $a = 64°03'30''$，$\beta = 59°46'40''$。试计算 P 点坐标。

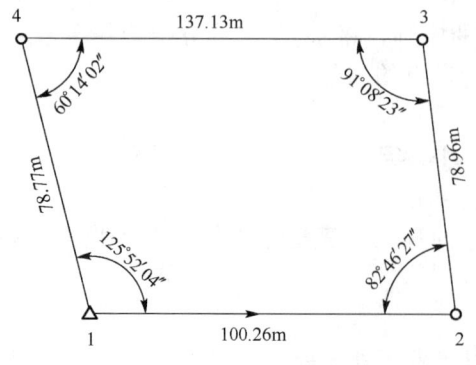

图 7.22 闭合导线

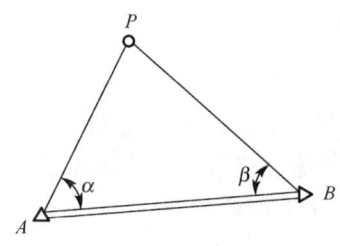

图 7.23 前方交会

第8章 大比例尺地形图的测绘

【教学目标】

本章介绍了地形图的比例尺、地形图的分幅和编号；地形图符号及其在地形图上的表示方法；测绘大比例尺地形图的方法、步骤以及全站仪测图等内容。通过本章学习，应基本掌握地形图的基本知识和用经纬仪测绘大比例尺地形图的方法。

【教学要求】

知识要点	能力要求	相关知识
地形图的基本知识	（1）掌握地形图的基本知识	（1）地形图的比例尺 （2）地形图的分幅与编号
地形图符号及其在地形图上的表示方法	（1）能够认识地形图符号 （2）掌握等高线的特性 （3）能够进行等高线的勾绘	（1）地物符号 （2）地貌符号 （3）典型地貌的表示方法 （4）等高线的特性
经纬仪测图	（1）掌握经纬仪测图的作业步骤 （2）掌握地形图的拼接、检查与整饰	（1）测图前的准备工作 （2）经纬仪测图 （3）地形图的拼接、检查与整饰
全站仪测图	（1）认识全站仪数字化测图的优点 （2）了解全站仪数字化测图的作业过程	（1）全站仪测图的优点 （2）全站仪测图中点的表示方法 （3）全站仪测图的作业过程

在国民经济建设和国防建设各项工程的规划、设计阶段，均需要地形图提供有关工程建设地区的自然结构、地形和环境条件等资料，以便使规划和设计符合实际情况。由于地形图包含了完整的平面和高程信息，客观地反映了地面的实际情况，因此，地形图是制订规划、进行工程设计的重要依据。

本章将先介绍有关地形图的基本知识，然后讲述大比例尺地形图的测绘方法。

8.1 地形图的基本知识

地球表面各种物体种类繁多，地势起伏形态各异，但总体上可分为地物和地貌两大类。凡是地面上各种固定性的物体，如城市街道、房屋、道路、江河湖泊、森林、草原及其他各种人工建筑物等，均称为地物；而地面上自然形成的高低起伏形态，如高山、深谷、陡坎、悬崖、峭壁等，则称为地貌。习惯上把地物和地貌总称为地形。

通过实地测量，将地面上各种地物和地貌的平面位置和高程沿垂直方向投影在水平面上，并按一定的比例尺，用《地形图图式》统一规定的符号和注记，将其缩绘在图纸上的平面图形,它既表示出地物的平面位置,又表示出地貌形态的情况,称为地形图。如果图上只反映地物的平面位置,而不反映地貌,则称为地物图。由于地形图能客观地反映地面的实际情况,特别是大比例尺(即1∶500、1∶1000、1∶2000、1∶5000等)地形图,所以各项经济建设和国防工程建设都可以在地形图上进行规划和设计。土建工程设计总平面图也往往是在建筑区的地形图上规划而成的。可见,地形图,特别是大比例尺地形图是进行规划和设计的重要基础资料之一。因而正确识读和使用地形图是土建工程技术人员必须具备的基本技能之一。

8.1.1 地形图的比例尺

地形图上任意一线段的长度与地面上相应线段的实际水平长度之比,称为地形图的比例尺。

1. 数字比例尺

数字比例尺一般用分子为1的分数形式表示。设图上某一线段的长度为 d,地面上相应线段的水平长度为 D,则图的比例尺为

$$\frac{d}{D}=\frac{1}{\frac{D}{d}}=\frac{1}{M} \tag{8.1}$$

式中 M 为比例尺分母。当图上 1cm 代表地面上水平长度 10m(即 1000cm)时,该图的比例尺就是 $\frac{1}{1000}$。由此可见,分母 1000 就是将实地水平长度缩绘在图上的倍数。

比例尺的大小是以比例尺的比值来衡量的,分数值越大(分母 M 越小),比例尺越大。通常称 1∶1000000、1∶500000、1∶200000 为小比例尺地形图;1∶100000、1∶50000、1∶25000 为中比例尺地形图,1∶10000、1∶5000、1∶2000、1∶1000、1∶500 为大比例尺地形图。大比例尺地形图是直接为满足各种工程设计、施工而测绘的。如 1∶10000 和 1∶5000 比例尺地形图是国民经济建设部门进行总体规划、设计的一项重要依据。1∶2000 比例尺地形图常用于城市详细规划及工程项目初步设计。1∶1000 和 1∶500 比例尺地形图主要供各种工程建设的技术设计、施工设计和工业企业的详细规划使用。

按照地形图图式规定,比例尺书写在地形图图廓下方正中处。

2. 图示比例尺

为了用图方便,以及减弱由于图纸伸缩而引起的误差,在绘制地形图时,常在图上绘制图示比例尺。图 8.1 为 1∶1000 的图示比例尺,绘制时先在图上绘制两条平行线,再把它分成若干相等的线段,称为比例尺的基本单位,一般为 2cm;将左端的一段基本单位又分成十等分,每等分的长度相当于实地 2m。而每一基本单位所代表的实地长度为 2cm×1000=20m。

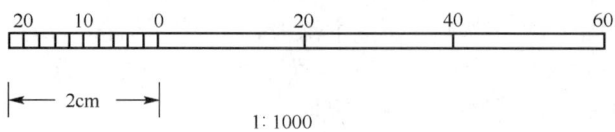

图 8.1 图示比例尺

使用时，用分规的两脚尖对准衡量距离的两点，然后将分规移至图示比例尺上，使一个脚尖对准"0"分划右侧的整分划线上，而使另一个脚尖落在"0"分划线左端的小分划段中，则所量的距离就是两个脚尖读数的总和，不足一小分划的零数可用目估。

3. 比例尺精度

一般认为，人的肉眼能分辨的图上最小距离是 0.1mm，因此通常把图上 0.1mm 所表示的实地水平长度，称为比例尺精度。根据比例尺精度，可以确定在测图时量距应准确到什么程度，例如，测绘 1∶1000 比例尺地形图时，其比例尺精度为 0.1m，因此量距的精度只需到 0.1m，小于 0.1m 在图上表示不出来。另外，当设计规定需在图上能量出的实地最短长度时，根据比例尺精度，可以确定测图比例尺，例如，欲使图上能量出的实地最短线段长度为 0.5m，则采用的比例尺不得小于 $\frac{0.1\text{mm}}{0.5\text{m}} = \frac{1}{5000}$。

表 8-1 为工程常用的几种大比例尺地形图的比例尺精度，可见比例尺越大，表示地物和地貌的情况越详细，比例尺精度越高。但是必须指出，同一测区，采用较大比例尺测图往往比采用较小比例尺测图的工作量和投资增加数倍，因此采用哪一种比例尺测图，应从工程规划、施工实际需要的精度出发，不应盲目追求更大比例尺的地形图。

表 8-1 比例尺精度表

比 例 尺	1∶500	1∶1000	1∶2000	1∶5000	1∶10000
比例尺精度(m)	0.05	0.1	0.2	0.5	1.0

8.1.2 地形图的分幅与编号

为了便于测绘、保管和使用地形图，需要将大面积的地形图进行统一分幅、编号。

1. 分幅方法

大比例尺地形图常采用正方形分幅或矩形分幅法，它是按统一的直角坐标纵、横坐标格网线划分的。1∶500、1∶1000、1∶2000 比例尺地形图上一般采用 50cm×50cm 的正方形分幅或 40cm×50cm 的矩形分幅，根据需要也可采用其他规格的分幅。而中、小比例尺地形图则按经纬度来划分，即左、右以经线为界，上、下以纬线为界，图幅形状近似梯形，故称为梯形分幅。关于梯形分幅本书不作详细介绍。

图 8.2 是以 1∶5000 比例尺地形图为基础进行的正方形分幅。各种大比例尺地形图的图幅大小见表 8-2。

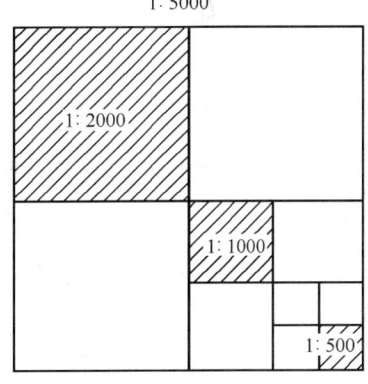

图 8.2 正方形分幅

表 8-2 正方形分幅及面积

比 例 尺	图幅大小(cm×cm)	实地面积(km²)	一幅 1∶5000 的图包含的图幅数
1∶5000	40×40	4	1
1∶2000	50×50	1	4

比 例 尺	图幅大小(cm×cm)	实地面积(km²)	一幅1∶5000的图包含的图幅数
1∶1000	50×50	0.25	16
1∶500	50×50	0.0625	64

2. 编号方法

正方形分幅或矩形分幅的编号方法有三种。

1) 坐标编号法

坐标编号是采用该图图廓西南角的坐标公里数来编号。编号时，x 坐标在前，y 坐标在后，中间用连字符相连。1∶500 比例尺地形图，坐标取至 0.01km，如 10.40~21.75；1∶1000、1∶2000 比例尺地形图，坐标取至 0.1km。

2) 数字顺序编号法

对带状测区或小面积测区，可按测区统一顺序进行编号，一般从左到右，从上到下用阿拉伯数字 1，2，3，…编定，如图 8.3 所示中的××—15(××为测区名称)。

3) 行列编号法

对带状测区或小面积测区，除按数字顺序编号外，还可利用行列编号法。一般以代号（如 A，B，C，…）为横行，由上到下排列，以阿拉伯数字为纵列，从左到右排列，编定按先行后列的顺序，中间加上连字符，如图 8.4 所示中的 A—4。

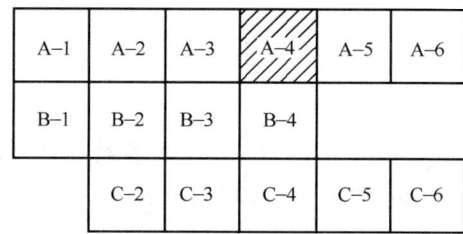

图 8.3　数字顺序编号　　　　　图 8.4　行列编号

8.2　地形图符号及在地形图上的表示方法

8.2.1　地物符号

地物的种类繁多，形态复杂，一般可分为两类，一类是自然地物，如河流、湖泊等；另一类是人工地物，如房屋、道路、管线等。地物的类别、大小、形状及其在图上的位置，都是按规定的地物符号和要求表示的。国家测绘总局颁发的《地形图图式》统一了地形图的规格要求，地物、地貌符号和注记，供测图和识图时使用。

表 8-3 是国家标准《1∶500，1∶1000，1∶2000 地形图图式》所规定的部分地物符号，根据地物的大小和描绘的方法，地物符号可分为比例符号、非比例符号、半比例符号

和地物注记。

1. 比例符号

地物的轮廓较大,能按比例尺将地物的形状、大小和位置缩小绘在图上以表达轮廓性的符号。这类符号一般是用实线或点线表示其外围轮廓,如房屋、湖泊、森林、农田等。见表 8.3 中的 1～12 号及 22～25 号。

2. 非比例符号

一些具有特殊意义的地物,轮廓较小,不能按比例尺缩小绘在图上时,则不考虑其实际大小,而采用规定的符号来表示,如三角点、水准点、烟囱、消火栓等。这类符号在图上只能表示地物的中心位置,不能表示其形状和大小。见表 8.3 中的 27～40 号。

非比例符号的中心位置与实际地物中心位置的关系随地物而异,在测绘、读图及用图时应注意以下几点:

1) 规则的几何图形符号,如三角点、导线点、钻孔等,该几何图形的中心即为地物的中心位置。

2) 宽底符号,如里程碑、岗亭等,该符号底线的中心即为地物的中心位置。

3) 底部为直角的符号,如独立树、加油站等,地物中心在该符号底部直角顶点。

4) 由几种几何图形组成的符号,如气象站、路灯等,地物中心在其下方图形的中心点或交叉点。

5) 下方没有底线的符号,如窑洞、亭等,地物中心在下方两端点间的中心点。

在绘制非比例符号时,除图式中要求按实物方向描绘外,如窑洞、水闸、独立屋等,其他非比例符号的方向一律按直立方向描绘,即与南图廓垂直。

3. 半比例符号

一些呈线状延伸的地物,其长度能按比例缩绘,而宽度不能按比例缩绘,这种长度按比例、宽度不按比例的符号称为半比例符号,也称线形符号,如铁路、公路、围墙、通讯线等。半比例符号的中心线一般表示实地地物的中心位置。见表 8-3 中的 13～21 号及 26 号。

表 8-3 地 物 符 号

编号	符号名称	图 例	编号	符号名称	图 例
1	坚固房屋 4—房屋层数	坚4　　1.5	4	台 阶	0.5　　0.5
2	普通房屋 2—房屋层数	2　　1.5	5	花 圃	1.5　1.5　10.0　-10.0-
3	窑洞 1. 住人的 2. 不住人的 3. 地面下的	1　2.5　2 2.0 3	6	草 地	1.5　0.8　10.0　-10.0-

(续)

编号	符号名称	图 例	编号	符号名称	图 例
7	经济作物地	0.8 · 3.0 蔗 10.0 · -10.0-	19	栅栏、栏杆	─○─┼─○─┼ 1.0 / 10.0
8	水生经济作物地	3.0 藕 0.5	20	篱笆	─▷◁──▷◁── 1.0 / 10.0
			21	活树篱笆	3.5 0.5 10.0 ○○○─·─○○○─·─ 1.0 0.8
9	水稻田	0.2 2.0 10.0 -10.0-	22	沟渠 1. 有堤岸的 2. 一般的 3. 有沟堑的	2 0.3 3
10	旱地	1.0 ⨅ 2.0 10.0 ⨅ -10.0-			
11	灌木林	0.5 ○ 1.0 ○ ○	23	公路	0.3 沥 砾 0.3
			24	简易公路	8.0 2.0
12	菜地	⅄ 2.0 2.0 10.0 ⅄ -10.0-	25	大车路	0.15 碎石 0.3
			26	小路	4.0 1.0 0.3
13	高压线	4.0 ──●──	27	三角点 凤凰山-点名 394.468 高程	△ 凤凰山 / 394.468 3.0
14	低压线	4.0 ──○──			
15	电杆	1.0 ═●	28	图根点 1. 埋石的 2. 不埋石的	1 2.0 ▣ N16/84.46 2 1.5 ⊕ 25/62.74 2.5
16	电线架	○			
17	砖、石及混凝土围墙	10.0 0.5 10.0 0	29	水准点	2.0 ⊗ N京石5/32.804
18	土围墙	10.0 10.0 0.5	30	旗杆	1.5 1.0 4.0 1.0

(续)

编号	符号名称	图例	编号	符号名称	图例
31	水塔	2.0 / 3.0 ⌶ 1.0 / 1.2	40	岗亭、岗楼	90° / 3.0 / 1.5
32	烟囱	3.5 ⌶ / 1.0	41	等高线 1. 首曲线 2. 计曲线 3. 间曲线	0.15 ——— 1 87 0.3 ——— 2 85 0.15 - - - 6.0 - - - 3 1.0
33	气象站(台)	3.0 / 4.0 / 1.2	42	示坡线	
34	消火栓	1.5 / 1.5 ⌶ 2.0			
35	阀门	1.5 / 1.5 ⌶ 2.0	43	高程点及其注记	0.5 163.2 ±75.4
36	水龙头	3.5 ⌶ 2.0 / 1.2	44	滑坡	
37	钻孔	30 ⊙ = 1.0			
38	路灯	1.5 / 1.0	45	陡崖 1. 土质的 2. 石质的	1 2
39	独立树 1. 阔叶 2. 针叶	1.5 / 1 3.0 / 0.7 2 3.0 / 0.7	46	冲沟	

4. 地物注记

地形图上对一些地物的性质、名称等加以注记和说明的文字、数字或特定的符号，称为地物注记，如房屋的层数；河流的名称、流向、深度；工厂、村庄的名称；控制点的点号、高程；地面的植被种类等。

总之，国家标准的各种比例尺《地形图图式》，是测绘地形图时正确表示地物的依据，必须遵守。对于某些具体的地物，究竟是采用比例符号还是非比例符号，主要是根据测图比例尺的大小来确定。测图比例尺愈小，使用非比例符号表示的地物愈多；测图比例尺愈大，则用比例符号描绘的地物愈多。

8.2.2 地貌符号

地貌形态多种多样,包括山地、丘陵和平原等。在图上表示地貌的方法很多,而测量工作中通常用等高线表示,因为用等高线表示地貌,不仅能表示地面的起伏形态,而且还能表示出地面的坡度和地面点的高程。

1. 等高线

等高线是地面上高程相同的点所连接而成的连续闭合曲线。

如图 8.5 所示,设有一座位于平静湖水中的小山,山顶被湖水恰好淹没时的水面高程为 100m。然后水位下降 5m,露出山头,此时水面与山坡就有一条交线,而且是闭合曲线,曲线上各点的高程是相等的,这就是高程为 95m 的等高线。随后水位又下降 5m,山坡与水面又有一条交线,就是高程为 90m 的等高线。依此类推,水位每降落 5m,水面就与山坡面相交留下一条等高线,从而得到一组高差为 5m 的

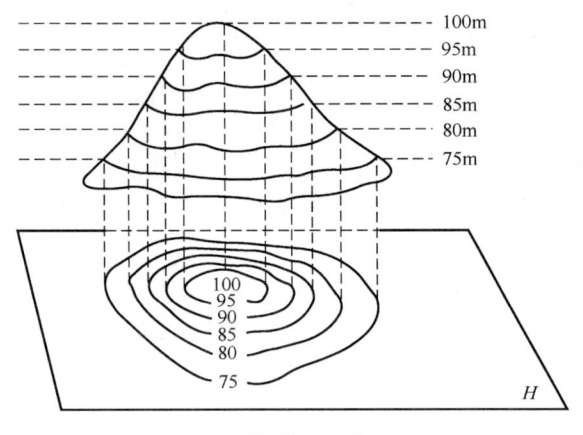

图 8.5 等高线示意图

等高线。设想把这组实地上的等高线沿铅垂线方向投影到水平面 H 上,并按规定的比例尺缩绘到图纸上,就得到用等高线表示该山头地貌的等高线图。

2. 等高距和等高线平距

相邻等高线之间的高差称为等高距,常以 h 表示。图 8.5 中的等高距为 5m。在同一幅地形图上,等高距是相同的。

相邻等高线之间的水平距离称为等高线平距,常以 d 表示。因为同一张地形图内等高距是相同的,所以等高线平距 d 的大小直接与地面坡度有关。等高线平距越小,地面坡度就越大;平距越大,则坡度越小;坡度相同,平距相等。因此,可以根据地形图上等高线的疏、密来判断地面坡度的缓、陡。

同时还可以看出:等高距越小,显示地貌就越详细;等高距越大,显示地貌就越简略。但是,当等高距过小时,图上的等高线过于密集,将会影响图面的清晰。因此,在测绘地形图时,等高距的大小是根据测图比例尺与测区地形情况来确定的,参见表 8-4。

表 8-4 大比例尺地形图基本等高距(m)

地貌类别	比例尺			
	1:500	1:1000	1:2000	1:5000
平坦地	0.5	0.5	1	2
丘陵地	0.5	1	2	5
山地	1	1	2	5
高山地	1	2	2	5

表 8.4 是大比例尺地形图基本等高距参考值。应用表 8.4 时注意：地貌形态的类别划分，根据地面坡度大小确定：

平坦地：2°以下。
丘陵地：2°～6°。
山　地：6°～25°。
高山地：25°以上。

8.2.3　几种典型地貌的表示方法

地貌的形态虽然纷繁复杂，但通过仔细研究和分析就会发现它们是由几种典型的地貌综合而成的。了解和熟悉典型地貌的等高线特征，对于提高我们识读、应用和测绘地形图的能力很有帮助。

1. 山丘和洼地

山丘的等高线特征如图 8.6 所示，洼地的等高线特征如图 8.7 所示。山丘与洼地的等高线都是一组闭合曲线，但它们的高程注记不同。内圈等高线的高程注记大于外圈者为山丘；反之，小于外圈者为洼地。也可以用示坡线表示山丘或洼地。示坡线是垂直于等高线的短线，用以指示坡度下降的方向。

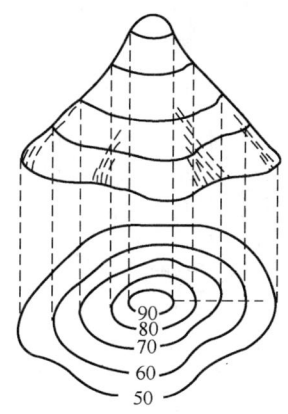

图 8.6　山头

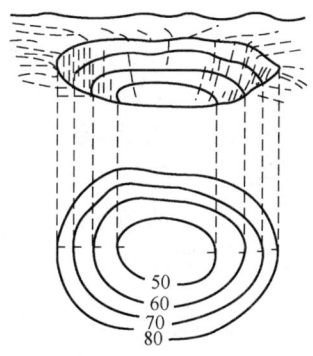

图 8.7　洼地

2. 山脊和山谷

山的最高部分为山顶，从山顶向某个方向延伸的高地称为山脊。山脊的最高点连线称为山脊线。山脊等高线的特征表现为一组凸向低处的曲线，如图 8.8 所示。

相邻山脊之间的凹部称为山谷，它是沿着某个方向延伸的洼地。山谷中最低点的连线称为山谷线，如图 8.9 所示。山谷等高线的特征表现为一组凸向高处的曲线。因山脊上的雨水会以山脊线为分界线而流向山脊的两侧，所以山脊线又称为分水线。在山谷中的雨水由两侧山坡汇集到谷底，然后沿山谷线流出，所以山谷线又称为集水线。山脊线和山谷线合称为地性线。

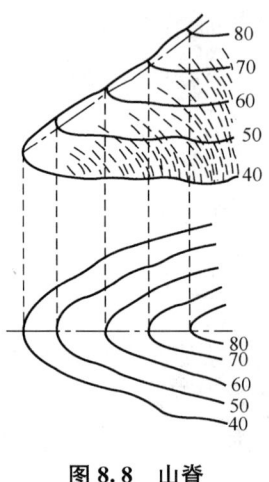
图 8.8 山脊

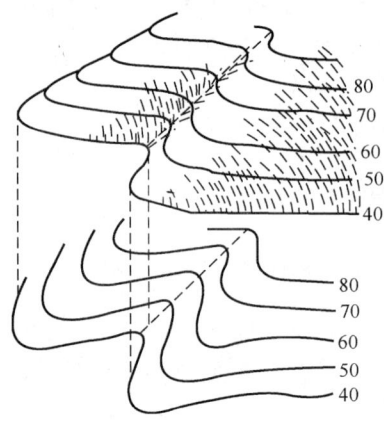
图 8.9 山谷

3. 鞍部

鞍部是相邻两山头之间呈马鞍形的低凹部位，如图 8.10 所示中的 S。鞍部等高线的特征是对称的两组山脊线和两组山谷线，即在一圈大的闭合曲线内，套有两组小的闭合曲线。

4. 陡崖和悬崖

陡崖是坡度在 70°以上或为 90°的陡峭崖壁，因用等高线表示将非常密集或重合为一条线，故采用陡崖符号来表示，如图 8.11a、b 所示。

悬崖是上部突出，下部凹进的陡崖。上部的等高线投影到水平面时，与下部的等高线相交，下部凹进的等高线用虚线表示，如图 8.11c 所示。

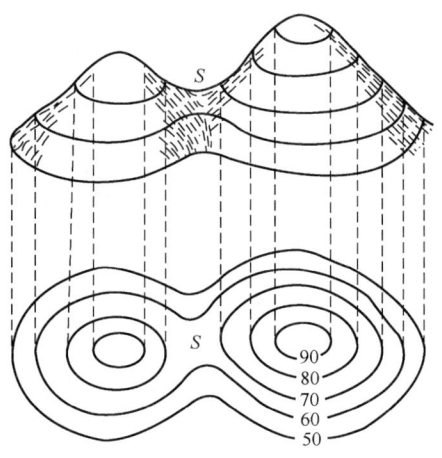
图 8.10 鞍部

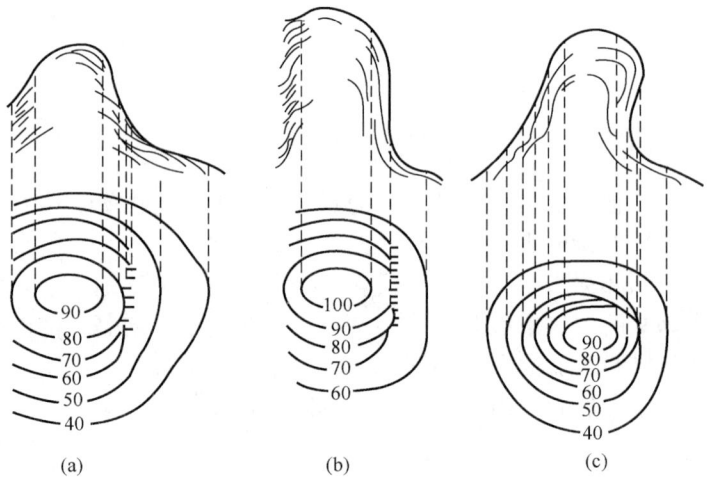
图 8.11 陡崖和悬崖

认识了典型地貌的等高线特征以后，进而就能够认识地形图上用等高线表示的各种复杂地貌。图 8.12 为某一地区综合地貌。

图 8.12　综合地貌示意图

8.2.4　等高线的分类

等高线有首曲线、计曲线、间曲线和助曲线之分。

1. 首曲线

在同一幅地形图上，按基本等高距描绘的等高线，称为首曲线，又称基本等高线。用 0.15mm 的细实线绘出，如图 8.13 所示 98m、102m、104m、106m、108m 的等高线。

2. 计曲线

为了计算和用图的方便，每隔四条基本等高线或凡高程能被 5 整除且加粗描绘的基本等高线为计曲线或加粗等高线。用 0.3mm 的粗实线绘出，如图 8.13 所示 100m 等高线。

3. 间曲线

为了显示首曲线不便于表示的地貌，按 1/2 基本等高距描绘的等高线，称为间曲线或半距等高线。用 0.15mm 的细长虚线表示，描绘时可不闭合。如图 8.13 所示高程为 101m、107m 的等高线。

4. 助曲线

有时为了显示局部地貌的变化，按 1/4 基本等高距描绘的等高线，称为助曲线。用 0.15mm 的细短虚线表示，描绘时可不闭合。

8.2.5　等高线的特性

等高线的特性如下：

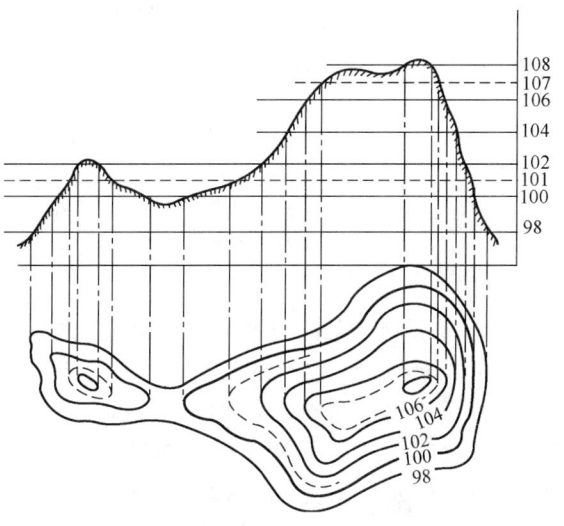

图 8.13　等高线的类别示意图

(1) 同一条等高线上各点的高程相等。

(2) 等高线是闭合曲线，不能中断，如果不在同一幅图内闭合，则必定在相邻的其他图幅内闭合。

(3) 等高线只有在绝壁或悬崖处才会重合或相交。

(4) 等高线经过山脊或山谷时改变方向，因此山脊线与山谷线应和改变方向处的等高线的切线垂直相交。

8.3 测图前的准备工作

地形图测绘应遵循"先控制后碎部、先整体后局部"的原则进行。即先进行图根控制测量，以图根点为测站，测定其周围的地物、地貌的特征点的平面位置和高程，并按测图比例尺缩绘在图纸上，然后根据地形图图式规定的符号，勾绘出地物地貌的位置、形状和大小，形成地形图。

测图前应整理本测区的控制点成果和测区内可利用的资料，勾绘出测图范围。制订好工作计划和施测方案及技术要求等，组织安排好测绘人员，对测图用的仪器应进行检验与校正，其他必要的测量工具应准备齐全。

除此之外，还须准备测绘地形图的测图板、它包括图纸的准备、绘制坐标方格网及展绘控制点等工作。

8.3.1 图纸的选用

为保证测图的质量，应选择质地较好的图纸。对于临时性测图，可选择质地较好的白图纸并将图纸直接固定在图板上进行测绘。对于需要长期保存的地形图，一般采用打毛的无色透明的聚酯薄膜。聚酯薄膜厚度为 0.07mm ~ 0.10mm，它具有透明度好、伸缩小、不怕潮湿、经久耐用、可用清水或淡肥皂水洗涤图纸上的污物等优点。并且着墨后可直接在图纸上复晒蓝图。但聚酯薄膜有易燃、易折等缺点，故在使用保管过程中应注意防火、防折。为了减少图纸变形，还可将图纸裱糊在金属板或胶合板上保存。

8.3.2 绘制坐标方格网

为了准确地将图根控制点绘制在图纸上，首先要在图纸上精确的绘制 10cm×10cm 的直角坐标方格网。绘制坐标方格网常用对角线法、格网尺法和绘图仪法。

1. 对角线法

如图 8.14 所示，先沿图纸的四个角绘出两条对角线交于 M 点，取适当长度在对角线上自 M 点分别截取四条相等的线段得 A、B、C、D 四点，连接四点成一矩形。然后从 A、B 两点起分别沿 AD、BC 每隔 10cm 定一点；同样自 A、D 两点起分别沿 AB、DC 每隔 10cm 取一点，连接对边的相应点，即得到直角坐标方

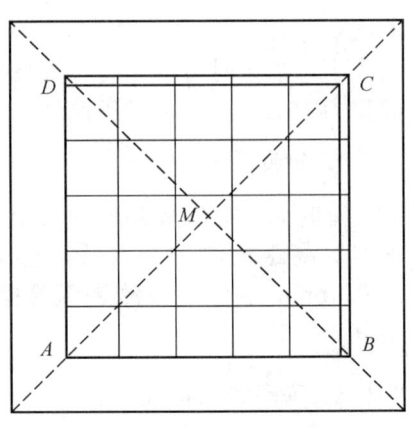

图 8.14 绘制坐标方格网示意图

格网。

坐标方格网画好后，要用直尺检查对角线方向各方格网交点是否在同一直线上，其偏离值不应超过 0.2mm。用比例尺检查 10cm 小方格的边长与其理论值相差不应超过 0.2mm。小方格对角线长度与理论值之差不能超过 0.3mm。如果超过限差，应重新绘制。

2. 格网尺法

格网尺是一种金属的直尺，用以绘制 50cm×50cm 的坐标方格网，如图 8.15 所示。尺上每隔 10cm 有一方孔，起始孔中的直线上刻有零点，其余各孔的斜边是以零点为圆心，分别以 10cm，20cm，…，50cm 为半径的圆弧，尺端圆弧的半径为 50cm×50cm 正方形的对角线长度。

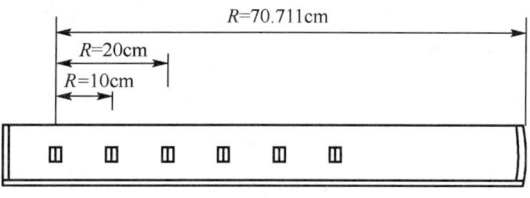

图 8.15　格网尺

用格网尺绘制坐标格网如图 8.16 所示。

将尺子放在图纸的下边缘，沿直尺边画一直线作为图廓边。在直线上适当位置选一点 o，将尺子零点对准 o 点，并使尺上各孔都通过该直线，沿五个孔的斜边画线与直线相交，并定出末点 p，如图 8.16a 所示；将尺置于 op 直线的垂直方向上，并使零点对准 p 点，沿各孔的斜边画弧线，如图 8.16b 所示；将尺子置于对角线上，以零点对准 o 点，沿尺子末端的斜边画弧线，与 p 点最上方的弧线相交于 m 点，如图 8.16c 所示；连接 p、m 得方格网右边线 pm，如图 8.16d 所示；同法可画出方格网的左边线 on 及上边线 nm，如图 8.16e 所示；连接各对应边的相应点，即得坐标方格网，如图 8.16f 所示。绘制完后，按前述检查方法和要求进行检查。

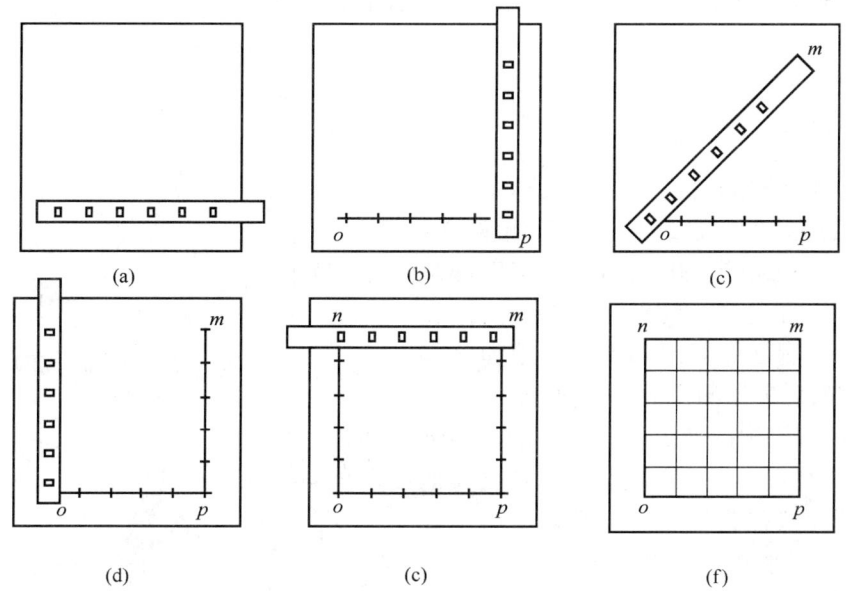

图 8.16　格网尺绘制坐标格网示意图

3. 绘图仪法

绘图仪法指在计算机中用绘图软件如 AutoCAD 等编辑好坐标格网图形，然后用绘图仪输出在图纸上。

8.3.3 控制点的展绘

展点前，先按图的分幅位置，将坐标格网线的坐标值注记在相应方格网边线的外侧，如图 8.17 所示。展点时，首先根据控制点的坐标，确定所在的方格。如控制点 A 的坐标 $x_A = 647.43 \text{m}$、$y_A = 634.52 \text{m}$，由其坐标值可知 A 点的位置在 $plmn$ 方格内。再按 y 坐标值分别从 l、p 点按测图比例尺向右各量 34.52m，得 a、b 两点。同法，从 p、n 点向上各量 47.43m，得 c、d 两点。连接 a、b 和 c、d，其交点即为 A 点的位置。同法将图幅内其余控制点展绘在图纸上，各点的符号应按《地形图图式》的规定绘出，并在点的右侧画一短横线，横线之上注明点号，横线之下注明点的高程，如图 8.17 中 1，2，…，5 点。

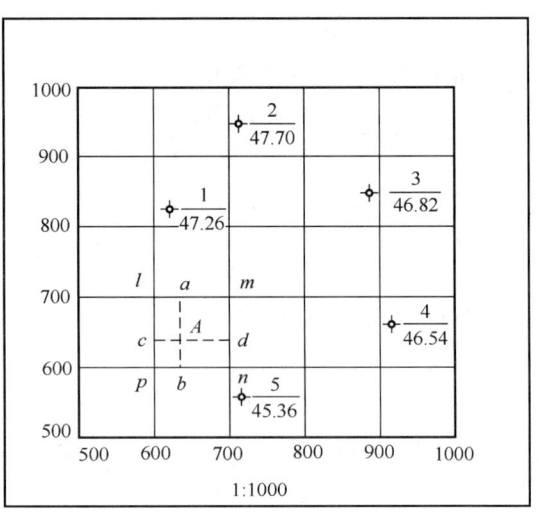

图 8.17 展绘控制点示意图

控制点展绘后，应进行检核。方法是用比例尺量出各相邻控制点之间的长度，与坐标反算长度比较，其差值不应超过图上 0.3mm。

8.4 经纬仪测图法

8.4.1 作业步骤

经纬仪测绘法的实质是按极坐标定点进行测图，观测时先将经纬仪安置在测站上，绘图板安置于测站旁，用经纬仪测定碎部点的方向与已知方向之间的夹角，并用视距测量的方法测出测站点至碎部点的平距和碎部点的高程。然后根据测定数据用量角器（又称半圆仪）和比例尺把碎部点的位置展绘在图纸上，并在点的右侧注明其高程，再对照实地描绘地形。此法操作简单，灵活，适用于各类地区的地形图测绘。操作步骤如下：

1) 安置仪器

如图 8.18 所示，将经纬仪安置于测站点

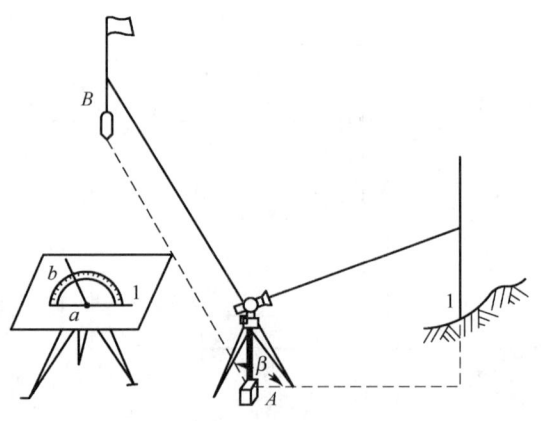

图 8.18 经纬仪测绘法示意图

A(控制点)上,对中、整平,量取仪器高 i,填入手簿。

2)定向

置水平度盘读数为 $0°00'00''$,后视另一控制点 B,AB 方向称为起始方向或后视方向。在小平板上固定好图纸,并安置在测站附近,注意使图纸上控制边方向与地面上相应控制边方向大致相同。连接图上对应的控制点 a、b,并适当延长 ab 线,ab 即为图上起始方向线。然后用小针通过量角器圆心插在 a 点,使量角器圆心 a 固定在测站点上。

3)立尺

立尺员将视距尺依次立在地物和地貌的特征点上。立尺前,立尺员应根据实地情况及本测站实测范围,选定立尺点,并与观测员、绘图员共同商定跑尺路线。比如在平坦地区跑尺,可由近及远,再由远及近地跑尺,立尺结束时处于测站附近。在丘陵或山区,可沿地性线或等高线跑尺。

4)观测

观测员转动经纬仪照准部,瞄准点 1 视距尺,读尺间隔 l、中丝读数 v、竖盘度数及水平角。同法观测周围 2,3,…,各点。

5)记录

记录员将测得的尺间隔 l、中丝读数 v、竖盘度数及水平角等数据依次填入手簿,见表 8-5。对特殊的碎部点,如道路交叉口、山顶、鞍部等,还应在备注中加以说明,以备查用。

表 8-5 地形碎部测量手簿

测站:A 后视点:B 仪器高 $i=1.42$m 指标差 $x=0$
测站高程 $H_A=27.40$m 视线高程 $H_{视}=H_A+i=28.82$m

点号	视距 KL (m)	中丝读数 v (m)	竖盘读数 °′	竖直角 °′	水平角 °′	水平距离 D (m)	高程 H (m)	备注
1	76.0	1.42	93 28	−3 28	114 00	75.7	22.81	
2	51.4	1.55	91 45	−1 45	172 00	51.4	25.70	房角
3	37.5	1.60	93 00	−3 00	327 36	37.4	25.26	电杆
4	25.7	2.42	87 26	+2 34	16 24	25.7	27.55	

6)计算

根据测得的数据按视距测量计算公式计算出碎部点的水平距离 D 和高程 H。

7)展绘碎部点

绘图员转动量角器,将量角器上等于水平角值(碎部点 1 为 $114°00'$)的刻划线对准起始方向线 ab,如图 8.19 所示。此时量角器的零方向便是碎部点 1 的位置,用铅笔在图上标定,并在点的右侧注明其高程。同法,将其余各碎部点的平面位置及高程绘于图上。

为了检查测图质量,仪器搬到下一测站时,应先观测前站所测的某些明显碎部点,以检查由两个测站测得该点的平面位置和高程是否相符。如相差较大,则应查明原因,纠正错误,再继续进行测绘。

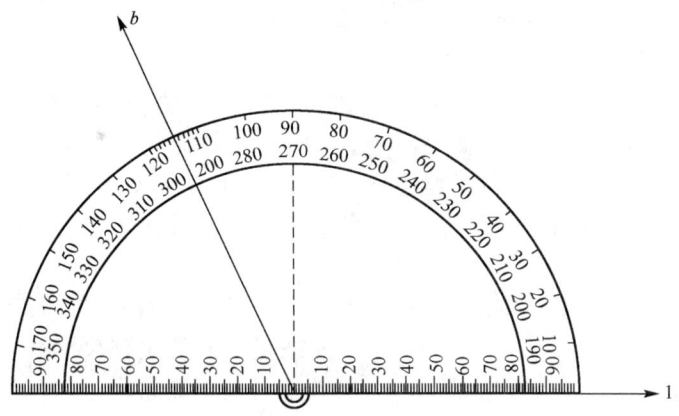

图 8.19　展绘碎部点示意图

8.4.2　碎部点的选择

测绘地物及地貌，首先必须确定这些地物、地貌的特征点，即碎部点。在图上测定足够数量碎部点的基础上，对照实际地物及地貌，以相应的符号描绘成图，便可得到与实地相似的地物形状及地貌形态。因此，在每个测站进行碎部测量时，应根据测图比例尺，按规范和图式的要求，经过综合取舍，合理地选择能够反映这些地物、地貌特征的碎部点，以最佳的保真度显示地形现状，既可保证成图质量，又可提高工作效率。

1. 地物的特征点

地物的特征点指决定地物形状的地物轮廓线上的转折点、交叉点、弯曲点及独立地物的中心等，如房角点、道路转折点、交叉点、河岸线转弯点等。连接这些特征点，便可得到与实地相似的地物形状。一般规定主要地物凸凹部分在图上大于 0.4mm 均要表示出来。在地形图上小于 0.4mm，可以用直线连接。

2. 地貌的特征点

地面上的各种地形虽然十分复杂，但可以看成是由向着各个方向倾斜和具有不同坡度的面组成的多面体。而山脊线、山谷线等地性线是多面体的棱线。因此，地貌的特征点应选在这些地性线的转折点(方向变化和坡度变化处)上。此外还应选择山头、鞍部、洼坑底部等处。如图 8.20 所示，根据这些特征点的高程勾绘等高线，即可将地貌在图上表示出

图 8.20　碎部点的选择示意图

来。在地面平坦的地方或坡度无明显变化的地区,碎部点的间距和测碎部点的最大视距,应符合表8-6的规定,城市建筑区的最大视距,见表8-7。

表8-6 平坦地区碎部点的间距及最大视距技术要求

测图比例尺	地形点最大间距 m	最大视距(m)	
		主要地物点	次要地物点和地形点
1∶500	15	60	100
1∶1000	30	100	150
1∶2000	50	180	250
1∶5000	100	300	350

表8-7 城市建筑区的最大视距技术要求

测图比例尺	最大视距(m)	
	主要地物点	次要地物点和地形点
1∶500	50(量距)	70
1∶1000	80	120
1∶2000	120	200

8.4.3 地物和地貌的勾绘

当碎部点展绘在图上后,就可以对照实地随时描绘地物和等高线。如果测区较大,由多幅图拼接而成,还应及时对各幅图幅衔接处进行拼接检查,经过检查与整饰,才能获得合乎要求的地形图。

1. 地物描绘

地物要按地形图图式规定的符号表示。如房屋轮廓需用直线连接起来,而道路、河流的弯曲部分则是逐点连成光滑的曲线。不能依比例描绘的地物,应按规定的非比例符号表示。

2. 等高线勾绘

勾绘等高线时,首先用铅笔轻轻描绘出山脊线、山谷线等地性线,再根据碎部点的高程勾绘等高线。不能用等高线表示的地貌,如悬崖、峭壁、土堆、冲沟、雨裂等,应按图式规定的符号表示。

由于各等高线的高程是等高距的整数倍,而测得的碎部点高程往往不是等高距的整数倍,因此,必须在相邻点间用内插法定出等高线通过的点位。由于碎部点是选在地面坡度变化处,因此相邻点之间可视为均匀坡度。这样可在两相邻碎部点的连线上,按平距与高差成比例的关系,内插出两点间各条等高线通过的位置。

如图8.21所示,地面上两碎部点C和A的高程分别为202.8m及207.4m,若取等高距为1m,则其间有高程为203m、204m、205m、206m及207m五条等高线通过。根据平距与高差成正比例的原理,先目估定出高程为203m的m点和高程为207m的q点,然后将mq的距离四等分,定出高程为204、205、206的n、o、p点。同法定出其他相邻两碎部点间等高线应通过的位置。将高程相等的相邻点连成光滑的曲线,即为等高线,如图8.22所示。

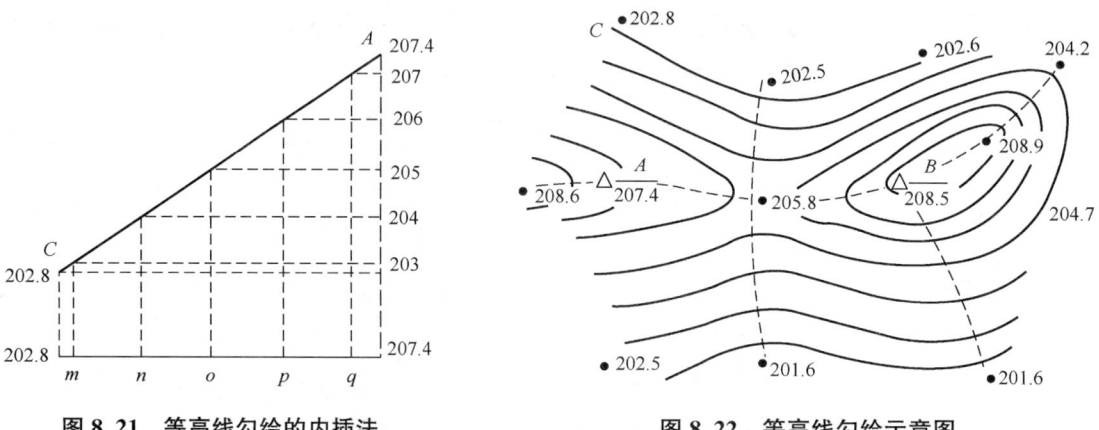

图 8.21 等高线勾绘的内插法　　　　图 8.22 等高线勾绘示意图

勾绘等高线时,要对照实地情况,先画计曲线,后画首曲线,并注意等高线通过山脊线、山谷线的走向。地形图等高距的选择与测图比例尺和地面坡度有关,见表 8-4。

8.4.4 地形图的拼接、检查与整饰

1. 地形图的拼接

测区面积较大时,整个测区必须划分为若干幅图进行施测。这样,在相邻图幅连接处,由于测量误差和绘图误差的影响,无论是地物轮廓线,还是等高线往往不能完全吻合。如图 8.23 表示相邻左、右两幅图相邻边的衔接情况,房屋、河流、等高线都有偏差。拼接时,用宽 5~6cm 的透明纸蒙在左幅图的接图边上,用铅笔把坐标格网线、地物、地貌描绘在透明纸上,然后再把透明纸按坐标格网线位置蒙在右图幅衔接边上,同样用铅笔描绘地物和地貌;当用聚脂薄膜进行测图时,不必描绘图边,利用其自身的透明性,可将相邻两幅图的坐标格网线重叠;若相邻处的地物、地貌偏差不超过表 8-8 中规定的 $2\sqrt{2}$ 倍时,则可取其平均位置,并据此改正相邻图幅的地物、地貌位置。

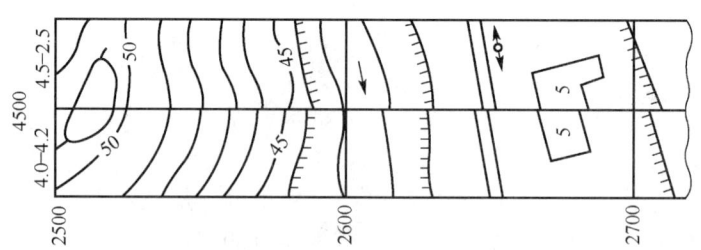

图 8.23 地形图的拼接

表 8-8 地物、地貌拼接偏差技术要求

地区类别	点位中误差(图上 mm)	邻近地物点间距中误差(图上 mm)	等高线高程中误差(等高距)			
			平地	丘陵地	山地	高山地
山地、高山地和设站施测困难的旧街坊内部	0.75	0.6	1/3	1/2	2/3	1

(续)

地区类别	点位中误差（图上 mm）	邻近地物点间距中误差（图上 mm）	等高线高程中误差（等高距）			
			平地	丘陵地	山地	高山地
城市建筑区和平地、丘陵地		0.5	0.4			

2．地形图的检查

为了确保地形图质量，除施测过程中加强检查外，在地形图测完后，必须对成图质量作一次全面检查。

1）室内检查，内容有：图上地物、地貌是否清晰易读；各种符号注记是否正确；等高线与地形点的高程是否相符，有无矛盾可疑之处；图边拼接有无问题等。如发现错误或疑点，应到野外进行实地检查修改。

2）外业检查，根据室内检查的情况，有计划地确定巡视路线，进行实地对照查看。主要检查地物、地貌有无遗漏；等高线是否逼真合理；符号、注记是否正确等。并根据室内检查和巡视检查发现的问题，到野外设站检查，除对发现的问题进行修正和补测外，还要对本测站所测地形进行检查，看原测地形图是否符合要求。

3）地形图的整饰

当原图经过拼接和检查后，还应清绘和整饰，使图面更加合理、清晰、美观。整饰的顺序是先图内后图外；先地物后地貌；先注记后符号。图上的注记、地物以及等高线均按规定的图式进行注记和绘制，但应注意等高线不能通过注记和地物。最后，应按图式要求写出图名、图号、比例尺、坐标系统及高程系统、施测单位、测绘者及测绘日期等。

8.5 全站仪测图简介

全站仪是全站型电子速测仪的简称，它由光电测距仪、电子经纬仪和数据处理系统组成。

用全站仪可以任意测算出斜距、平距、高差、高程、水平角、方位角、竖直角，还可以测算出点的坐标或根据坐标进行自动测设等测量工作，即人工设站瞄准目标后，通过操作仪器上的操作按键即可自动记录被测地面点的坐标、高程等参数。

8.5.1 全站仪数字化测图的优点

1．测图用图自动化

传统测图方式主要是手工作业，外业测量人工记录，人工绘制地形图，在图上人工量算所需要的坐标、距离和面积等。数字测图则使野外测量自动记录，自动解算，使内业数据自动处理，自动成图，自动绘图，并向用图者提供可处理的数字地（形）图软盘，用户可自动提取图数信息。

2. 图形数字化

用软盘保存的数字地(形)图,存储了图中具有特定含义的数字、文字、符号等各类数据信息,可方便地传输、处理和供多用户共享。数字地图不仅可以自动提取点位坐标、两点距离、方位以及地块面积等,还可以供工程、规划、CAD(计算机辅助设计)使用和供GIS(地理信息系统)建库使用。数字地图的管理,既节省空间,操作又十分方便。

3. 点位精度高

传统的经纬仪配合小平板、半圆仪白纸测图,地物点平面位置的误差主要受解析图根的测定误差和展绘误差、测定地物点的视距误差、方向误差、地形图上的地物点的刺点误差等影响。在数字测图中,野外采集的数据的精度毫无损失,也与图的比例尺无关。数字测图的高精度为地籍测量、管网测量、房产测量、工程规划设计等工作提供了保证。

4. 便于成果更新

数字测图的成果是以点的定位信息和属性信息存入计算机,当实地有变化时,只需输入变化信息的坐标、代码,经过编辑处理,很快便可以得到更新的图,从而可以确保地面的可靠性和现势性。

5. 避免因图纸伸缩带来的各种误差

表示在图纸上的地图信息随着时间的推移,会因图纸的变形而产生误差。数字测图的成果以数字信息保存,避免了对图纸的依赖性。

6. 能以各种形式输出成果

计算机与显示器、打印机联机时,可以显示或打印各种需要的资料信息,如用打印机可打印数据表格,当对绘图精度要求不高时,可用打印机打印图形。计算机与绘图仪联机,可以绘制出各种比例尺的地形图、专题图,以满足不同用户的需要。

7. 方便成果的深加工利用

数字测图分层存放,可使地面信息无限存放(这是模拟图无法比拟的优点),不受图面负载量的限制,从而便于成果的深加工利用,拓宽测绘工作的服务面。

8. 可作为 GIS 的重要信息源

地理信息系统(GIS)具有方便的空间信息查询检索功能、空间分析功能以及辅助决策功能,这些功能在国民经济、办公自动化及人们日常生活中都有广泛的应用。然而,要建立一个 GIS,花在数据采集上的时间和精力约占整个工作的 80%;GIS 要发挥辅助决策的功能,需要现势性强的地理信息资料。数字测图能提供现势性强的地理基础信息,经过一定的格式转换,其成果即可直接进入 GIS 的数据库。

8.5.2 全站仪数字化测图中点的表示方法

数字测图系统是以计算机为核心,在外连接输入、输出设备硬件和软件的支持下,对地形空间数据进行采集、输入、成图、处理、绘图、输出、管理的测绘系统。数字测图系统主要由数据输入、数据处理和数据输出三部分组成。

围绕这三部分,由于硬件配置、工作方式、数据输入方法。输出成果内容的不同,可产生多种数字测图系统。按输入方法可区分为：原图数字化数字成图系统，航测数字成图系统，野外数字测图系统，综合采样（集）数字测图系统；按硬件配置可区分为：全站仪配合电子手簿测图系统，电子平板测图系统等。按输出成果内容可区分为：大比例尺数字测图系统，地形地籍测图系统，地下管线测图系统，房地产测量管理系统，城市规划成图管理系统等等。不同的时期，不同的应用部门，如水利、物探、石油等科研院校，也研制了众多的自动成图系统。

8.5.3 全站仪数字化测图的作业过程

传统的地形测图（白纸测图）实质上是将测得的观测值（数值）用图解的方法转化为图形。这一转化过程几乎都是在野外实现的，即使是原图的室内整饰一般也要在测区驻地完成，因此劳动强度较大；再则，这个转化过程将使测得的数据所达到的精度大幅度降低。特别是在信息剧增，建设日新月异的今天，一纸之图已难载诸多图形信息；变更、修改也极不方便，实在难以适应当前经济建设的需要。

数字测图就是要实现丰富的地形信息和地理信息数字化和作业过程的自动化或半自动化。它希望尽可能缩短野外测图时间，减轻野外劳动强度，而将大部分作业内容安排到室内去完成。与此同时，将大量手工作业转化为电子计算机控制下的机械操作，这样不仅能减轻劳动强度，而且不会降低观测精度。

数字测图的作业过程是将地面上的地形和地理要素（或称模拟量）转换为数字量，然后由电子计算机对其进行处理，得到内容丰富的电子地图，需要时由图形输出设备（如显示器、绘图仪）输出地形图或各种专题图图形。将模拟量转换为数字这一过程通常称为数据采集。目前数据采集方法主要有野外地面数据采集法、航片数据采集法、原图数字化法。数字测图的作业过程如图 8.24 所示。数字测图就是通过采集有关的绘图信息并及时记录在数据终端（或直接传输给便携机），然后在室内通过数据接口将采集的数据传输给电子计算机，并由计算机对数据进行处理，再经过人机交互的屏幕编辑，形成绘图数据文件。最后由计算机控制绘图仪自动绘制所需的地形图，最终由磁盘、磁带等贮存介质保存电子地图。数字测图虽然生产成品仍然以提供图解地形图为主，但是它以数字形式保存着地形模型及地理信息。

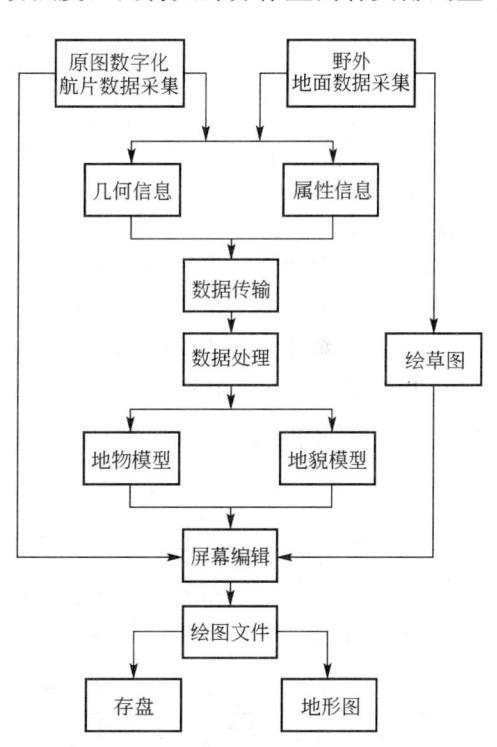

图 8.24 数字测图的作业过程

本 章 小 结

地形图是制订工程规划、进行设计的重要依据，同时也是施工和管理中不可缺少的基础资料。本章首先介绍了地形图的基本知识，然后讲述了大比例尺地形图的测绘方法，并介绍了全站仪数字化测图。本章的知识点如下：

1. 地形图比例尺的概念以及比例尺的分类及比例尺精度。
2. 地形图的分幅与编号。
3. 地物和地貌符号，表示地物的符号可分为比例符号、非比例符号、半比例符号和注记符号；在地形图上地貌是用等高线表示的，等高线是地面上高程相等的点连成的闭合曲线。等高线的特性及种类是本章的重点内容，是进行等高线勾绘的基础和理论依据。
4. 测图前的准备工作。进行大比例尺测图前，应做好测图前的准备工作，搜集好资料，准备好测量绘图计算等工具、坐标格网的绘制、控制点的展绘等。
5. 经纬仪测图法。经纬仪测图法是碎部测量的一种基本方法，其作业步骤安置仪器、定向、观测、计算等。作业时应注意认真操作，经常检查零方向。
6. 地形图的拼接、检查和整饰。图纸测完后要进行拼接、整饰和检查。相邻图幅需要进行严格的拼接。然后进行地形图原图的铅笔整饰。并对成图质量作室内和室外的全面检查，并及时修改，经检查符合要求后，应按其质量评定等级，予以验收，最终上交控制测量和地形图成果。
7. 在传统测图方法的基础上了解全站仪数字化测图的基本方法。

思考与练习

1. 何谓地形图？
2. 何谓地形图的比例尺？何谓比例尺精度？它对测图和设计用图有什么意义？
3. 何谓等高线、等高距、等高线平距？在同一幅地形图上，等高线平距与地面坡度有什么关系？
4. 等高线有哪几种？等高线具有哪些特性？
5. 试用规定的符号，将图 8.25 中的山头、鞍部、山脊线和山谷线标示出来（山头△、鞍部○、山脊线—·—、山谷线——）
6. 测图前的准备工作有哪些？
7. 试述经纬仪测绘法测绘地形图的工作步骤。
8. 根据表 8-9 中的碎部测量记录数据，计算出各碎部点的水平距离及高程。

图 8.25 地貌示意图

表 8-9 碎部测量手簿

测站：A		后视点：B		仪器高 $i=1.50$m		指标差 $x=0$		测站高程 $H_A=28.34$m	
点号	视距 Kl(m)	中丝读数 v(m)	竖盘读数 ° ′	竖直角 ° ′	水平角 ° ′	水平距离 D(m)	高程 H(m)	备 注	
1	28.6	1.50	87 42		26 30			望远镜视线水平时，竖盘读数为 90°；向上倾斜时，读数减少	
2	54.2	1.48	84 54		72 36				
3	42.5	1.55	92 48		102 18				

9. 经纬仪测图时应如何选择碎部点？

10. 根据图 8.26 上各碎部点的平面位置和高程，试勾绘等高距为 1m 的等高线。

11. 全站仪数字化测图的优点表现在哪些方面？

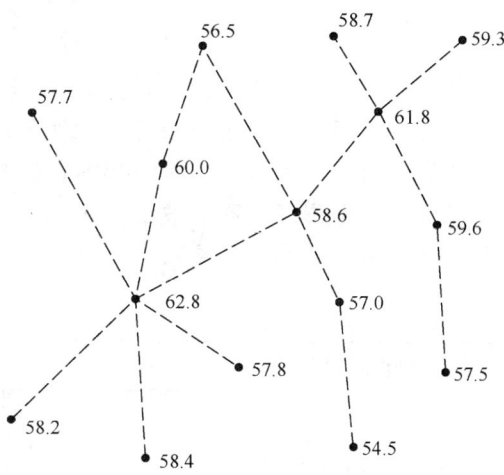

图 8.26　等高线的勾绘

第 9 章 地形图的应用

【教学目标】

掌握在地形图上确定点的坐标、两点间的水平距离和方位角以及点的高程和直线坡度的方法；掌握在地形图上量算图形面积的方法；掌握水库库容的确定方法；能够应用地形图绘制已知方向的断面图；能够在地形图上按限制坡度选择最短的线路；能够应用地形图进行土地平整并计算土方量；了解电子地图及其应用。

【教学要求】

知识要点	能力要求	相关知识
地形图的基本应用	（1）能够根据地形图确定图上点的坐标和高程 （2）能够根据地形图确定图上两点间的平距、直线的方位角和坡度 （3）能够在地形图上量算图形的面积	（1）求图上某点的坐标和高程 （2）图解法、解析法计算水平距离和方位角 （3）求图上直线的坡度 （4）用几何图形法、坐标计算法、平行线法、透明方格纸法和求积仪法量算面积
地形图在工程建设中的应用	（1）能够根据地形图绘制已知方向的纵断面图 （2）能够按限制坡度选择最短线路 （3）能够在地形图上确定水库库容和汇水面积 （4）能够根据地形图按工程实际需要将地面平整成水平场地和倾斜场地并计算填挖方量	（1）绘制纵断面图的方法步骤 （2）坡度、平距和高差的关系 （3）分水线 （4）水库库容的计算 （5）设计高程的计算 （6）填挖方量的计算

9.1 地形图应用的基本内容

测绘地形图的根本目的是为了使用地形图。地形图是工程设计和施工、组织管理不可缺少的重要资料。正确地识、读和应用地形图，是工程建设技术人员必须具备的基本技能。

1. 求图上某点的坐标

如图 9.1 所示，在大比例尺地形图上，一般都采用直角坐标系统，每幅图上都绘有坐标方格网（或在方格网的交点处绘有十字线）。欲确定图上 A 点的坐标，首先根据图廓坐标

注记和 A 点的图上位置,绘出坐标方格网 $abcd$,过 A 点作坐标方格网的平行线 pq、fg 与坐标方格相交于 p、q、g、f 四点,再按地形图比例尺(1∶1000)量取 ap 和 af 的长度,则 A 点的坐标为:

$$\left.\begin{array}{l}x_A=x_a+ap\\y_A=y_a+af\end{array}\right\} \quad (9.1)$$

式中,x_a、y_a 是 A 点所在的方格西南角点 a 的坐标。

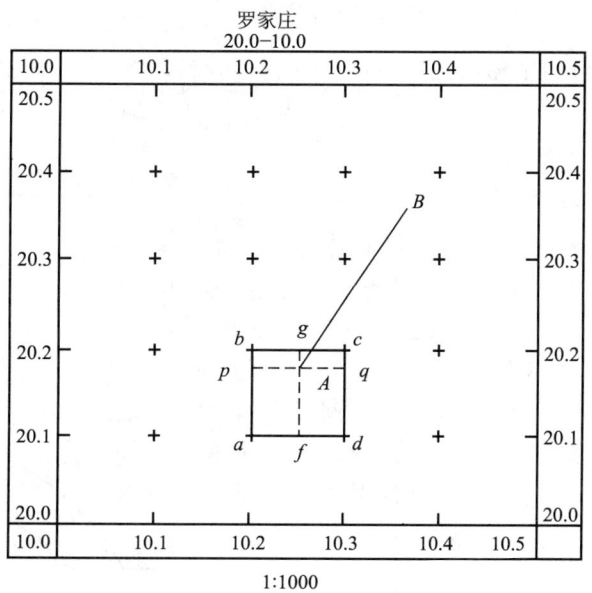

图 9.1　图上确定点的坐标

为了校核量测的结果,并考虑图纸伸缩的影响,还需量出 pb 和 fd 的长度,以便进行换算。设图上坐标方格边长的理论长度为 l,可采用下式进行换算:

$$\left.\begin{array}{l}x_A=x_a+\dfrac{ap}{ab}l\\y_A=y_a+\dfrac{af}{ad}l\end{array}\right\} \quad (9.2)$$

2. 求图上两点间的水平距离

1)图解法

如图 9.1 所示,若要求 AB 间的水平距离 D_{AB},可用测图比例尺直接量 D_{AB},也可直接量出 AB 的图上距离 d,再乘以比例尺分母 M,得:

$$D_{AB}=Md \quad (9.3)$$

2)解析法

先在图上确定 A、B 两点的坐标,然后按下式计算水平距离:

$$D_{AB}=\sqrt{(x_B-x_A)^2+(y_B-y_A)^2} \quad (9.4)$$

3. 求图上某直线的坐标方位角

如图 9.1 所示,欲求图上直线 AB 的坐标方位角,有下列两种方法。

1) 图解法

当精度要求不高时，可用图解法用量角器在图上直接量取坐标方位角。如图 9.1 所示，可先通过 A、B 两点分别作坐标方格网纵线的平行线，然后用量角器直接量出直线 AB 的坐标方位角 α'_{AB} 和 BA 的坐标方位角 α'_{BA}，取正、反方位角的平均值作为该直线的坐标方位角，按下式计算：

$$\alpha_{AB}=\frac{1}{2}(\alpha'_{AB}+\alpha'_{BA}\pm 180°) \tag{9.5}$$

2) 解析法

先求出 A、B 两点的坐标，然后按下式计算直线 AB 的坐标方位角 α_{AB}：

$$\alpha_{AB}=\arctan\frac{y_B-y_A}{x_B-x_A}=\arctan\frac{\Delta y_{AB}}{\Delta x_{AB}} \tag{9.6}$$

4. 求图上某点的高程

地形图上任一点的高程，可以根据等高线及高程标记来确定。如图 9.2 所示，若某点 A 正好在等高线上，则其高程与所在的等高线高程相同，即 H_A = 102.0m。如果所求点不在等高线上，如图中的 B 点，而位于 106m 和 108m 两条等高线之间，则可过 B 点作一条大致垂直于相邻等高线的线段 mn，量取 mn 的长度，再量取 mB 的长度，可根据比例关系确定出 B 点的高程。

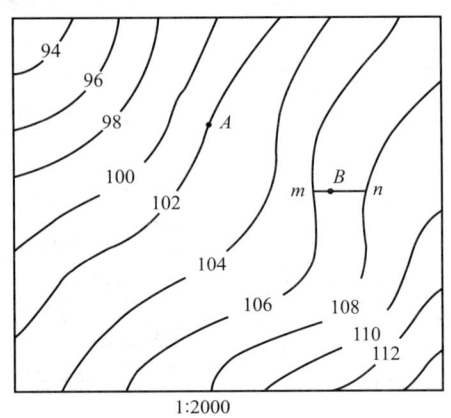

图 9.2　图上确定点的高程

$$H_B=H_m+\frac{\overline{mB}}{\overline{mn}}h \tag{9.7}$$

式中　h——地形图的等高距。

通常情况下，在图上求某点的高程时，可以根据相邻两等高线的高程目估确定。

5. 求图上某直线的坡度

直线的坡度是直线两端点的高差 h 与水平距离 D 之比，通常以 i 表示，即

$$i=\frac{h}{D}=\frac{h}{dM} \tag{9.8}$$

式中　d——两点在图上的长度，以米为单位；

　　　M——地形图比例尺分母；

坡度 i 常以百分率或千分率表示。

应注意的是：如果两点间的距离较长，中间通过疏密不等的等高线，则上式所求地面坡度为两点间的平均坡度。

9.2　面　积　量　算

在规划设计中，常需要在地形图上量算一定轮廓范围内的面积。例如，平整土地的填挖面积、规划设计某一区域的面积、厂矿用地面积、渠道与道路工程中的填挖断面面积和

汇水面积等。面积量算的方法有多种，下面介绍几种常用的方法。

1. 几何图形法

若图形的外形是规整的多边形，则可将图形划分为若干种简单的几何图形，如图9.3所示的三角形、矩形、梯形等。然后用比例尺量取计算时所需的元素(长、宽、高)，应用面积计算公式求出各个简单几何图形的面积，最后取代数和，即为多边形的面积。

图形面积为曲线时，可以近似地用直线连接成多边形。再将多边形划分为若干种简单的几何图形进行面积计算。

当用几何图形法量算线状地物面积时，可将线状地物看作长方形，用分规量出其总长度，乘以实量宽度，即可得出线状地物面积。

用几何图形法量测计算面积的误差约为1%。

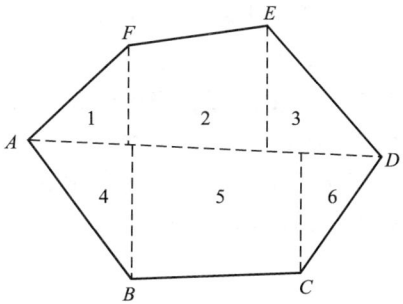

图9.3 几何图形法

2. 坐标计算法

坐标计算法是根据多边形顶点的坐标值来计算面积。如图9.4所示，1、2、3、4为多边形的顶点，这四个顶点的纵、横坐标值组成了多个梯形。

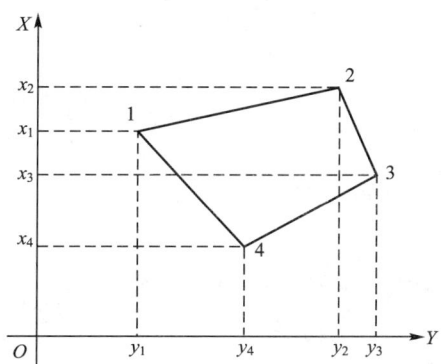

图9.4 坐标计算法

多边形1234的面积S即为这些梯形面积的代数和。图9.4中，四边形面积为梯形$1y_1y_22$的面积S_1加上梯形$2y_2y_33$的面积S_2，再减去梯形$1y_1y_44$的面积S_3和梯形$4y_4y_33$的面积S_4。

$$\left.\begin{aligned}S_1&=\frac{1}{2}(x_1+x_2)(y_2-y_1)\\S_2&=\frac{1}{2}(x_2+x_3)(y_3-y_2)\\S_3&=\frac{1}{2}(x_1+x_4)(y_4-y_1)\\S_4&=\frac{1}{2}(x_3+x_4)(y_3-y_4)\end{aligned}\right\} \quad (9.9)$$

$$S = S_1 + S_2 - S_3 - S_4$$
$$= \frac{1}{2}[x_1(y_2-y_4) + x_2(y_3-y_1) + x_3(y_4-y_2) + x_4(y_1-y_3)] \tag{9.10}$$

3. 平行线法

如图 9.5 所示，在量算面积时，将绘有等间距平行线（1mm 或 2mm）的透明纸覆盖在图形上，并使两条平行线与图形的上下边缘相切，则相邻两平行线间截割的图形面积可近似视为梯形，梯形的高为平行线间距 d。图内平行虚线是梯形的中线。量出各中线的长度，就可以按下式求出图形的总面积：

$$S = l_1 d + l_2 d + \cdots + l_n d = d \sum l \tag{9.11}$$

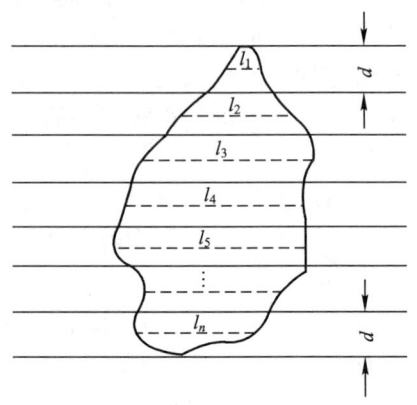

图 9.5　平行线法

最后，再根据图的比例尺换算为实地面积。如果图的比例尺为 $1:M$，则该区域的实地面积为：

$$S = (d\sum l) M^2 \tag{9.12}$$

如果图的纵方向比例尺为 $1:M_1$，横方向的比例尺为 $1:M_2$，则该区域的实地面积为：

$$S = (d\sum l) M_1 M_2 \tag{9.13}$$

4. 透明方格纸法

如图 9.6 所示，要计算曲线内的面积，先将毫米透明方格纸覆盖在图形上（方格边长一般为 1mm、2mm、5mm 或 1cm），先数出图形内完整的方格数，然后将不完整的方格用目估法折合成整方格数，两者相加乘以每格所代表的面积值，即为所量图形面积。则面积 S 可按下式计算：

$$S = nA \tag{9.14}$$

式中　S——所量图形的面积；

　　　n——方格总数；

　　　A——1 个方格所代表的实地面积。

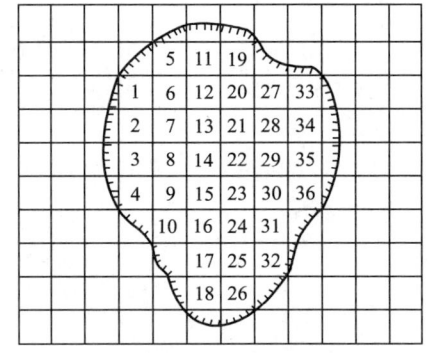

图 9.6　透明方格纸法

5. 求积仪法

求积仪是一种专门供图上量算面积的仪器，其优点是操作简便，速度快，适用于任意曲线图形的面积量算，且能保证一定的精度。

如图 9.7 所示仪器是日本索佳生产的 KP-90N 脉冲式数字求积仪。它由动极轴、电子计算器和跟踪臂三部分组成。动极轴两边为滚轮，可在垂直于动极轴的方向上滚动。计算器与动极轴之间由活动枢纽连接，使计算器能绕枢纽旋转。跟踪臂与计算器固连在一起，右端是描迹镜，用以走描图形的边界。借助动极轴的滚动和跟踪臂的旋转，可使描迹镜沿图形边缘运动。仪器底面有一积分轮，随描迹镜的移动而转动，并获得一种模拟量。

微型编码器也在底面,它将积分轮所得模拟量转换成电量,测得的数据经专用电子计算器运算后,直接按 8 位数在显示器上显示出面积值。

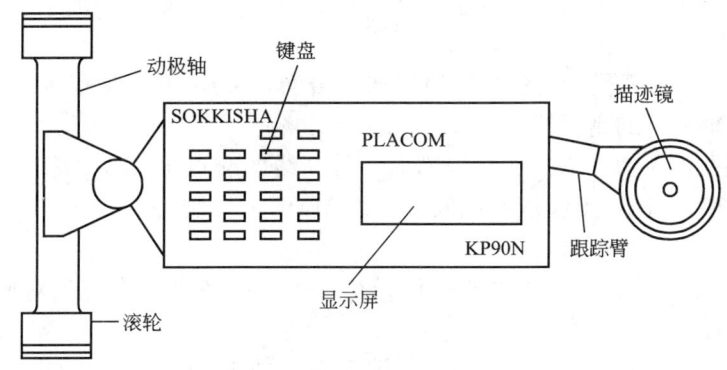

图 9.7 脉冲式数字求积仪

使用数字求积仪进行面积测量时,先将欲测面积的地形图水平放置,并试放仪器在图形轮廓的中间偏左处,使跟踪臂的描迹镜上下移动时,能达到图形轮廓线的上下顶点,并使动极轴与跟踪臂大致垂直,然后在图形轮廓线上标记起点,如图 9.8 所示。测量时,先打开电源开关,用手握住跟踪臂描迹镜,使描迹镜中心点对准起点,按下 STAR 键后沿图形轮廓线顺时针方向移动,准确地跟踪一周后回到起点,再按 AVER 键,则显示器显示出所测量图形的面积值。若想得到实际面积值,测量前可选择平方米(m^2)或平方千米(km^2),并将比例尺分母输入计算器,当测量一周回到起点时,可得所测图形的实地面积。

有关数字求积仪的具体操作方法和其他功能,可参阅使用说明书。

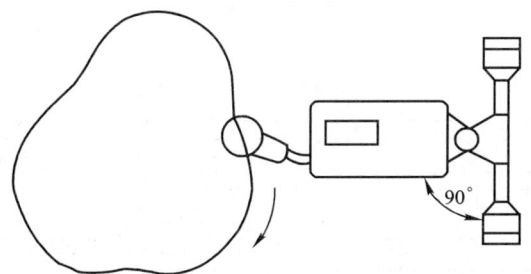

图 9.8 数字求积仪的使用

9.3 地形图在工程建设中的应用

9.3.1 绘制已知方向的纵断面图

纵断面图是显示某一方向地面起伏变化的剖面图。在各种线路工程设计中,为了进行填挖土(石)方量的概算,以及合理地确定线路的纵坡等,都需要了解沿线路方向的地面起伏情况,而利用地形图绘制沿指定方向的纵断面图最为简便,因而得到了广泛应用。

如图 9.9a 所示，欲沿地形图上 MN 方向绘制断面图，具体步骤如下：

(1) 在图纸上绘制直角坐标系。以横轴表示水平距离，以纵轴表示高程。水平距离比例尺一般与地形图比例尺相同，称为水平比例尺。为了明显地表示地面的起伏状况，高程比例尺一般是水平比例尺的 10 倍或 20 倍。

(2) 在纵轴上注明高程，高程起始值要选择恰当，使绘出的断面图位置适中，并按基本等高距做与横轴平行的高程线。

(3) 在地形图上沿 MN 方向线量取断面与等高线的交点 a、b、c 等点至 M 点的距离，然后按量取的距离，自 M' 点起依次截取于直线 $M'N'$ 上，则得 a、b、c 各点在直线 $M'N'$ 上的位置，即点 a'、b'、c' 等。

(4) 从 a'、b'、c' 等各点作横轴的垂线，在垂线上按各点的高程，对照纵轴标注的高程确定各点在断面图上的位置 a、b、c 等。

(5) 将各相邻点用平滑曲线连接起来，即为 MN 方向的断面图，如图 9.9b 所示。

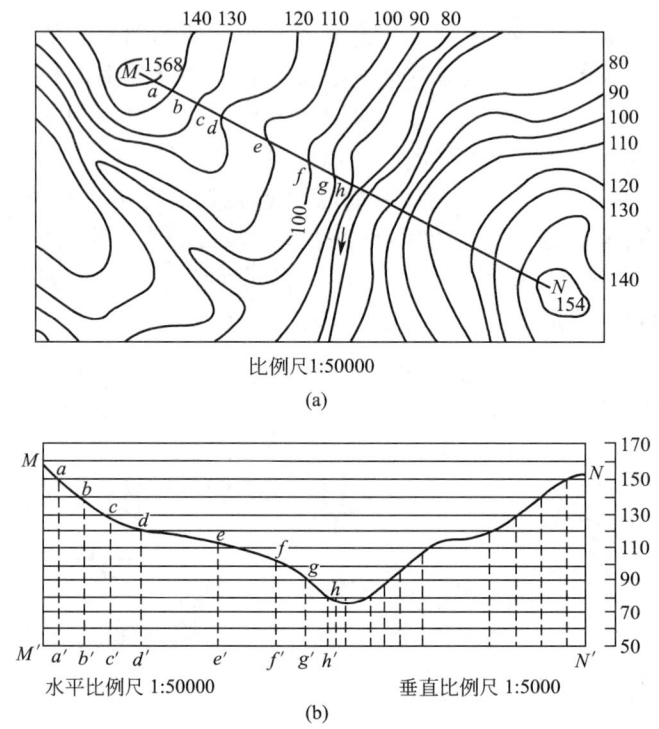

图 9.9 绘制已知方向纵断面图

9.3.2 按限制坡度选择最短线路

在山地或丘陵地区进行道路、管线等工程设计中，常常需要根据设计要求先在地形图上按一定坡度进行路线的选择，选定一条最短路线或等坡度路线。

图 9.10 所示地形图的比例尺为 1∶2000，等高距为 1m，要求从 M 点到 N 点选择坡度不超过 5% 的最短路线。因此，先根据 5% 坡度求出路线通过相邻两等高线间的最小平距：

$$d=\frac{h}{iM}=\frac{1}{5\%\times 2000}=0.01(\text{m})=10(\text{mm})$$
(9.15)

式中　h——等高距，m；
　　　i——路线坡度；
　　　M——比例尺分母。

将分规卡成 d(10mm)长，以 M 为圆心，以 d 为半径作弧与相邻等高线交于 a 点，再以 a 点为圆心，以 d 为半径作弧与相邻等高线交于 b 点，依次定出其他各点，直到 N 点附近，即得坡度不大于5%的线路。在该地形图上，用同样的方法还可定出另一条线路 M，a'，b'，…，N，作为比较方案。

在选线过程中，有时会遇到两相邻等高线间的最小平距大于 d 的情况，即所作的圆弧不能与相邻等高线相交，说明该处的坡度小于指定的坡度，则以最短距离定线。此外，在实际工作中，在野外还需考虑工程上的其他因素，如少占或不占耕地、居民地，减少工程费用等，最后确定一条最佳线路。

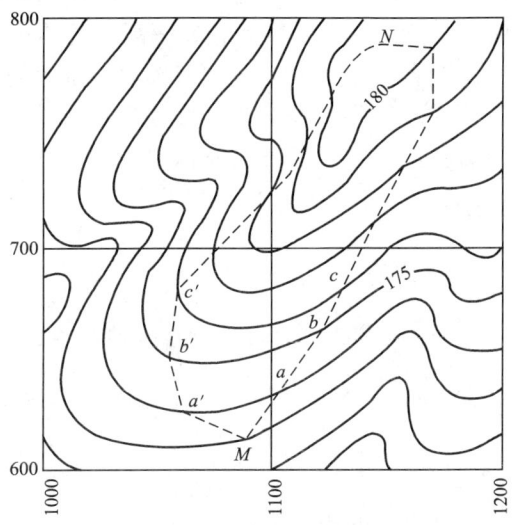

图 9.10　按限制坡度选择最短线路

9.3.3　确定汇水面积

在兴修水库筑坝拦水、道路跨越河流或山谷时，修建桥梁或涵洞排水等工程设计中，都需要确定汇水面积。地面上某区域内雨水注入同一山谷或河流，并通过某一断面，这个区域的面积称为汇水面积。确定汇水面积首先要确定出汇水面积的边界线，即汇水范围。汇水面积的边界线是由一系列山脊线（分水线）连接而成的。

如图 9.11 所示，一条公路经过山谷，拟在 m 处架桥或修涵洞，其孔径大小应根据流经该处水的流量决定，而水的流量与山谷的汇水面积有关。由图 9.11 可以看出，由山脊线 bc、cd、de、df、fg、ga 与公路上的 ab 线段所包围的面积，就是这个山谷的汇水面积。量测该面积的大小，再结合气象水文资料，进一步确定流经公路 m 处的水量，从而为桥梁或涵洞的孔径设计提供依据。

确定汇水面积的边界线时，应注意以下两点：

(1) 边界线(除公路 ab 段外)应与山脊线一致，且与等高线垂直。

(2) 边界线是经过一系列的山脊线、山头和鞍部的曲线，并与河谷的指定断面（公路或水坝的中心线）闭合。

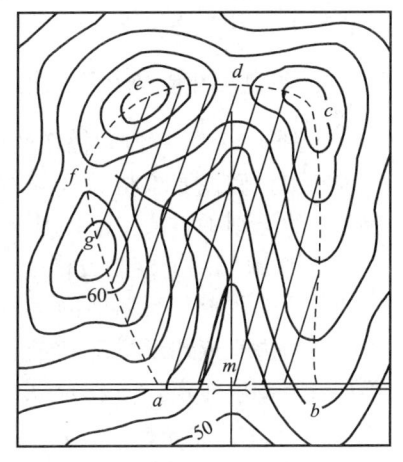

图 9.11　汇水面积及水库库容的确定

9.3.4　确定水库库容

设计水库时，如果溢洪道的高程已定，则水库的淹没面积也随之而定，图 9.11 中的阴影面积部分。淹没面积内的蓄水量即是库容，单位为 m³。

库容的计算一般用等高线法。先求出图 9.11 阴影部分每条等高线与坝轴线所围成的面积，然后计算每两条相邻等高线的体积，其总和即库容。

设 $S_1,S_2,\cdots,S_{n+1}$ 依次为各条等高线所围成的面积，h 为等高距；设第一条等高线（淹没线）与第二条等高线的高差为 h'，第 $n+1$ 条等高线（最低一条等高线）与库底最低点间的高差为 h''，则各层体积为：

$$\left.\begin{aligned} V_1 &= \frac{1}{2}(A_1+A_2)h' \\ V_2 &= \frac{1}{2}(A_2+A_3)h \\ &\vdots \\ V_n &= \frac{1}{2}(A_n+A_{n+1})h \\ V'_n &= \frac{1}{3}A_{n+1}h''(库底体积) \end{aligned}\right\} \quad (9.16)$$

则水库的库容为：
$$\begin{aligned} V &= V_1+V_2+\cdots+V_n+V'_n \\ &= \frac{1}{2}(A_1+A_2)h' + \left(\frac{A_2}{2}+A_3+\cdots+A_n+\frac{A_{n+1}}{2}\right)h + \frac{1}{3}A_{n+1}h'' \end{aligned} \quad (9.17)$$

9.4 地形图在平整土地中的应用及土石方估算

按照工程需要，将施工场地自然地整理成符合一定高程的水平面或一定坡度的均匀地面，称为平整场地。在平整土地工作中，常需要估算土石方量，即利用地形图进行填挖土石方量的估算，使填挖土石方基本平衡。平整土地中常用的方法有方格网法、等高线法、断面法等。其中方格网法应用最为广泛。

9.4.1 将地面平整成水平场地

如图 9.12 所示为一幅 1∶1000 比例尺的地形图，假设要求将原地貌按挖、填土方量平衡的原则平整成平面，其步骤如下：

1) 在地形图上绘制方格网

在地形图上平整场地的区域内绘制方格网，格网边长依地形情况和挖、填土石方计算的精度要求而定，一般为 10m 或 20m。

2) 计算设计高程

用内插法或目估法求出各方格顶点的地面高程，并注在相应顶点的右上方。将每一方格的顶点高程取平均值（即每个方格顶点高程之和除以 4），然后再将所有方格的平均高程相加，除以方格总数，求得地面设计

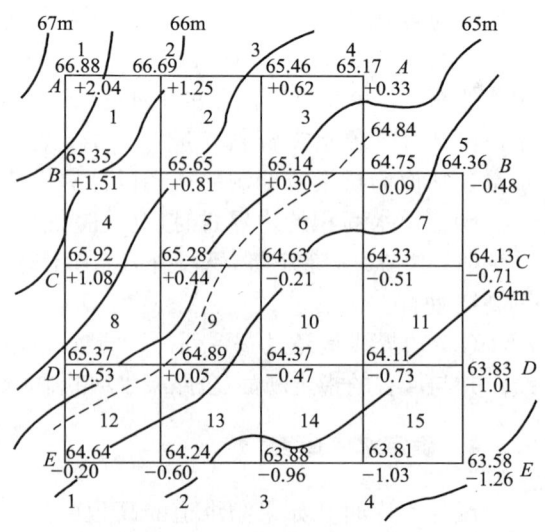

图 9.12 水平场地平整示意图

高程。

$$H_{设}=\frac{1}{n}(H_1+H_2+\cdots+H_n) \tag{9.18}$$

式中　n——方格数；

H_i——第 i 方格的平均高程。

3) 绘出填、挖分界线

根据设计高程，在图上用内插法绘出设计高程的等高线，该等高线即为填、挖分界线。

4) 计算各方格顶点的填、挖深度

各方格顶点的地面高程与设计高程之差，即为填挖高度，将填挖高度标注在相应顶点的右下方。

$$h=H_{地}-H_{设} \tag{9.19}$$

式中，h 为 "+" 号表示挖方，h 为 "-" 号表示填方。

5) 计算填、挖土石方量

从图 9.12 可以看出，有的方格全为挖土，有的方格全为填土，有的方格有填有挖。计算时，填、挖要分开计算，图 9.12 中计算得到设计高程为 64.84m。以方格 2、10、6 格为例计算填、挖方量。

方格 2 为全挖方，挖方量为：

$$V_{2挖}=\frac{1}{4}(1.25+0.62+0.81+0.30)S_2=0.755S_2\,\mathrm{m}^3$$

方格 10 为全填方，填方量为：

$$V_{10填}=\frac{1}{4}(-0.21-0.51-0.47-0.73)S_{10}=-0.48S_{10}\,\mathrm{m}^3$$

方格 6 即有挖方，又有填方。

挖方量为：

$$V_{6挖}=\frac{1}{3}(0.3+0+0)S_{6挖}=0.1S_{6挖}\,\mathrm{m}^3$$

填方量为：

$$V_{6填}=\frac{1}{5}(0-0.09-0.51-0.21-0)S_{6填}=-0.16S_{6填}\,\mathrm{m}^3$$

式中，S_2 为方格 2 的面积，S_{10} 为方格 10 的面积，$S_{6挖}$ 为方格 6 中挖方部分的面积，$S_{6填}$ 为方格 6 中填方部分的面积。最后将各方格填、挖土方量各自累加，即得填、挖的总土方量。

9.4.2　将地面平整为倾斜场地

为了将自然地面平整成一定坡度的倾斜场地，并保证挖填方量基本平衡，可采用方格网法按下述步骤确定挖填分界线和求得挖填土方量：

(1) 根据场地自然地面情况绘制方格网，如图 9.13 所示，使纵横方格网线分别与主坡倾斜方向平行和垂直。这样，横格线即为倾斜坡面水平线，纵格线即为设计坡度线。

(2) 根据等高线按等比内插法求出各方格角顶的地面高程，标注在相应角顶的右上方。

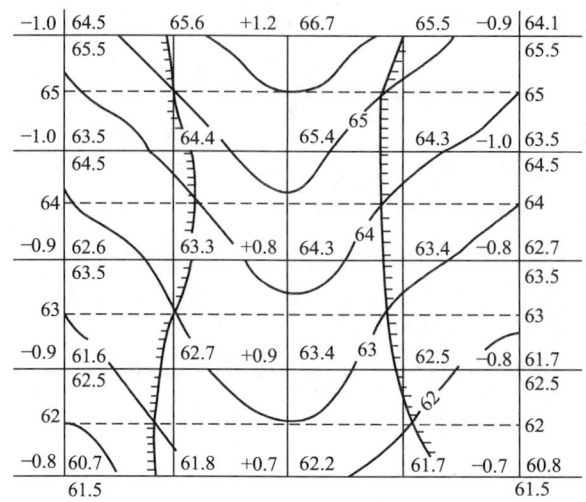

图 9.13 倾斜场地平整示意图

(3) 计算地面平均高程(重心点设计高程)，方法同前。图 9.13 中算得地面平均高程为 63.5m，标注在中心水平线下两端。

(4) 计算斜平面最高点(坡顶线)和最低点(坡底线)的设计高程。

$$\left.\begin{array}{l}H_顶 = H_设 + iD/2 \\ H_底 = H_设 - iD/2\end{array}\right\} \quad (9.20)$$

式中，D 为顶线至底线之间的距离。

在图 9.13 中，$i=10\%$，$D=40$m，算得 $H_顶=65.5$m，$H_底=61.5$m，分别注在相应格线下的两端。

(5) 确定挖、填分界线。由设计坡度和顶、底线的设计高程按内插法确定与地面等高线高程相同的斜平面水平线的位置，用虚线绘出这些坡面水平线，它们与地面相应等高线的交点即为挖、填分界点，将其依次连接，即为挖、填分界线。

(6) 根据顶、底线的设计高程按内插法计算出各方格角顶的设计高程，标注在相应角顶的右下方，将原来求出的角顶地面高程减去它的设计高程，即得挖、填高度，标注在相应角顶的左上方。

(7) 计算挖、填土方量。计算方法与平整成水平场地相同。

9.5 电子地图应用简介

电子地图是 20 世纪 80 年代初出现的地图新品种，电子地图可以定义为是一种可通过计算机屏幕交互阅读、可复制、可修改、可存放于数字存储介质，能提供查询、统计、分析、打印、输出等功能的地图。电子地图具有交互性、通用性及超媒体集成性等特点。电子地图的问世将地图的应用范围扩展到了更广阔的领域：从政府决策到市政建设，从知识传播到企业管理，从移动互联到电子商务等，无一能脱离基于电子地图的应用和服务。而近年来在我国逐渐兴起的导航定位、数字地方建设，则逐渐将电子地图的应用渗透到社会生活的方方面面。

9.5.1 电子地图应用体系的结构

电子地图应用体系是一项涉及计算机图形学、地理信息系统、数字制图技术、多媒体技术、计算机网络技术及其他多项现代高新技术的复合系统。内容主要表现在硬件、软件和数字地图信息3个方面。换言之，就是在最先进的硬件环境中以最先进的软件实现数字地图空间信息的表达、传播与应用，以及同其他信息的集成。电子地图应用体系的最终目标是要建立一个适合多种硬件平台，摆脱时空限制、实时快捷地满足多方面需求的电子地图服务系统。

在硬件方面，一切与图形信息获取、传输和显示有关的固定或移动装置均是电子地图系统的潜在表现载体，这其中既包括传统的计算机硬件，如主机、存储器、显示器等，也包括随着信息技术的发展而出现的新设备。信息获取设备包括全球定位系统（GPS）接收机、CCD、数码相机、数码摄像机、传感器等，信息传输设备包括有线及无线网络、光盘存储器等，信息显示设备则包括个人数字助理（PDA）、导航用显示屏、手机显示屏、大型投影屏、高清晰电视（HDTV）等。它们以各自独立的技术轨迹在飞速发展。

在软件方面，应用数字制图技术、地理信息系统技术和计算机技术，以软件工程思想，实现数字地图信息在多硬件平台上的传输与显示，需要开发一整套软件解决方案。其核心内容包括数字地图信息的输入、编码、存储、压缩、传输、处理与显示，几乎涵盖了当代数字制图技术、3S集成技术的全部内容，只是侧重点更加趋向于大众化、实用化和产业化，因而要求更丰富的信息表达形式、更便捷的信息获取途径以及更加易于携带和使用的特性。

通过选择适当的硬件平台及具备系列软件的支持，即可形成不同形式的电子地图产品。

（1）单机或 Intranet 电子地图系统。存储于计算机或局域网系统中的电子地图，一般作为政府、城市、公安、交通、电力、旅游等部门实施决策、调度、通信、监控、应急反应等的工作平台。

（2）CD-ROM 或 DVD-ROM 电子地图。可用于城市电子地图光盘、导航电子地图光盘、资料光盘的制作。

（3）互联网电子地图。潜力最大的电子地图产品，实现在国际互联网上发布电子地图，供全球网络使用者查询使用，广泛用于旅游、交通、导航等领域，可作为出版物发行的优势使其可望快速形成产业。

（4）触摸屏电子地图产品。可用于公共场所（如机场、火车站、码头、广场、宾馆大堂、商场等）公众进行旅游、交通等信息服务的平台，也可作为政府办公指南。

（5）手机、个人数字助理（PDA）等便携设备上的电子地图。以其携带方便、具备GPS实时定位、导航功能、无线通信网络功能而显现广阔的前景。随着相关硬件价格的迅速下调及性能的提高，市场需求正在形成。

9.5.2 电子地图应用体系的技术基础

电子地图应用体系的建立所涉及的技术众多。其中硬件技术发展非常迅速，远远超过软件技术和数据保障的发展水平，因此应关注和充分利用新的硬件技术、加速发展软件技术和数据保障。

即使是在软件领域，电子地图所涉及的新技术也是十分广泛的，它们分别属于计算机图形学、地理信息系统、数字制图技术、多媒体技术、计算机网络技术及由此产生的集成技术。其中比较重要的包括多维信息可视化、导航电子地图、多媒体电子地图、网络电子地图、嵌入式电子地图等技术。

1. 多维信息可视化技术

数字处理技术的出现，使传统上不可能实现或难以实现的地图表现手段变得可能，技术也在逐渐成熟。这集中体现在地图的三维化和动态化方面。三维地图是传统的二维地图表现在数字技术环境下的发展。首先表现为地形的立体化表达，其次是注记、符号等的立体化。透视三维及视差三维是地图立体化的两种形式，前者是通过透视和光影效果来达到三维效果的，后者则通过眼睛的生理视差来达到真实的立体效果，往往要借助专门的观看设备，如红绿镜、偏振光镜甚至是专门的虚拟现实设备等。

动态地图则是传统静态地图在数字技术环境下的发展。它有时间动态和空间动态两种形式，前者是区域上观察视点移动产生的动态效果，后者是同一区域在时间上的动态发展表现效果。更复杂的动态则是两者的结合。

2. 导航电子地图技术

导航电子地图是在普通的电子设备上增加了 GPS 信号处理、坐标变换和移动目标显示功能。导航电子地图的特点是加入了车船等交通工具这种移动目标，使电子地图表示要始终围绕交通工具的相关位置显示展开，关注区域、参考框架、比例尺乃至符号化方式都会随着交通工具位置的移动而改变，是一种动态化程度较高的电子地图。

3. 多媒体电子地图技术

多媒体革命使计算机不仅能够处理数字、文字等信息，而且开始能够存储和展现图片、声音、动画和活动图像（视频信息）等多媒体信息。计算机存储介质和多媒体技术的发展给地图以一种新的形式进入大众生活提供了一次绝好的机会。在多媒体电子地图中，在以不同详细程度的可视化数字地图为用户提供空间参照的基础上，可表示各类空间实体的空间分布，并通过信息链接的方式同文字、声音、照片和活动图像（视频）等多媒体信息相连，从而为用户提供主体更为生动和直接的信息展现。

4. 网络电子地图技术

由于国际互联网的普及，数字形式的地图找到了一种快捷的传播和分发方式，信息高速公路上除了跑动的文字、数字、图片、声音、活动图像外，又以迅猛速度出现了新的一员——网络电子地图。与其说网络电子地图是一种新的产品模式，不如说是地图的一种新的分发和传播模式。网络地图的出现使地图能够摆脱地域和空间的限制，实现远距离的地图产品实时全球共享。由于网络电子地图本质上还是数字产品，因而在软件的支持下用户自己选择制图范围、制图内容以及表示方法都成为可能。

5. 嵌入式电子地图技术

嵌入式软件开发技术是基于 Window CE 等掌上型电脑操作系统的软件开发技术。基于该项技术可开发基于掌上计算机（个人数字助理 PDA）的电子地图系统。嵌入式电子地图的最大优势在于其携带的方便性，以及与现代通信及网络的紧密联系。本身具有数据量小，占用资源少的特点，可将电子地图及其软件存储在闪卡上，亦可通过网络下载。与 GPS 结合的可能性使其具有实时定位和导航的特性，是未来大众接触电子地图非常重要的一条途径。

以上所介绍的技术只是电子地图涉及技术组合的一部分，尚存在其他多种集成的可能性。开发集成上述关键技术于一身、内容统一的电子地图综合应用软件系统是最为关键的环节。

本 章 小 结

本章主要介绍了地形图的基本应用、面积量算、地形图在工程建设中的应用以及电子地图简介。

1. 地形图的基本应用

地形图的基本应用，是培养学生综合应用能力的基础，内容包括在地形图上确定点的坐标、高程、确定直线的方位角、水平距离和坡度等。

2. 在图上量算面积

在地形图上量算面积是工程中常遇到的情况，本节要求学会几何图形法、坐标计算法、平行线法、透明方格纸法和求积仪法量算面积。将传统的方法和先进的方法相结合，掌握电子求积仪的使用，能够利用电子求积仪正确量算面积；根据不同的面积形状选择适当的方法。

3. 地形图在工程建设中的作用

地形图在工程建设中的应用是本章的重点和难点。掌握地形图上绘制已知方向的断面图的方法以及按限制坡度选择最短路线、确定汇水面积等。绘制断面图时要注意水平方向比例尺与垂直方向比例尺的选择。

4. 地形图在平整土地中的应用以及土石方的估算

掌握方格网法将场地平整为水平面和倾斜平面，并能够进行土石方的估算。

5. 了解电子地图的基本应用

思考与练习

1. 方格网法将场地平整为设计平面的步骤是什么？
2. 在如图 9.14 所示的 1∶2000 地形图上完成以下工作：
 (1) 确定 A、C 两点的坐标和高程。
 (2) 计算 AC 的水平距离和方位角。
 (3) 绘制 AB 方向的纵断面图。
3. 欲在图 9.15(比例尺为 1∶2000)的地形图中汪家凹村北进行土地平整，其设计要求如下：
 (1) 平整后要求成为高程为 44m 的水平面。
 (2) 平整场地的位置：以 533 导线点为起点向东 60m，向北 50m。
 根据设计要求绘出边长为 10m 的方格网，求出填、挖土方量。

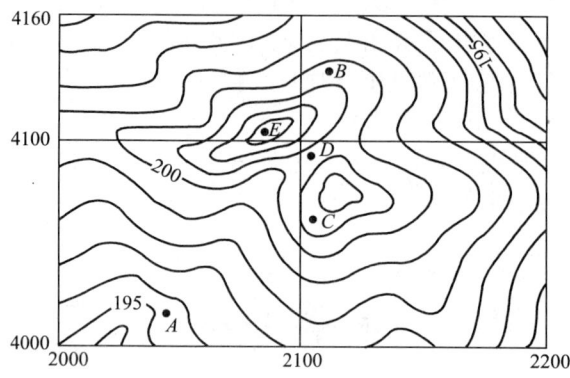

图 9.14 地形图

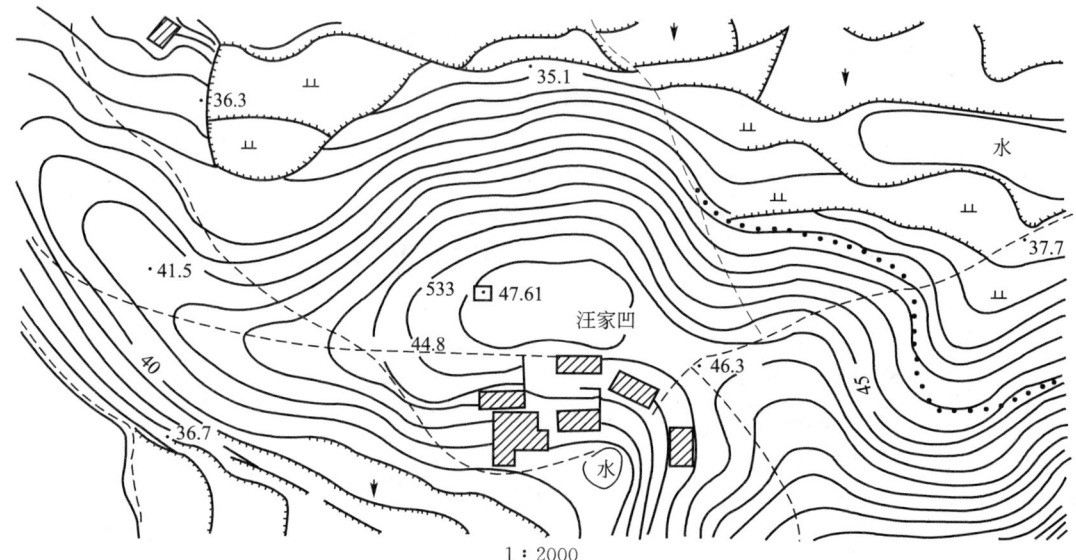

1∶2000

图 9.15 地形图

第 10 章　施工测量的基本工作

【教学目标】

施工放样是建筑工程测量的三项任务之一。学习本章，要了解施工测量的目的、内容和原则；掌握已知水平距离、已知水平角和已知高程的测设方法；掌握点的平面位置的测设方法；掌握已知坡度的测设方法。

【教学要求】

知识要点	能力要求	相关知识
测设的基本工作	（1）能够根据工程实际情况选择已知水平距离的测设方法并进行测设 （2）能够根据精度要求选择合适的水平角的测设方法并进行测设 （3）能够根据工程现状选择测设高程的方法并进行测设	（1）用钢尺测设已知水平距离的一般方法和精密方法 （2）用测距仪测设水平距离的方法 （3）一般法和精密法测设水平角 （4）高程测设的一般方法和高程传递法
点的平面位置的测设	（1）能够根据工程现状合理地选择点位的测设方法 （2）能够进行点的平面位置的测设	（1）极坐标法、直角坐标法、角度交会法以及距离交会法
已知坡度的测设	（1）能够根据工程需要测设坡度	（1）坡度起点和终点高程的测设 （2）坡度平行线的确定 （3）坡度钉的测设

10.1　施工测量概述

10.1.1　施工测量的目的和内容

在施工阶段所进行的测量工作称为施工测量。施工测量的目的是将图纸上设计的建筑物的平面位置和高程标定在施工现场的地面上，作为施工的依据，使工程严格按着设计的要求进行建设。施工测量与地形图测绘都是研究和确定地面上点位的相互关系，测图是地面上先有一些点，然后测出它们之间关系，而施工放样是先从设计图纸上算得点位之间距离、方向和高差，再通过测量工作把点位测设到地面上。因此距离测量、角度测量、高程测量同样是施工测量的基本内容。

10.1.2　施工测量的原则

由于施工测量要求的精度较高，施工现场各种建筑物的分布面广，且往往同时开工兴建。所以，为了保证各建筑物测设的平面位置和高程都有相同的精度并且符合设计要求。施工测量和测绘地形图一样，也必须遵循"由整体到局部、先高级后低级、先控制后细部"的原则组织实施。对于大中型工程的施工测量，先要在施工区域内布设施工控制网，而且要求布设成两级网，即首级控制网和加密控制网。首级控制网相对固定，布设在施工场地周围不受施工干扰，地质条件良好的地方。加密控制网直接用于测设建筑物的轴线和细部点。不论是平面控制还是高程控制，在测设细部点时要求一站到位，减少误差的累计。

10.1.3 施工测量的精度要求

施工测量的精度与建筑物的性质、等级、建筑材料、施工方法、运行条件和使用年限等因素有关。按精度要求的高低排列为：钢结构、钢筋混凝土结构、毛石混凝土结构、土石方工程。按施工方法分，预制件装配式的方法较现场浇灌的精度要求高，钢结构用高强度螺栓连接的比用电焊连接的精度要求高。

现在多数建筑工程是以水泥为主要建筑材料。混凝土柱、梁、墙的施工总误差允许约为 10～30mm。高层建筑物轴线的倾斜度要求为 1/2000～1/1000。钢结构施工的总误差随施工方法不同，允许误差在 1～8mm 之间。土石方的施工误差允许达 10cm。

施工测量贯穿于施工全过程，测量人员应该尽量为施工人员创造便利的施工条件，并及时提供验收测量的数据，使施工人员及时了解施工误差的大小及其位置，从而有助于改进施工方法，提高施工质量。

10.1.4 施工测量的特点

（1）施工测量的精度要求较测图高。施工测量的精度则与建筑物的大小、性质、用途、结构形式、建筑材料以及放样点的位置有关。一般高层建筑测设的精度要求高于低层建筑；钢筋混凝土结构的工程测设精度高于砖混结构工程；钢架结构的测设精度要求更高；建筑物本身的细部点测设精度比建筑物主轴线点的测设精度要求高。这是因为，建筑物主轴线测设误差只影响到建筑物的微小偏移，而建筑物各部分之间的位置和尺寸，设计上有严格要求，破坏了相对位置和尺寸就会造成工程事故。

（2）施工测量与施工密不可分。施工测量是设计与施工之间的桥梁，贯穿于整个施工过程中，是施工的重要组成部分。施工测量的进度与精度直接影响着施工的进度和施工质量。这就要求测量人员在放样前应熟悉建筑物总体布置和各个建筑物的结构设计图，并要检查和校核设计图上轴线间的距离和各部位高程注记。在施工过程中对主要部位的测设一定要进行校核，检查无误后方可施工。多数工程建成后，为便于管理、维修以及续扩建，还必须编绘竣工总平面图。有些高大和特殊建筑物，比如：高层楼房、水库大坝等，在施工期间和建成以后还要进行变形观测，以便控制施工进度，积累资料，掌握规律，为工程严格按设计要求施工、维护和使用提供保障。

（3）由于施工现场各工序交叉作业、材料堆放、运输频繁、场地变动以及施工机械的振动，使测量标志易受破坏，因此，测量标志从形式、选点到埋设均应考虑便于使用、保管和检查，如有破坏，应及时恢复。

10.2 施工测量基本工作

施工测量的基本工作有三项：已知水平距离的放样、已知水平角的放样和已知高程的放样。现分别阐述如下：

10.2.1 已知水平距离的测设

已知水平距离的测设，就是根据一个设计的起点和一条直线的已知长度和方向，在地面上标定终点，使起点与终点的水平距离为设计的长度。目前，工程建筑物放样时的距离测设，一般使用钢卷尺或测距仪，现分别介绍测设方法。

1. 用钢卷尺进行已知水平距离测设

1）一般方法

当放样要求精度不高时，放样可以从已知点开始，沿给定的方向量出设计的水平距离，在终点处打一木桩，并在桩顶标出测设的方向线，然后仔细量出给定的水平距离，对准读数在桩顶画一垂直测设方向的短线，两线相交即为要放的点位。

为了校核和提高放样精度，以测设的点位为起点向已知点返测水平距离，若返测的距离与给定的距离有误差，且相对误差超过允许值时，须重新放样。若相对误差在容许范围内，可取两者的平均值，用设计距离与平均值的差的一半作为改正数，改正测设点位的位置(当改正数为正，短线向外平移，反之向内平移)，即得到正确的点位。

如图 10.1 所示，已知 A 点，欲放样 B 点。AB 设计距离为 28.50m，放样精度要求达到 1/2000。放样方法与步骤如下：

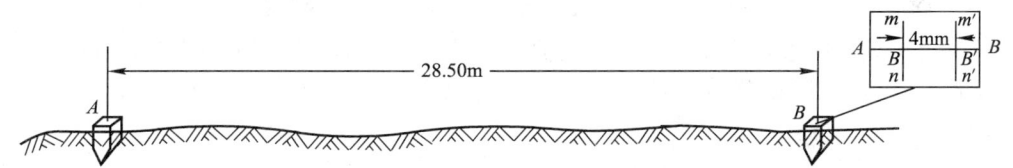

图 10.1 已知水平距离的测设

(1) 以 A 为准在放样的方向($A—B$)上量 28.50m，打一木桩，并在桩顶标出方向线 AB。

(2) 甲把钢尺零点对准 A 点，乙拉直并放平尺子对准 28.50m 处，在桩上画出与方向线垂直的短线 $m'n'$，交 AB 方向线于 B' 点。

(3) 返测 $B'A$ 得距离为 28.508m。则 $\Delta D=(28.500-28.508)\text{m}=-0.008\text{m}$。

相对误差 $=\dfrac{0.008}{28.5}\approx\dfrac{1}{3560}<\dfrac{1}{2000}$，测设精度符合要求。

改正数 $=\dfrac{\Delta D}{2}=-0.004\text{m}$。

(4) $m'n'$ 垂直向内平移 4mm 得 mn 短线，其与方向线的交点即为欲测设的 B 点。

2）精确方法

当放样距离要求精度较高时,就必须考虑尺长、温度、倾斜等因素对距离放样的影响。放样时,可先用一般方法初步定出设计长度的终点,测出该点与起点的高差、测出丈量时的现场温度、再根据钢尺的尺长方程式计算尺长改正数、温度改正数和高差改正数。

如图 10.2 所示,设 d_0 为欲测设的设计长度,在测设之前必须根据所使用钢尺的尺长方程式计算尺长改正数、温度改正数和高差改正数,则应丈量的水平距离 d。

$$d=d_0-\Delta l_\mathrm{d}-\Delta l_\mathrm{t}-\Delta l_\mathrm{h} \quad (10.1)$$

式中　Δl_d 为尺长改正数;Δl_t 为温度改正数;Δl_h 为高差改正数。

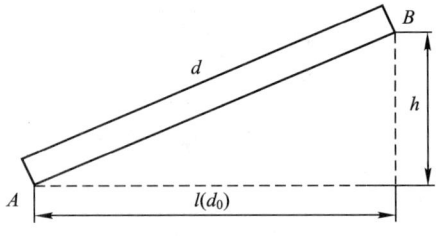

图 10.2　已知水平距离测设示意图

2. 用测距仪测设已知水平距离

用光电测距仪进行直线长度放样时,可先在欲测设方向上目测安置反射棱镜,用测距仪测出的水平距离设为 d'_0,设 d'_0 与欲测设的距离(设计长度)d_0 相差 Δd,则可前后移动反射棱镜,直至测出的水平距离等于 d_0 为止。如测距仪有自动跟踪功能,可对反向棱镜进行跟踪,直到显示的水平距离为设计长度即可。

10.2.2　已知水平角的测设

已知水平角的测设,就是根据地面上一点及一个给定的方向,定出另外一个方向,使得两方向间的水平角为设计的角值。

1. 一般方法

如图 10.3 所示,设地面上已知方向线 OA,欲在 O 点测设另一方向线 OB,使 $\angle AOB=\beta$。可将经纬仪安置在点 O 上,在盘左位置,用望远镜瞄准 A 点,使度盘读数为 $0°00'00''$,然后顺时针转动照准部,使水平度盘读数为 β,在视线方向上定出 B_1 点。再倒转望远镜变为盘右位置,重复上述步骤,在地面上定出 B_2,B_1 与 B_2 往往不相重合,取两点连线的中点 B,则 OB 即为所测设的方向,$\angle AOB$ 就是要测设的水平角 β。

2. 精密方法

当水平角测设的精度要求较高时,可以采用精密的测设方法。即采用多测回和垂距改正法来提高放样精度。其方法与步骤是:

1) 如图 10.4 所示,在 O 点根据已知方向线 OA,精确地测设 $\angle AOB$,使它等于设计角值 β,可先用经纬仪按一般方向放出方向线 OB'。

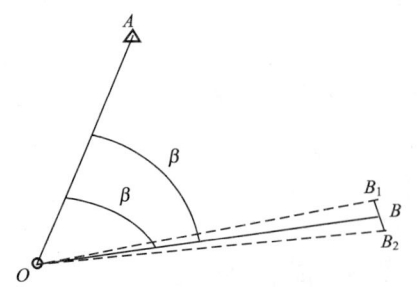

图 10.3　水平角测设的一般方法

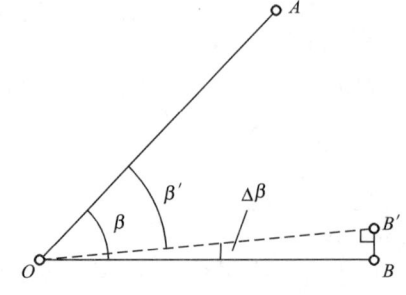

图 10.4　角度测设的精确方法

2) 用测回法对∠AOB′进行观测(测回数由测设精度或有关测量规范确定)，取其平均值为β′。

3) 计算观测的平均角值β′与设计角值β之差
$$\Delta\beta = \beta' - \beta$$

4) 设 OB' 的水平距离为 D，则需改正的垂距为
$$\Delta D = \frac{\Delta\beta}{\rho} \times D \tag{10.2}$$

5) 过 B' 点作 OB' 的垂线并截取 $B'B = \Delta D$（当 $\Delta\beta > 0$ 向内截，反之向外截），则∠AOB 就是要放样的水平角β。

【例 10.1】 如图 10.4 所示，已知直线 OA，需放样角值 $\beta = 80°30'24''$，初步放样得点 B'。对∠AOB' 做 4 个测回观测，其平均值为 $80°30'12''$。$D = 100$m，如何确定 B 点？

解：角度改正值 $\Delta\beta = 80°30'12'' - 80°30'24'' = -12''$

按式(10.2)得 $\Delta D = \dfrac{-12''}{206265} \times 100 = 0.006$m

由于 $\Delta\beta < 0$，过 B' 点向角外作 OB' 的垂线 $B'B = 6$mm，则 B 点即为所要测设的点。

10.2.3 已知高程的测设

已知高程的测设，就是根据已给定的点的平面位置，利用附近已知水准点，在点位上标定出设计高程的高程位置。例如，在施工放样中，经常要把设计的室内地坪(±0.000)高程及房屋其他各部位的设计高程(在工地上，常将高程称为"标高")在地面上标定出来，作为施工的依据。这项工作称为高程测设(或称标高放样)。

1. 一般方法

如图 10.5 所示，设 R 为已知水准点，高程为 H_R，A 为设计点，设计高程为 H_A，安置水准仪于水准点 R 与待测设高程点 A 之间，后视读数为 a，则视线高程 $H_视 = H_R + a$；前视应读数 $b_应 = H_视 - H_A$。此时，在 A 点木桩侧面，上下移动标尺，直至水准仪在尺上截取的读数恰好等于 $b_应$ 时，紧靠尺底在木桩侧面画一横线，此横线即为设计高程位置。为求醒目，再在横线下用红油漆画一"▼"，若 A 点为室内地坪，则在横线上注明"±0.000"。

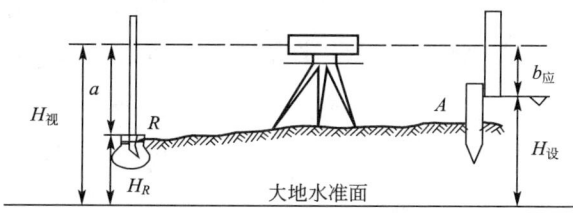

图 10.5 高程测设的一般方法

【例 10.2】 如图 10.5 所示，已知水准点 R 的高程为 $H_R = 35.768$m，需放样的 A 点的设计高程为 $H_A = 35.450$m。先将水准仪架在 R 与 A 之间，后视 R 点尺，读数为 $a = 1.355$m。要使 A 点高程等于 H_A，则前视尺读数就应该是：
$$b_应 = (H_R + a) - H_A = [(35.768 + 1.355) - 35.450]\text{m} = 1.673\text{m}$$

放样时，将水准尺贴靠在 A 点木桩一侧，水准仪照准 A 点处的水准尺。当水准管气

泡居中时,将 A 点水准尺上下移动,当十字丝中丝读数为 1.673 时,此时水准尺的底部,就是所要放样的 A 点,其高程为 35.450m。

2. 高程传递法

若待测设高程点的设计高程与附近已知水准点的高程相差很大,如测设较深的基坑标高或测设高层建筑物的标高,只用标尺已无法放样,此时可借助钢尺将地面水准点的高程传递到在坑底或高楼上。

如图 10.6a 所示,是将地面水准点 A 的高程传递到基坑临时水准点 B 上。在坑边上杆上倒挂经过检定的钢尺,零点在下端并挂 10kg 重锤,为减少摆动,重锤放入盛废机油或水的桶内,在地面上和坑内分别安置水准仪,瞄准水准尺和钢尺读数(图 10.6 中 a、b、c、d),根据水准测量原理有:

$$H_B = H_A + a - (c-d) - b$$

则
$$b = H_A + a - (c-d) - H_B \tag{10.3}$$

在 B 点立尺,使水准尺贴着坑壁上下移动,当水准仪视线在尺子上的读数等于 b 时,紧靠尺底在坑壁上划线,并用木桩标定,木桩面就是设计高程 H_B 点。

如图 10.6b 所示,是将地面水准点 A 的高程传递到高层建筑物上,方法与上述相似。

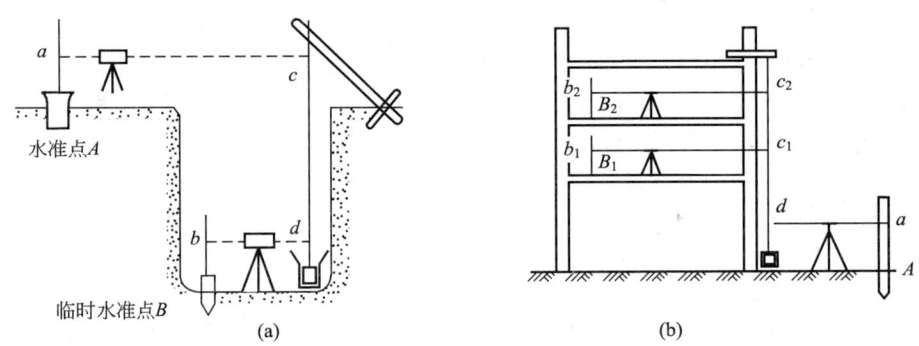

图 10.6 高程测设的传递方法

10.3 点的平面位置的测设

测设点的平面位置的基本方法有极坐标法、直角坐标法、RTK 测设法、角度交会法、距离交会法等。

10.3.1 极坐标法

极坐标法是根据水平角和水平距离测设地面点平面位置的方法。当施工控制网为导线时,常采用极坐标法进行放样。特别是当控制点与测站点距离较远时,用全站仪进行极坐标法放样非常方便。

1. 用经纬仪测设

如图10.7所示，A、B 为地面上已有的控制点，其坐标分别为 $A(x_A, y_A)$ 和 $B(x_B, y_B)$，P 为一待放样点，其设计坐标为 $P(x_p, y_p)$。用极坐标法放样的工作步骤如下：

1）计算放样数据

先根据 A、B、和 P 点坐标，计算出 AB、AP 边的方位角和 AP 的距离。

$$\left.\begin{array}{l}\alpha_{AB}=\arctan\dfrac{\Delta y_{AB}}{\Delta x_{AB}}\\ \alpha_{AP}=\arctan\dfrac{\Delta y_{AP}}{\Delta x_{AP}}\end{array}\right\} \quad (10.4)$$

$$D_{AP}=\sqrt{\Delta x_{AP}^2+\Delta y_{AP}^2} \quad (10.5)$$

再计算出 $\angle BAP$ 的水平角 β。

$$\beta=\alpha_{AP}-\alpha_{AB} \quad (10.6)$$

2）外业测设

1) 安置经纬仪于 A 点上，对中、整平。
2) 以 AB 为起始边，顺时针转动望远镜，测设水平角 β，然后固定照准部。
3) 在望远镜的视准轴方向上测设水平距离 D_{AP}，即得 P 点。

2. 用全站仪测设

用全站仪放样点位，其原理同极坐标法。由于全站仪具有计算和存储数据的功能，所以放样非常方便、准确。其方法如下（图10.7）：

（1）输入已知点 A、B 和需放样点 P 的坐标（若存储文件中有这些点的数据也可直接调出），仪器自动计算出放样的参数（水平距离、起始方位角和放样方位角以及放样水平角）。

（2）安置全站仪于测站点 A 上，进入放样状态。按仪器要求输入测站点 A，确定。输入后视点 B，精确瞄准后视点 B，确定。这时仪器自动计算出 AB 坐标方位角，并自动设置 AB 方向的水平盘读数为 AB 的坐标方位角。

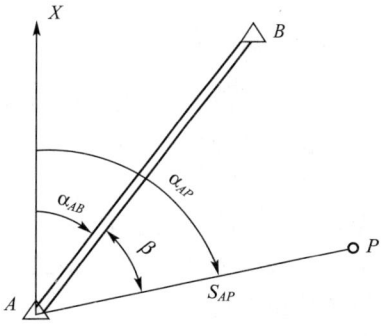

图 10.7 极坐标法测设点

（3）按要求输入方向点 P，仪器显示 P 点坐标，检查无误后，确定。这时，仪器自动计算出 AP 的坐标方位角和水平距离。水平转动望远镜，使仪器视准轴方向为 AP 方向。

（4）在望远镜视线的方向上立反射棱镜，显示屏显示的距离差是测量距离与放样距离的差值，即棱镜的位置与待放样点位的水平距离之差。若为正值，表示已超过放样标定位置；若为负值则相反。

（5）反射棱镜沿望远镜的视线方向移动，当距离差值读数为 0.000m 时，棱镜所在的点即为待放样点 P 的位置。

10.3.2 直角坐标法

直角坐标法是根据两个彼此垂直的水平距离测设点的平面位置的方法。当施工控制网为方格网或彼此垂直的主轴线时采用此法较为方便。

如图 10.8 所示，A、B、C、D 为方格网的四个控制点，P 为欲放样点。放样的方法与步骤：

1）计算放样参数

计算出 P 点相对控制点 A 的坐标增量。

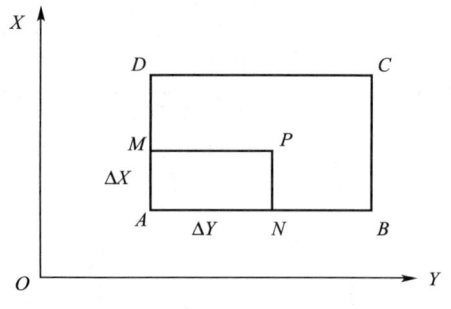

图 10.8 直角坐标法测设点

$$\left.\begin{array}{l}\Delta x_{AP}=x_P-x_A \\ \Delta y_{AP}=y_P-y_A\end{array}\right\} \qquad (10.7)$$

2）外业测设

（1）A 点架经纬仪，瞄准 B 点，在此方向上测设水平距离 $AN=\Delta y$ 得 N 点。

（2）N 点架经纬仪，瞄准 B 点，仪器左转 90°确定方向，在此方向上丈量 $NP=\Delta x$，即得出 P 点。

3）校核

沿 AD 方向先放样 Δx 得 M 点，在 M 点架经纬仪，瞄准 A 点，左转一直角再放样 Δy，也可以得到 P 点位置。

放 90°角的起始方向要尽量照准远距离的点，因为对于同样的对中和照准误差，照准远处点比照准近处点放样的点位精度高。

10.3.3 角度交会法

当欲测设的点位远离控制点，地形起伏较大，距离丈量困难且没有全站仪时，可采用经纬仪角度交会法来放样点位。

如图 10.9 所示，A、B、C 为已知控制点，P 为欲测设点。P 点的坐标由设计人员给出或从图上量得。用角度前方交会法放样的步骤是：

1）计算放样数据

（1）用坐标反算 AB、AP、BP、CP 和 CB 边的方位角 α_{AB}、α_{AP}、β_{BP}、α_{CP} 和 α_{CB}。

（2）根据各边的方位角计算 α_1、β_1 和 β_2 角值。

$$\alpha_1 = \alpha_{AB} - \alpha_{AP}$$
$$\beta_1 = \alpha_{BP} - \alpha_{BA}$$
$$\beta_2 = \alpha_{CP} - \alpha_{CB}$$

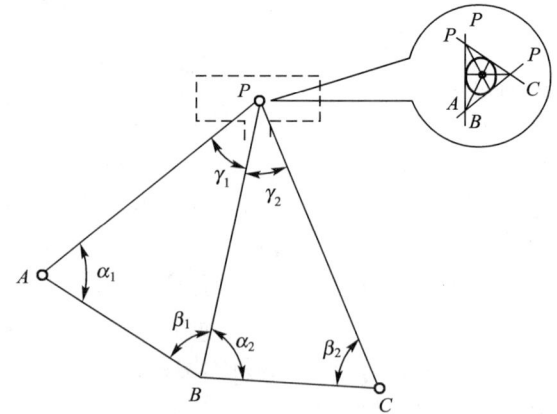

图 10.9 角度交会法示意图

2）外业测设

（1）分别在 A、B、C 三点架经纬仪，依次以 AB、BA、CB 为起始方向，分别测设水

平角 $α_1$、$β_1$ 和 $β_2$。

(2) 通过交会概略定出 P 点位置，打一大木桩。

(3) 在桩顶平面上精确放样，具体方法是：由观测者指挥，在木桩上定出三条方向线，即 AP、BP 和 CP。

(4) 理论上三条线应交于一点，由于放样存在误差，形成了一个误差三角形（图 10.10）。当误差三角形内切圆的半径在允许误差范围内，取内切圆的圆心作为 P 点的位置。

为了保证 P 点的测设精度，交会角一般不得小于 30°和大于 150°，最理想的交会角在 70°～110°之间。

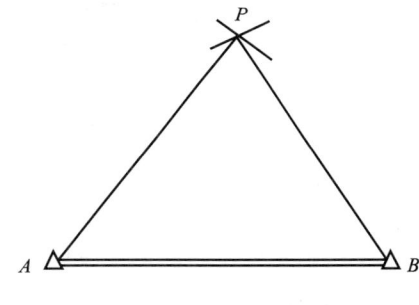

图 10.10　距离交会法示意图

10.3.4　距离交会法

距离交会法是根据测设的两个水平距离，交会出点的平面位置的方法。当施工场地平坦，易于量距，且测设点与控制点距离不长（小于一整尺长），常用距离交会法测设点位。

如图 10.10 所示，A、B 为控制点，P 为要测设的点位，测设方法如下：

1) 计算放样数据

根据 A、B 的坐标和 P 点坐标，用坐标反算方法计算出 d_{AP}、d_{BP}。

2) 外业测设

分别以控制点 A、B 为圆心，以距离 d_{AP} 和 d_{BP} 为半径在地面上画圆弧，两圆弧的交点，即为欲测设的 P 点的平面位置。

3) 实地校核

如果待放点有两个以上，可根据各待放点的坐标，反算各待放点之间的水平距离。对以经放样出的各点，再实测出它们之间的距离，并与相应的反算距离比较进行校核。

10.4　已知坡度的测设

在场地平整、管道敷设和道路整修等工程中，常需要将已知坡度测设到地面上，两点间的高差与其水平距离的比值称为坡度。设地面上两点间的水平距离为 D，高差为 h，坡度为 i，则：

$$i=\frac{h}{D} \tag{10.8}$$

坡度可用百分率（%）表示，也可用千分率（‰）表示。

已知坡度的测设，就是根据一点的高程位置，在给定的方向上定出其他一些点的高程位置，使这些点的高程位置在给定的设计坡度线上。

如图 10.11 所示，A 点的高程为 H_A，A、B 两点间的水平距离为 D_{AB}。直线 A、B 的设计坡度为 i，可算出 B 点的设计高程为：

$$H_B=H_A+iD_{AB} \tag{10.9}$$

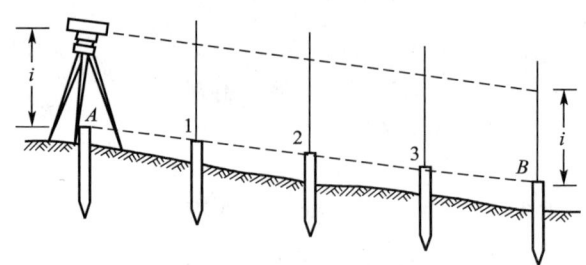

图 10.11　倾斜视线法测设坡度

具体测设步骤如下：

(1) 根据式(10.8)，计算出 B 点的设计高程，先用高程放样的方法，将坡度线两端点 A、B 的设计高程标志标定在地面木桩上。

(2) 将水准仪安置在 A 点上，并量取仪器高 i。安置时，使一对脚螺旋位于 AB 方向上，另一个脚螺旋连线大致与 AB 方向垂直。

(3) 旋转 AB 方向上的一个脚螺旋，使视线在 B 尺上的读数为仪器高 i。此时，视线与设计坡度线平行。

(4) 测设中间 1，2，3，…，各桩的高程标志线。当中间各桩水准尺读数均为 i 时，各桩顶连线就是设计坡度线。

本 章 小 结

本章着重介绍了施工放样的基本工作，学习本章，主要掌握以下知识点：

1. 施工放样的原则

施工测量和测图工作一样，必须遵循"从整体到局部、先控制后细部"的原则。

2. 施工放样的基本工作

已知水平距离测设、已知水平角测设和已知高程测设是施工放样的三项基本工作。在地面上标定已知长度时，结合地形情况、实际尺长及丈量时的温度等，要进行尺长改正、温度改正、倾斜改正；在地面上测设水平角时，一般采用盘左、盘右测设取其平均位置；设计高程放样的方法，主要采用水准测量的方法，根据已知点的高程和放样点的设计高程，利用水准仪在已知点尺上的读数求放样点的水准尺上的读数。

3. 点的平面位置测设

测设点的平面位置可用直角坐标法、极坐标法、角度交会法和距离交会法。具体选用哪种方法，应视具体情况而定。无论采用哪种方法都必须先根据设计图纸上的控制点坐标和待放样点的坐标，算出放样数据，画出放样示意草图，再到实地放样。

4. 已知坡度的测设

当已知坡度较小时适用水准仪来测设，用水准仪测设的关键是坡度平行视线的确定。当已知坡度较大时则应用经纬仪测设。

思考与练习

1. 测设与测图工作有何区别？测设工作在工程施工中所起的作用有哪些？
2. 施工控制网有哪两种？如何布设？
3. 测设的基本工作包括哪些内容？
4. 简述距离、水平角和高程的测设方法及步骤。
5. 测设点的平面位置有哪几种方法？简述各种方法的放样步骤。
6. 在地面上欲测设一段水平距离 AB，其设计长度为 28.000m，所使用的钢尺尺长方程式为：$l_t = [30 + 0.005 + 0.000012(t - 20℃) \times 30]$m。测设时钢尺的温度为 15℃，所施工钢尺的拉力与检定时的拉力相同，概量后测得 A、B 两点间桩顶的高差 $h = +0.400$m，试计算在地面上需要量出的实际长度。
7. 利用高程为 25.532m 的水准点 A，测设高程为 25.801m 的 B 点。设标尺立在水准点 A 上时，按水准仪的水平视线在标尺上画了一条线，再将标尺立于 B 点上，问在该尺上何处再画一条线，才能使视线对准此线时，尺子底部就是 B 点的高程？
8. 已知 $\alpha_{MN} = 30°04'00''$，点 M 的坐标为 $X_M = 115.24$m，$Y_M = 186.71$m；欲测设的 P 点坐标为 $X_P = 143.02$m，$Y_P = 185.08$m，试计算仪器安置在 M 点用极坐标法测设 P 点所需要的数据，绘出放样草图并简述测设方法。

第 11 章　工业与民用建筑测量

【教学目标】

掌握施工控制测量平面控制的形式和高程控制测量的方法；掌握建筑物的定位、放线，基础施工测量，主体施工测量，高层建筑施工测量，工业厂房控制测设的方法，厂房基础施工测量的方法；了解厂房构件的安装测量方法和烟囱、水塔施工测量的过程；掌握建筑物沉降观测方法，建筑物倾斜观测方法，竣工测量的意义及编绘竣工总平面图的方法。

【教学要求】

知 识 要 点	能 力 要 求	相 关 知 识
建筑场地施工控制测量	(1) 掌握施工控制测量平面控制的形式 (2) 掌握建筑基线和建筑方格网的测设方法 (3) 掌握施工控制测量平面控制的形式和高程控制测量的方法	(1) 施工平面控制网的建立 (2) 建筑基线的放样 (3) 建筑方格网的放样 (4) 施工高程控制网的建立
民用建筑施工测量	(1) 掌握建筑物的定位、放线 (2) 掌握基础施工测量 (3) 掌握主体施工测量 (4) 掌握高层建筑施工测量	(1) 建筑物的定位、放线 (2) 基础施工测量 (3) 主体施工测量 (4) 高层建筑施工测量
工业建筑施工测量	(1) 掌握工业厂房控制测设的方法 (2) 掌握厂房基础施工测量的方法 (3) 了解厂房构件安装测量的方法	(1) 厂房矩形控制网的放样 (2) 厂房基础施工测量 (3) 厂房构件的安装测量
烟囱、水塔施工测量	(1) 了解烟囱、水塔施工测量的过程	(1) 中心定位测量 (2) 基础施工测量 (3) 筒身施工测量 (4) 标高传递
房屋建筑物的变形观测	(1) 掌握建筑物沉降观测方法 (2) 掌握建筑物倾斜观测方法	(1) 沉降观测 (2) 倾斜观测 (3) 裂缝观测
竣工测量	(1) 了解竣工测量的意义 (2) 了解编绘竣工总平面图的方法	(1) 竣工测量的内容 (2) 竣工总平面图的编绘

11.1　建筑场地施工控制测量

在城乡和工矿企业施工现场，有各种建筑物和构筑物，且分布面较广，往往又分批分期兴建。因此测设各个建筑物、构筑物位置的工作一般都按施工顺序分批进行。为了保证施工测量的精度和速度，使各个建筑物、构筑物的平面位置和高程都能符合设计要求，互相连成统一的整体，因此施工测量和测绘地形图一样，也要遵循"从整体到局部、先控制后碎步"的原则。即先在施工现场建立统一的平面控制网和高程控制网，然后以此为基础，测设各个建筑物和构筑物的位置。

施工控制网可以利用原测图控制网；如果测图控制网在位置、密度和精度上难以满足施工测量放线的要求，则应在工程施工之前在原有测图控制网的基础上，为建筑物、构筑物的测设重新建立统一的施工控制网。施工控制网又分为平面控制网和高程控制网。

11.1.1 施工平面控制网的建立

施工测量的平面控制，对于一般民用建筑可采用网和建筑基线；对于工业建筑区则常采用建筑方格网。

施工平面控制网的布设形式视建筑场地的地形情况可采用三角网、导线网、建筑基线或建筑方格网，如图 11.1 和图 11.2 所示。

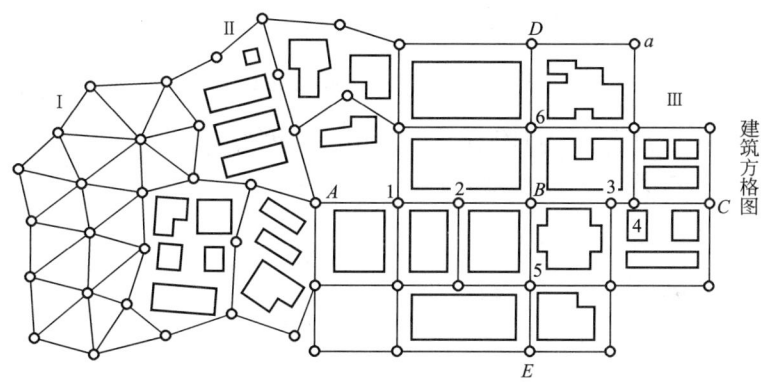

图 11.1　施工平面控制网

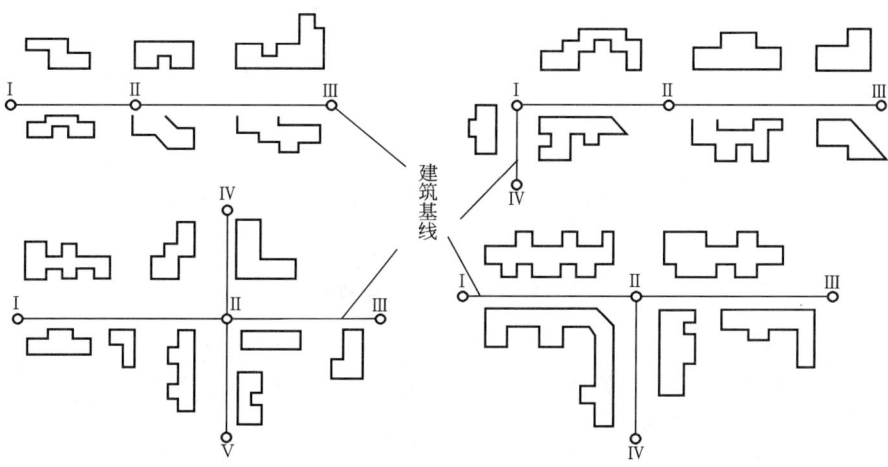

图 11.2　施工平面控制网

11.1.2 建筑基线的放样

在面积不大且地势较平坦的建筑场地上，布设一条或几条基准线，作为施工测量的平面控制，称为建筑基线。

建筑基线根据建筑设计总平面图上建筑物的分布、现场地形条件及原有测图控制点的分布情况，布设成三点"一"字形、三点"L"字形、四点"T"字形及五点"十"字形等形式，如图 11.3 所示。布设时应注意：建筑基线应平行或垂直于主要建筑物的轴线，以便用直角坐标法进行测设；建筑基线相邻点间应互相通视，点位不受施工影响，且能长期保存；基线点应少于 3 个，以便检测建筑基线点有无变动。

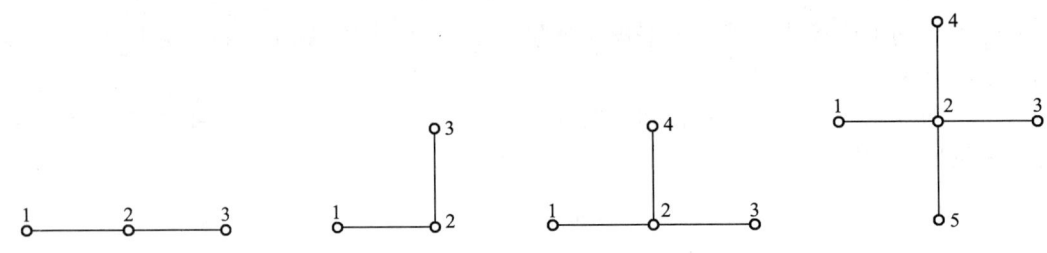

图 11.3 建筑基线的布设形式

建筑基线的放样，如果基线点附近有可利用的地面控制点，可利用地面控制点测设；如果地面上有城市规划部门拨定的建筑红线，可根据建筑红线测设。

1. 根据地面控制点放样

如图 11.4 所示，放样步骤如下：

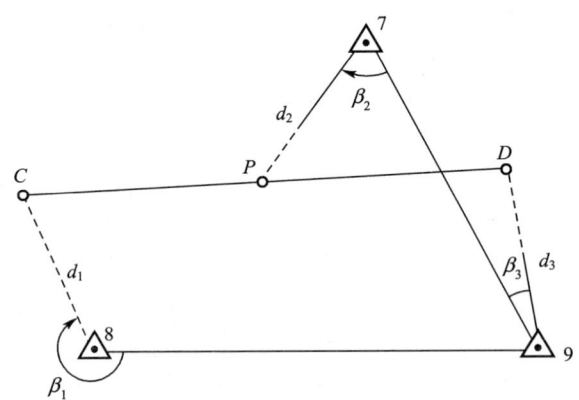

图 11.4 根据控制点放样

1) 计算测设数据

根据建筑基线主点 C、P、D 及测量控制点 7、8、9 的坐标，反算测设数据 d_1、d_2、d_3 及 β_1、β_2、β_3。

2) 测设主点

分别在控制点 7、8、9 上安置经纬仪，按极坐标法测设出 3 个主点的定位点 C'、P'、D'，并用大木桩标定，如图 11.5 所示。

3) 检查三个定位点的直线性

安置经纬仪于 P'，检测 $\angle C'P'D'$，如果观测角 β 的值与 $180°$ 之差大于 $24''$，则进行调整。

4) 调整三个定位点的位置

先根据3个主点之间的距离 a、b 按下式计算出改正数 δ，即

$$\delta = \frac{ab}{a+b}\left(90° - \frac{\beta}{2}\right)'' \frac{1}{\rho''} \quad (11.1)$$

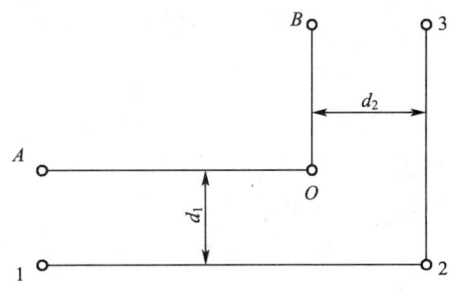

图 11.5 根据建筑红线放样

当 $a=b$ 时，则得：

$$\delta = \frac{a}{2}\left(90° - \frac{\beta}{2}\right)'' \frac{1}{\rho''} \quad (11.2)$$

式中，$\rho'' = 206265''$。然后将定位点 C'、P'、D' 三点（注意：P' 的移动方向与 C'、D' 两点的相反）。按 δ 值移动3个定位点之后，再重复检查和调整 C、P、D，直至误差在允许范围为止。

5) 调整3个定位点之间的距离

先检查 C、P 及 P、D 间的距离，若检查结果与设计长度之差的相对误差大于 $1/10000$，则以 P 点为准，按设计长度调整 C、D 两点，最后确定 C、P、D 三点的位置。

2. 根据建筑红线放样

如图 11.5 所示，1、2、3 为城市规划部门在实地拨定的建筑红线点，基线设计时给出了基线与红线间的联系尺寸 d_1、d_2，则可依 12、23 两条红线用直角坐标法测设 A、O、B 三个基线点。基线点测设完毕，在 O 点安置经纬仪，测 $\angle AOB$ 是否等于 $90°$，其不符值不应超过 $\pm 5''$。量 OA、OB 距离是否等于设计长度，其不符值不应大于 $1/10000$，若误差超限应检查测设数据，若误差在许可范围内，则适当调整 A、B 点的位置。

11.1.3 建筑方格网的放样

在大中型的建筑场地上，由正方形或矩形格网组成的施工控制网，称为建筑方格网，如图 11.6 所示。建筑方格网是根据设计总平面图中建筑物、构筑物、道路和各种管线的位置，结合现场的地形情况来布设的。布设时，先选定方格网的主轴线（图 11.6 中 MPN 和 CPD），并使其尽可能通过建筑场地中央且与主要建筑物轴线平行，然后再全面布设成方格网。方格网是厂区建筑物测量放线的依据，其边长应根据测设对象而定，一般以 100m～200m 为宜。

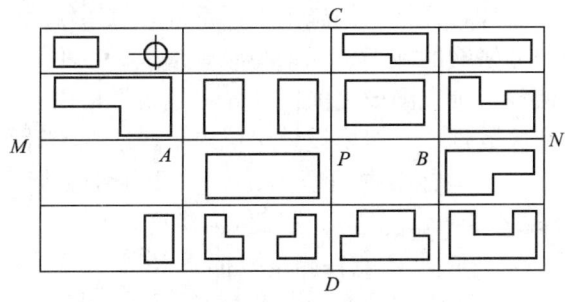

图 11.6 建筑方格网

下面介绍建筑方格网的放样步骤。

1. 主轴线放样

如图 11.7 所示，MON、COD 为建筑方格网的主轴线，先测设主轴线 MON，其方法与建筑基线测设方法相同，M、O、N 三个主点测设好后（如图 11.8 所示），将经纬仪安置在 O 点，瞄准 A 点，分别向左、向右转 90°，测设另一主轴线 COD，同样定出其概略位置 C'、D'。然后精确测出 $\angle MOC'$ 和 $\angle MOD'$，分别算出它们与 90°之差 ε_1 和 ε_2，并计算出调整值 l_1 和 l_2，公式为：

$$l = L\frac{\varepsilon}{\rho} \tag{11.3}$$

式中 L 为 OC' 或 OD' 的长度。

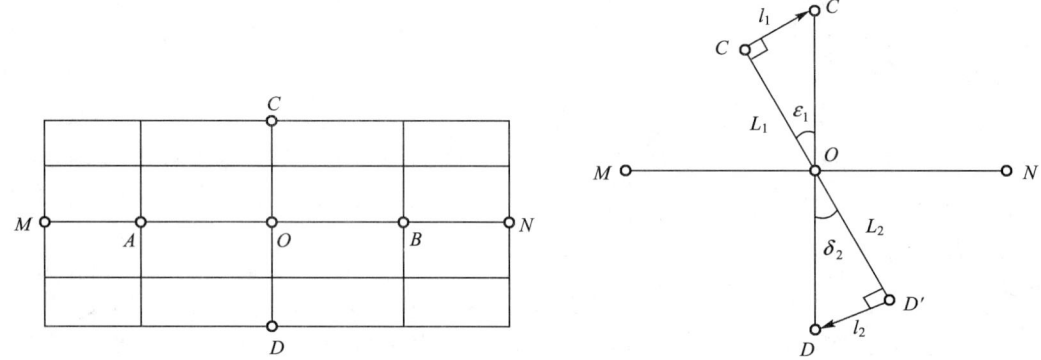

图 11.7　建筑方格网的放样　　　　　　图 11.8　主轴线的调整

将 C' 沿垂直于 OC' 方向移动 l_1 距离得 C 点；将 D' 沿垂直于 OD' 方向移动 l_2 距离得 D 点。点位改正后，应检查两主轴线的交角及主点间距离，均应在规定限差之内。

2. 方格网点的放样

主轴线测设好后，分别在主轴线端点安置经纬仪，均以 O 点为起始方向，分别向左、右精确地测设出 90°，这样就形成"田"字形方格网点。为了进行校核，还要在方格网点上安置经纬仪，测量其角是否为 90°，并测量各相邻点间的距离，看其是否与设计边长相等，误差均应在允许范围之内。此后再以基本方格网点为基础，加密方格网中其余各点。

11.1.4　施工坐标与测图坐标系的换算

在建筑场地，为便于设计，经常采用施工坐标系统，该系统为总平面图设计而确定的假定坐标系。这样，建筑方格网的施工坐标系与原测量坐标系不一致，为了在建筑场地要利用原测量控制点进行测设，则在测设之前，应先将建筑方格网主点的施工坐标换算成测量坐标。关于坐标换算有关数据，一般由设计单位提出，或在设计总平面图上用图解法量取施工坐标系坐标原点在测量坐标系中的坐标 x_0、y_0 及施工坐标系纵坐标轴与测量坐标系纵坐标轴间的夹角 α，再根据 x_0、y_0、α 进行坐标换算。

如图 11.9 所示，设 x_P、y_P 为 P 点在测量坐标系 XOY 中的坐标，A_P、B_P 为 P 点施工坐标系 $AO'B$ 中的坐标，若要将 P 点的施工坐标 A_P、B_P 换算成相应的测量坐标，可采用下列公式计算：

$$x_P = x_0 + A_P\cos\alpha - B_P\sin\alpha \brace y_P = y_0 + A_P\sin\alpha + B_P\cos\alpha \qquad (11.4)$$

反之，已知 x_P、y_P，也可求 A_P、B_P：

$$A_P = (x_P - x_0)\cos\alpha + (y_P - y_0)\sin\alpha \brace B_P = -(x_P - x_0)\sin\alpha + (y_P - y_0)\cos\alpha \qquad (11.5)$$

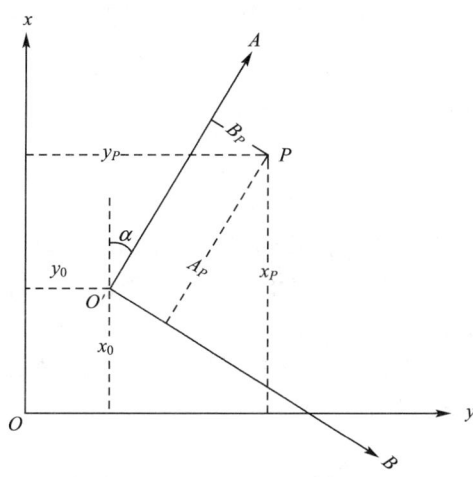

图 11.9 测量坐标系与施工坐标系

11.1.5 施工高程控制网的建立

建筑场地上的水准网即高程控制网，水准网应与国家水准点联测。水准点应布设在土质坚实、不受震动影响、便于长期使用的地点，并埋设永久标志。水准点亦可附设在建筑基线或建筑方格网点标桩上，一般在桩面设置一个突出的半球状标志即可。水准点的密度（包括临时水准点）应满足测量放线要求，尽量做到设一个测站即可测设出待测的高程点。

中小型建筑场地一般按四等水准测量方法测定水准点的高程；对连续性生产的车间，则需要用三等水准测量方法测定水准点高程。

11.2 民用建筑施工测量

民用建筑一般是指供人们日常生活及进行各种社会活动用的建筑物，如住宅楼、办公楼、学校、医院、商店、影剧院、车站等。民用建筑物施工测量的主要任务是按设计要求，配合施工进度，测设建筑物的平面位置及高程，以保证工程按图施工。

11.2.1 施工测量前的准备工作

首先是熟悉图纸，了解设计意图。设计图纸是施工测量的主要依据。与测设有关的图纸主要有：建筑总平面图、建筑平面图、立面图、剖面图、基础平面图和基础详图。设计总平面图是施工放线的总体依据，建筑物都是根据总平面图上所给的尺寸关系进行定位的。建筑平面图给出了建筑物各轴线的间距。立面图和剖面图给出了基础、室内外地坪、门窗、楼板、屋架、屋面等处设计标高。基础平面图和基础详图给出基础轴线、基础宽度和标高的尺寸关系。在测设工作之前，需了解施工的建筑物与相邻建筑物的相互关系，以及建筑物的尺寸和施工的要求等。对各设计图纸的有关尺寸及测设数据应仔细核对，必要时要将图纸上主要尺寸摘抄于施测记录本上，以便随时查找使用。

其次要现场踏勘，全面了解现场情况，检测所给原有测量控制点。平整和清理施工现场，以便进行测设工作。

然后按照施工进度计划要求，制定测设计划，包括测设方法、测设数据计算和绘制测设草图。

11.2.2 建筑物的定位与放线

1. 建筑物的定位

建筑物的定位是根据设计条件，将建筑物外廓的各轴线交点（简称角点）测设到地面上，作为基础放线和细部放线的依据。由于设计条件不同，定位方法可以不同，下面介绍根据与原有建筑物的关系定位。

在建筑区内新建或扩建建筑物时，一般设计图上都给出新建筑物与附近原有建筑物或道路中心线的相互关系，如图11.10所示几种情况。图中绘有斜线的是原有建筑物，没有斜线的是拟建建筑物。

如图11.10a所示，拟建的建筑物轴线 AB 在原有建筑物轴线 MN 的延长线上，可用延长直线法定位。其做法是先沿原建筑物 PM 与 QN 墙面向外量出 MM' 及 NN'，并使

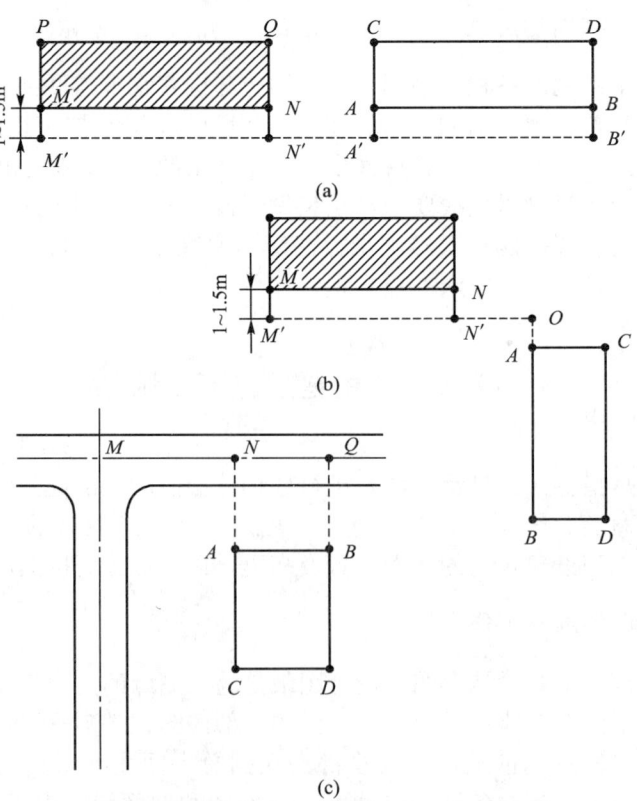

图11.10 建筑物的定位

$MM'=NN'$，在地面上定出 M' 和 N' 两点作为建筑基线。再安置经纬仪于 M' 点，照准 N' 点，然后沿视线方向，根据图纸上所给的 NA 和 AB 尺寸，从 N' 点用钢尺量距依次定出 A'、B' 两点。再安置经纬仪于 A' 和 B' 测设 90°而定出 AC 和 BD。

如图 11.10b 所示，可用直角坐标法定位。先按上法做 MN 的平行线 $M'N'$，然后安置经纬仪于 N' 点，作 $M'N'$ 的延长线，用钢尺量取 $N'O$ 距离，定出 O 点，再将经纬仪安置于 O 点上测设 90°角，丈量 OA 值定出 A 点，继续丈量 AB 值而定出 B 点。最后在 A 和 B 点安置经纬仪测设 90°，根据建筑物的宽度而定出 C 和 D 点。

如图 11.10c 所示，拟建建筑物 $ABCD$ 与道路中心线平行，根据图示条件，主轴线的测设仍可用直角坐标法。测法是先用拉尺分中法找出道路中心线，然后用经纬仪作垂线，定出拟建建筑物的轴线。

2. 建筑物的放线

建筑物的放线是指根据定位的主轴线桩(即角桩)，详细测设其他各轴线交点的位置，并用木桩(桩顶钉小钉)标定出来，称为中心桩。并据此按基础宽和放坡宽用白灰线撒出基槽边界线。

由于在施工开挖基槽时中心桩要被挖掉，因此，在基槽外各轴线延长线的两端应钉轴线控制桩，作为开槽后各阶段施工中恢复轴线的依据。控制桩一般钉在槽外 2～4m 不受施工干扰并便于引测和保存桩位的地方。如附近有建筑物，亦可把轴线投测到建筑物上，用红油漆作出标志，以代替控制桩。

在一般民用建筑中，为了便于施工，常在基槽开挖之前将各轴线引测至槽外的水平板上，以作为挖槽后各阶段施工恢复轴线的依据。水平木板称为龙门板，固定木板的木桩称为龙门桩，如图 11.11 所示。

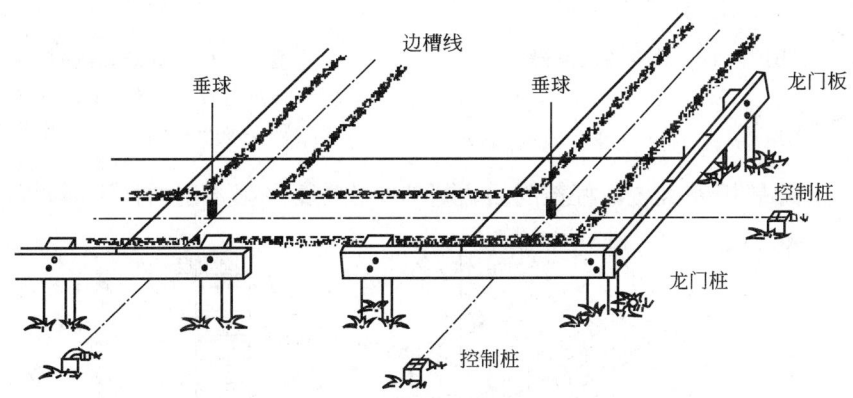

图 11.11 轴线控制桩与龙门桩

设置龙门板的步骤如下：

(1) 在建筑物四角和隔墙两端基槽开挖边线以外的 1.5～2m 处(根据土质情况和挖槽深度确定)钉设龙门板，龙门桩要钉得竖直、牢固，木桩侧面与基槽平行。

(2) 根据建筑场地的水准点，在每个龙门桩上测设±0.000m 标高线，在现场条件不允许可时，也可测设比±0.000m 高或低一定数值的线。

(3) 在龙门桩上测设同一高程线，钉设龙门板，这样，龙门板的顶面标高就在一个水平面上了。龙门板标高测定的容许误差一般为±5mm。

（4）根据轴线桩，用经纬仪将墙、柱的轴线投到龙门板顶面上，并钉上小钉标明，称为轴线投点，投点容许误差为±5mm。

（5）用钢尺沿龙门板顶面检查轴线钉的间距，经检验合格后，以轴线钉为准，将墙宽、基槽宽划在龙门板上，最后根据基槽上口宽度拉线，用石灰撒出开挖边线。

11.2.3 基础施工测量

建筑物轴线放样完毕后，按照基础平面图上的设计尺寸，在地面放出灰线的位置上进行开挖。为了控制基槽的挖深，在基槽快要挖到基底设计标高时，应在槽壁上每隔3～4m及拐角处测设水平控制桩，使木桩的上顶面距槽底的设计标高为一常数（一般为0.5m），如图11.12所示。沿着桩顶面拉线绳，即可作为清底和垫层标高控制的依据。

基础垫层打好后，在龙门板上的轴线钉之间拉上线绳，用垂球线将基础轴线投测在垫层上（如图11.13所示），并用墨线将基础轴线、边线和洞口线在垫层上弹出来，作为基础施工的依据。也可在轴线控制桩上安置经纬仪来投测基础轴线。

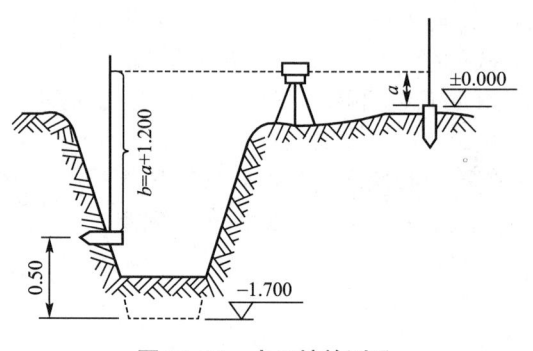

图 11.12　水平桩的测设

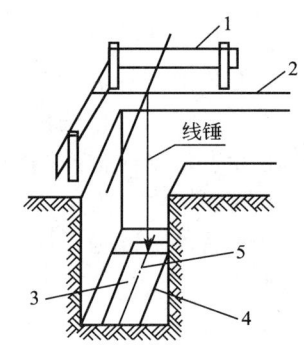

图 11.13　基础轴线的投测
1—龙门板　2—细线　3—垫层
4—基础边线　5—墙中线

基础的标高是用基础皮数杆控制的。基础皮数杆是一根木制的杆子，如图11.14所

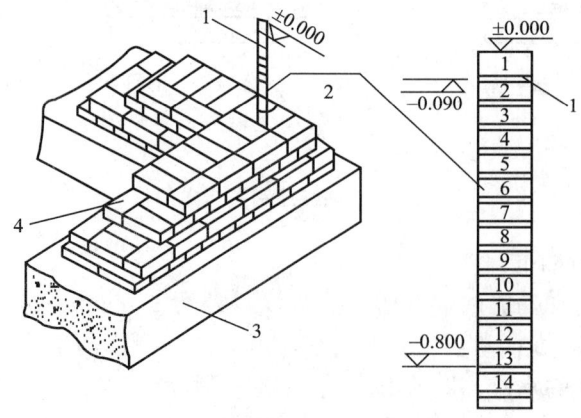

图 11.14　皮数杆
1—防潮层　2—皮数杆　3—垫层　4—大放脚

示，在杆上事先按照设计尺寸，将砖、灰缝厚度画出线条，并标明±0.000m 和防潮层等的标高位置。立皮数杆时，可先在立杆处打一木桩，用水准仪在木桩侧面定出一条高于垫层标高某一数值（如 10cm）的水平线，然后将皮数杆高度与其相同的一条线与木桩上的水平线对齐，并用大铁钉把皮数杆与木桩钉在一起，作为基础墙的标高依据。

基础施工结束后，应检查基础面的标高是否符合设计要求。可用水准仪测出基础面上若干点的高程与设计高程进行比较，允许误差为±10mm。

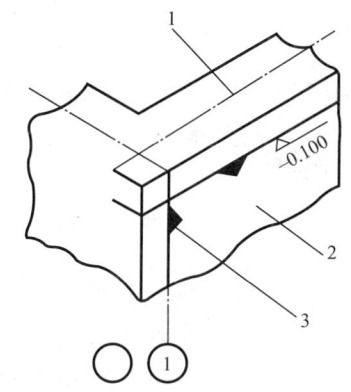

图 11.15　墙体轴线与标高线标注

1—墙中线　2—外墙基础　3—轴线标志

11.2.4　主体施工测量

基础施工结束，检查轴线控制桩无误后，可利用轴线控制桩将轴线投测到基础或防潮层部位的侧面，如图 11.15 所示，以此确定上部砌体的轴线位置，进行墙体施工。

墙体砌筑施工中，墙身上各部位的标高通常用皮数杆来控制和传递。

皮数杆是根据建筑物剖面图画有每皮砖和灰缝的厚度，并注明墙体上窗台、门窗洞口、过梁、雨篷、圈梁、楼板等构件高度位置的专用木杆，如图 11.16 所示。在墙体施工

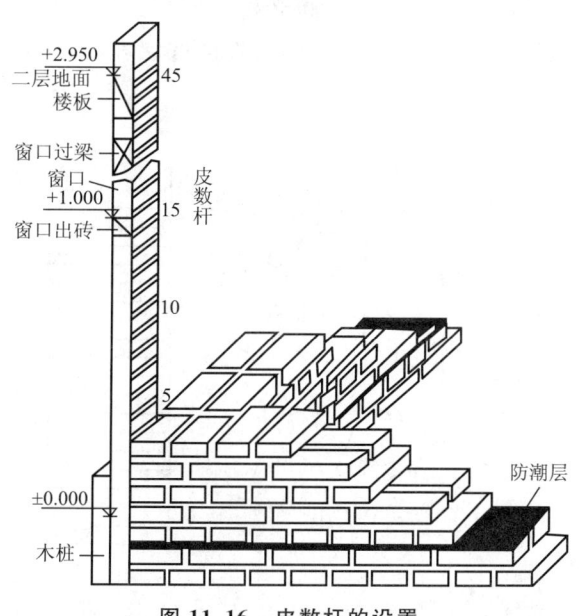

图 11.16　皮数杆的设置

中，用皮数杆可以控制各部位构件的准确位置，并保证每皮砖灰缝厚度均匀，每皮砖都处在同一水平面上。

皮数杆一般都立在建筑物转角和隔墙处，如图 11.16 所示。立皮数杆时，先在地面上打一木桩，用水准仪测出 ±0.000m 标高位置，并画一横线作为标志，然后把皮数杆上的 ±0.000m 线与木桩上 ±0.000m 对齐，钉牢。皮数杆钉好后要用水准仪进行检测，并用垂球来校正皮数杆的竖直。

11.2.5 高层建筑物的施工测量

高层建筑物的施工测量，须将建筑物首层轴线准确地逐层向上投测，供各层细部控制放线；需将首层标高逐层向上传递，以便使楼板、窗户、梁等的标高符合设计要求。

轴线投测的方法通常有以下几种。

1. 经纬仪投测法

经纬仪投测法如图 11.17 所示，通常首先将原轴线控制桩引测到离建筑物较远的安全地点，如 A_1、B_1、A_1'、B_1' 点，以防止控制桩被破坏，同时避免轴线投测时仰角过大，以便减小误差，提高投测精度；然后把经纬仪安置在轴线控制桩 A_1、B_1、A_1'、B_1' 上，严格对中、整平，用望远镜照准已在墙脚弹出的轴线点 a_1、b_1、a_1'、b_1'，用盘左和盘右两个竖盘位置向上投测到上一层楼面上，取得 a_2、b_2、a_2'、b_2'，再精确测出 $a_2 a_2'$ 和 $b_2 b_2'$ 两条直线的交点 O_2，根据已测设的 $a_2 O_2 a_2'$ 和 $b_2 O_2 b_2'$ 两轴线在楼面上详细测设其他轴线。按照此步骤逐层向上投测，即可获得其他各楼层的轴线。

2. 激光铅垂仪投测法

这种方法是通过对建筑物内若干特征点（一般为轴线或轴线平行线的交点）进行自下而上铅垂投测，从而获得各楼层轴线，其投测精度高、速度快、不受建筑物周围环境和地形等影响，适用范围广泛。投测时，将激光铅垂仪安置于底层埋设标志点 A（如图 11.18 所示），严格对中整平，接通激光电源，开启激光器，即可发射出铅垂激光基准线，在楼板的预留洞口 B 处接收屏显示激光光斑中心，即为地面底层埋设点的铅垂投影位置。

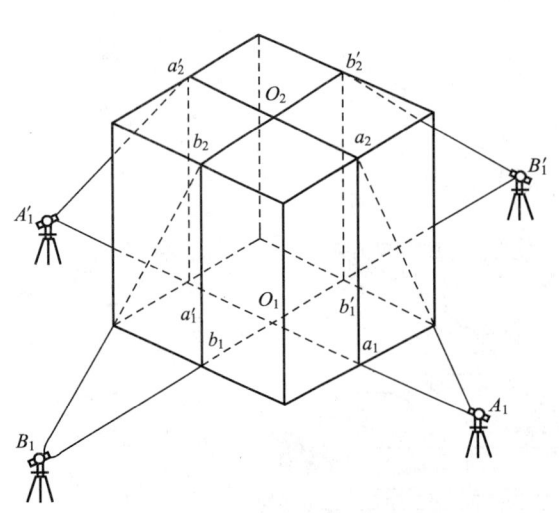

图 11.17 经纬仪轴线投测

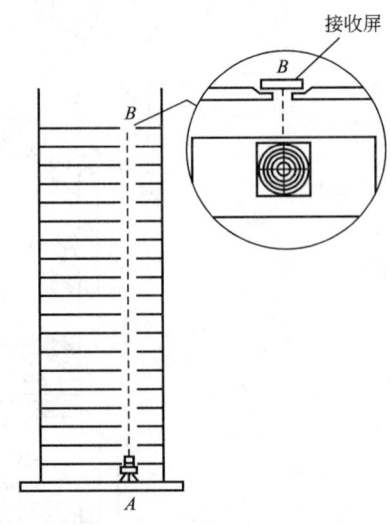

图 11.18 激光铅垂仪投测示意图

3. 锤球投测法

此法是用传统的钢丝吊大锤球进行轴线投测。这种方法受风影响大，锤球有时难以稳定，轴线的投测精度较低，目前多在不具备用上述两种方法时采用，或作为上述两种方法的校核手段。

高程传递的方法有：

(1) 吊钢尺法。在楼梯间或电梯井悬吊钢尺，用水准仪读数，将首层标高逐层向上传递。

(2) 钢尺竖直测量法。沿墙面或柱面竖直向上竖直测量，将首层标高逐层向上传递。

(3) 全站仪天顶测距法。用电梯井或垂直孔等竖直通道，在首层架设全站仪，将望远镜指向天顶，在各层的竖直通道上安置反射棱镜，即可测得全站仪至反射棱镜的高差，从而将首层标高传递至各层。

11.3 工业建筑施工测量

工业建筑以厂房为主，而工业厂房多为排柱式建筑，跨距和间距大，隔墙少，平面布置简单，而且其施工测量精度又明显高于民用建筑，故其定位一般是根据现场建筑方格网，采用由柱轴线控制桩组成的矩形方格网作为厂房的基本控制网。

11.3.1 厂房矩形控制网的放样

厂房矩形控制网是为厂房放样布设的专用平面控制网。布设时，应使矩形网的轴线平行于厂房的外墙轴线（两种轴线的间距一般取 4m 或 6m），并根据厂房外墙轴线交点的施工坐标和两种轴线的间距，给出矩形网角点的施工坐标，如图 11.19a 所示。放样时，根据矩形网角点的施工坐标和地面建筑方格网，利用直角坐标法即可将矩形网的 4 个角点在地面上直接标定出来。对于大型或设备基础复杂的厂房，可选用其相互垂直的两条轴线作为主轴线，用测设建筑方格网主轴线同样的方法将其测设出来，然后再根据这两条主轴线测设矩形控制网的 4 个角点，如图 11.19b 所示。

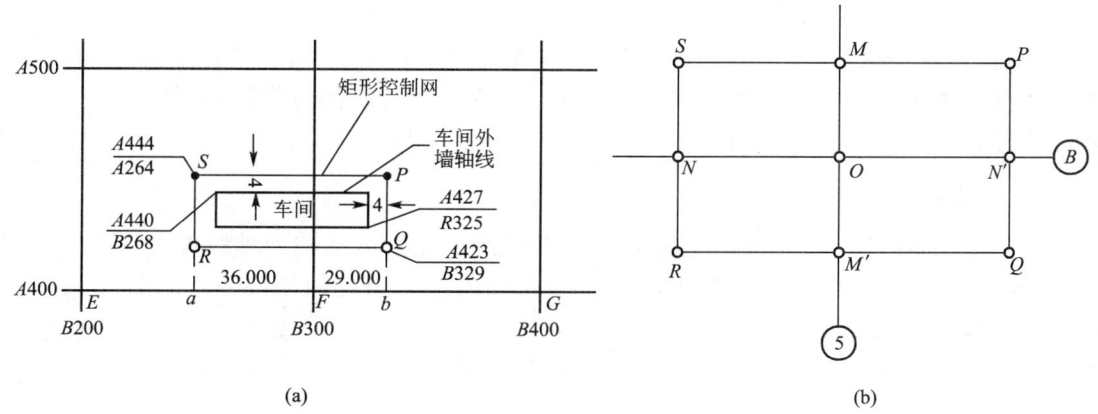

图 11.19 厂房矩形控制网测设

11.3.2 厂房基础施工测量

厂房矩形控制网建立之后，根据控制桩和距离指示桩，用钢尺沿控制网边线逐段丈量出各柱列轴线端点的位置，并设置轴线控制桩，作为柱基放样的依据，如图 11.20 所示。

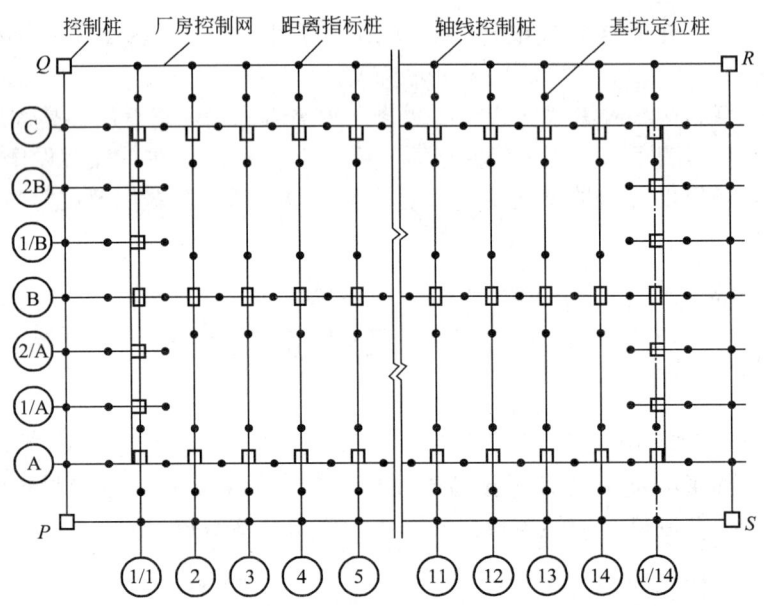

图 11.20 厂房柱列轴线与柱基测设

1. 柱基的定位与放线

将两台经纬仪分别安置在相互垂直的两条轴线上，用方向交会法进行柱基定位。每个柱基的位置，均用 4 个定位小木桩和小钉标志，如图 11.21 所示。定位小木桩应设在开挖边线外比基坑深度大 1.5 倍的地方。柱基定位后，用特制的角尺放出基坑开挖边线，并撒以白灰线，此项工作称为柱列基线的放线。

2. 水平与垫层控制桩的测设

如图 11.22 所示，当基坑挖到一定深度后，应在坑的四壁上测设上层面距坑底为 0.3～0.5m 的水平控制桩，作为清底的依据。清底后，尚需在坑底测设垫层控制桩，使桩顶的标高恰好等于垫层顶面的设计标高，作为打垫层的标高依据。

3. 立模定位

基础垫层打好后，在基础定位小木桩间拉线绳，用垂球把柱列轴线投测到垫层上弹以墨线。立模板时，将模板底部的定位线标志与垫层上相应的墨线对齐，并用吊垂球线的方法检查模板是否垂直。模板定位后，用水准仪将柱基顶面的设计标高抄在模板的内壁上。支模时，还应使杯底的实际标高比其设计值低 5cm，以便吊装柱子时易于找平。

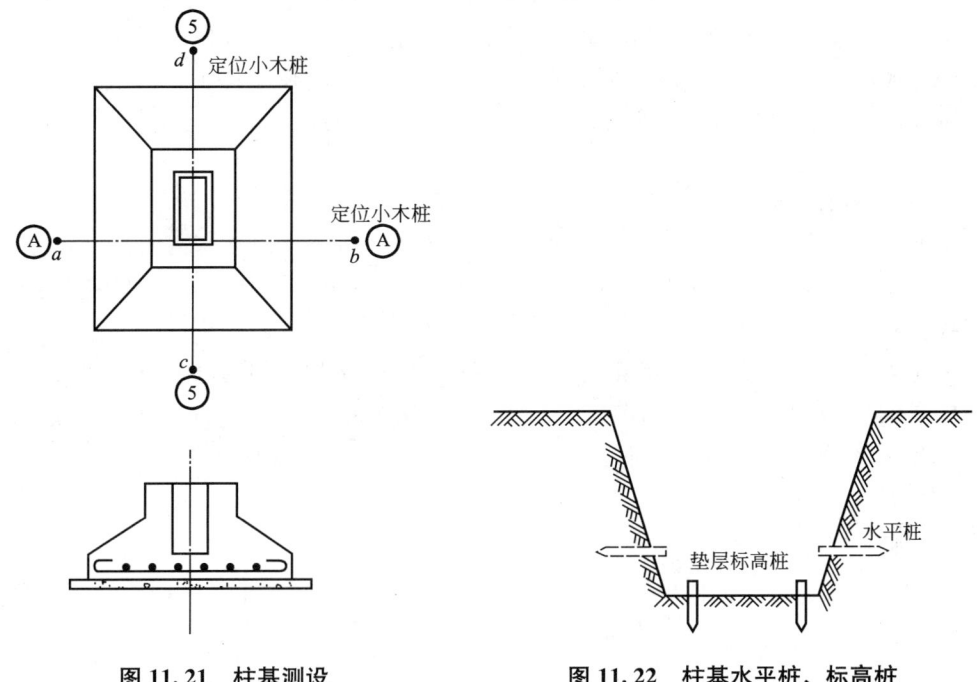

图 11.21 柱基测设　　　　图 11.22 柱基水平桩、标高桩

11.3.3 厂房构件的安装测量

1. 柱子安装测量

1) 柱子安装测量的精度要求

(1) 柱子中心线与柱列轴线之间的平面尺寸容许偏差为±5mm。

(2) 牛腿面的实际标高与设计标高的容许误差：当柱高在 5m 以下时为±5mm，5m 以上时为±8mm。

(3) 柱的垂直度容许偏差为柱高的 1/1000，且不超过 20mm。

2) 柱子安装前的准备工作

柱子安装前，首先将柱子按轴线编号，并在柱身 3 个侧面弹出柱子的中心线，在每条中心线的上端和靠近杯口处画上"▲"标志，根据牛腿面设计标高，向下用钢尺量出一60cm 的标高线，画出"▲"标志，如图 11.23 所示，以便校正时使用。

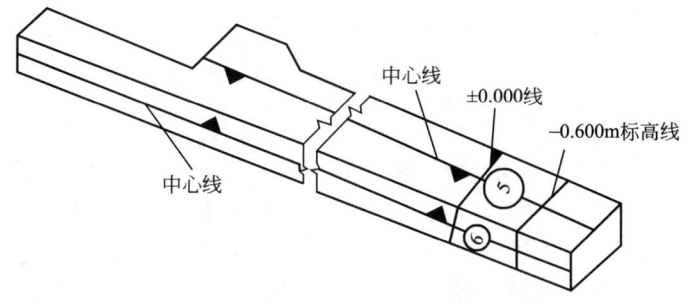

图 11.23 柱身弹线示意图

在杯形基础上，由柱列轴线控制桩用经纬仪把柱列轴线投测到杯口顶面上，如图11.24所示，并弹出墨线，用红油漆画上"▲"标志，作为柱子吊装时确定轴线的依据。当柱子中心线不通过柱列轴线时，还应在杯形基础顶面四周弹出柱子中心线，并画"▲"标志，用以检查杯底标高是否符合要求。然后用砂浆水泥或细石混凝土找平，使牛腿面符合设计高程。

3）柱子安装时的测量工作

柱子被吊装进入杯口后，先用木楔或钢楔暂时进行固定，用铁锤敲打木楔或者钢楔，使柱脚在杯口内平移，直到柱中心线与杯口顶面中心线平齐，并用水准仪检测柱身已标定的标高线。

然后用两台经纬仪分别在相互垂直的两条柱列轴线上，相对于柱子的距离不小于1.5倍柱高的位置同时观测，如图11.25所示，观测时，将经纬仪照准柱子底部中心线上，固定照准部，逐渐向上仰望远镜，通过校正使柱身中心线与十字丝竖丝相重合。

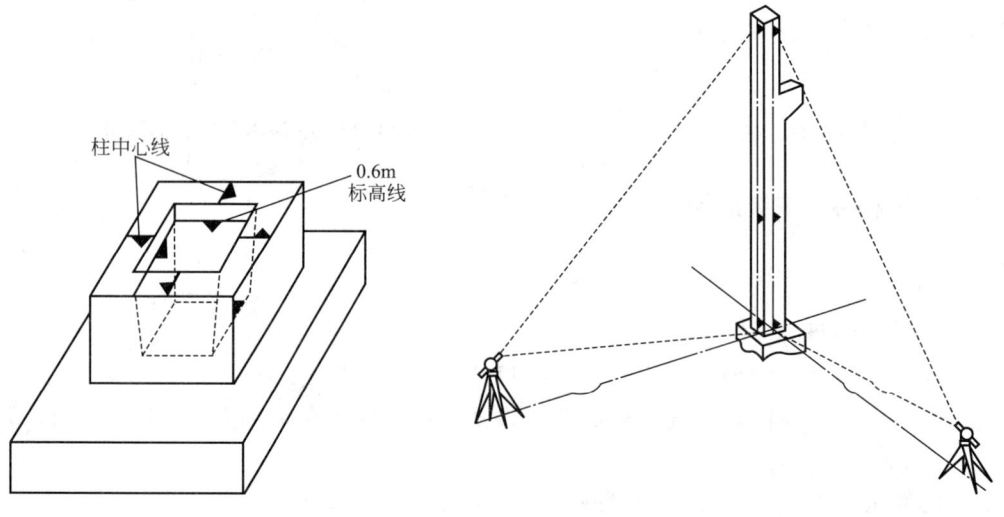

图11.24 杯型基础示意图　　　　图11.25 柱子校正示意图

实际安装中，一般是先将成排的柱吊入杯口并初步固定，然后再逐根进行竖直校正。在这种情况下，应在柱列轴线的一侧与轴线成15°左右的 β 角方向上安置仪器进行校正。仪器在一个位置可先后校正几根柱子，如图11.26所示。

2．吊车梁安装测量

吊车梁安装测量的工作是使安置在柱子牛腿上的吊车梁的平面位置、顶面标高及梁端面中心线的垂直度均符合设计要求。

吊装之前应在吊车梁的顶面和两端面上弹出梁中心线，并将吊车轨道中心线引测到牛腿面上。引测方法如图11.27所示，先在图纸上查出吊车轨道中心线与柱列轴线之间的距离 e，再分别依据 A 轴线和 B 轴线两端的控制桩，采用平移轴线的方法，在地面测设出轨道中心线 AA' 和 BB'。将经纬仪分别安置在 AA' 和 BB' 一端的控制点上，照准另一控制点，仰起望远镜，将轨道中心线投测到柱的牛腿面上，并弹出墨线。

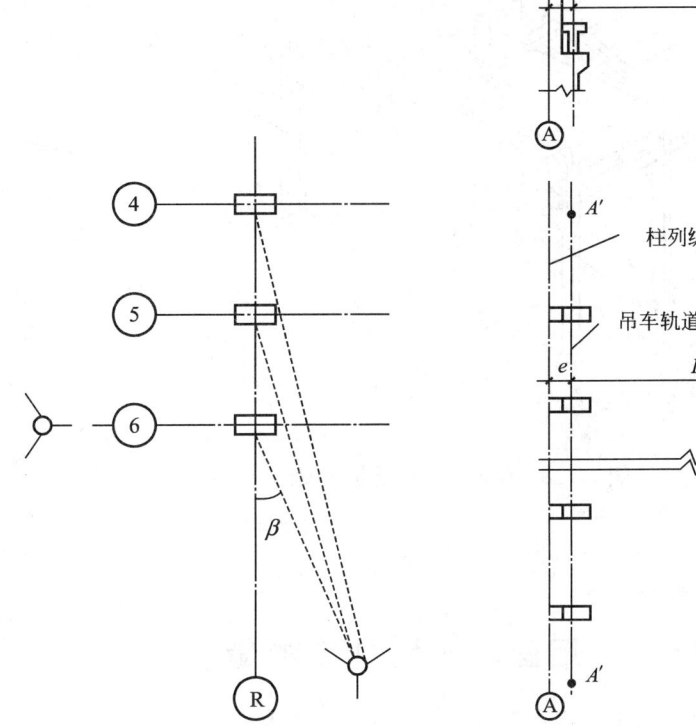

图 11.26 柱子校正示意图　　图 11.27 吊车梁安装测量示意图

吊车梁的安装应使其两个端面上的中心线分别与牛腿面上的梁中心线初步对齐，再用经纬仪进行校正。平面定位完成后，应进行吊车梁顶面标高检查。检查时，先在柱子侧面测设出一条±50cm 的标高线，用钢尺自标高线起沿柱身向上量至吊车梁顶面，求得标高误差。由于安装柱子时，已根据牛腿面至柱底的实际长度对杯底标高进行了调整，因而吊车梁标高一般不会有较大的误差。另外还应吊垂球检查吊车梁端面中心线的垂直度。标高和垂直度存在的误差，可在梁底支座处加以垫铁纠正。

3. 屋架安装测量

屋架吊装前，用经纬仪或其他方法在柱顶面上放出屋架定位轴线，并弹出屋架两端头的中心线，以便进行定位。屋架吊装就位时，应使屋架的中心线与柱顶上的定位线对准，允许误差为±5mm。

屋架的垂直度可用锤球或经纬仪进行检查。用经纬仪检查时，可在屋架上安装三把卡尺，一把卡尺安装在屋架上弦中点附近，另外两把分别安装在屋架的两端，如图 11.28 所示。自屋架几何中心沿卡尺向外量出一定距离，一般为 50cm，并作标志。然后在地面上距屋架中心线同样距离处安置经纬仪，观测三把卡尺上的标志是否在同一竖直面内，若屋架竖向偏差较大，则用机具校正，最后将屋架固定。

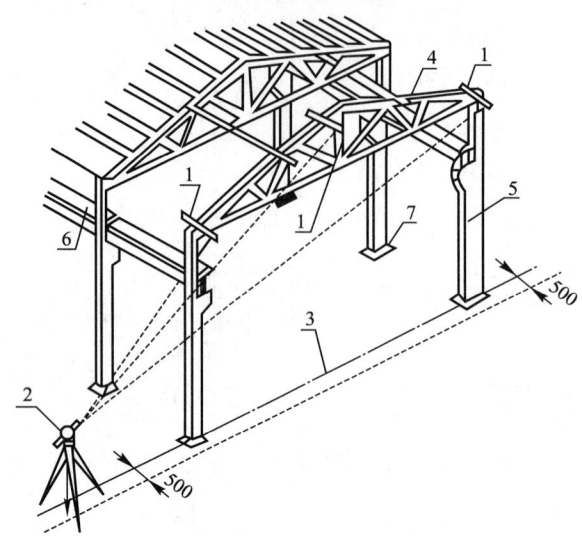

图 11.28 屋架安装测量示意图
1—卡尺 2—经纬仪 3—定位轴线 4—屋架 5—柱 6—吊木架 7—基础

11.4 烟囱、水塔施工测量

烟囱是截面锥形的高耸构筑物,其特点是基础小,主体高。烟囱、水塔的施工测量相近,现以烟囱为例加以说明。

1. 中心定位测量

在烟囱基础施工测量中,要先进行基础的定位。如图 11.29 所示,利用场地已有的测图控制网、建筑方格网或原有建筑物,采用直角坐标法或极坐标法,先在地面上测设出基础中心点 O。然后将经纬仪安置在 O 点,测设出在 O 点正交的两条定位轴线 AB 和 CD,其方向的选择以便于观测和保存点位为准则。轴线的每一侧至少应设置两个轴线控制桩,用以在施工过程中投测筒身的中心位置。桩点至中心点 O 的距离以不小于烟囱高度的 1.5 倍为宜。为便于校核桩位有无变动及施工过程中灵活方便地投测,也可适当多设置几个轴线控制桩。控制桩应牢固耐久,并妥善保护,以便长期使用。

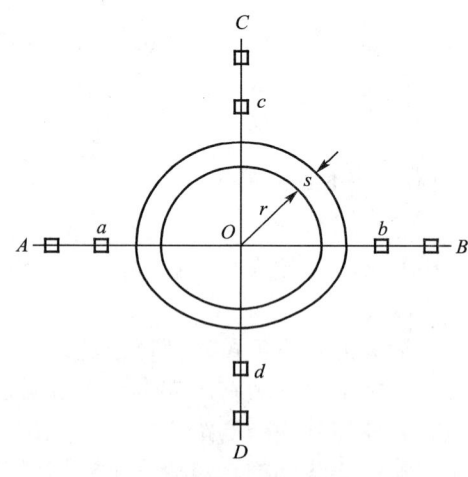

图 11.29 中心定位测量示意图

2. 基础施工测量

如图 11.29 所示,定出烟囱中心 O 后,以 O 为圆心,$R=r+b$(r 为烟囱底部半径,b 为基坑的放坡宽度),在地面上用皮尺画圆,并撒灰线,标明控坑范围。

当基坑挖到接近设计标高时,按房屋建筑基础工程施工测量中基槽开挖深度控制一样,在基坑内壁测设水平控制桩,作为检查挖土深度和浇灌混凝土垫层控制用,同时在基坑边缘的轴线上钉四个小木桩,如图11.29中的 a、b、c、d 所示,用于修坡和确定基础中心。

浇筑混凝土基础时,应在烟囱中心位置埋设角钢,根据定位小木桩,用经纬仪准确地在角钢顶面测出烟囱的中心位置,并刻上十字丝,作为筒身施工时控制烟囱中心垂直度和控制烟囱半径的依据。

3. 筒身施工测量

烟囱筒身向上砌筑时,筒身中心线、半径、收坡要严格控制。不论是砖烟囱还是钢筋混凝土烟囱,筒身施工时都需要随时将中心点引测到施工作业面上,引测的方法主要有吊锤线法和导向法。

1) 吊锤线法

吊锤线法是在施工作业面上安置一根断面较大的方木,另设一带刻划的木杆插与方木铰结在一起,如图11.30所示。尺杆可绕铰结点转动。铰结点下设置的挂钩上用钢丝吊一个质量为8~12kg的大锤球,烟囱越高使用的锤球应越重。投测时,先调整钢丝的长度,使锤球尖与基础中心点标志之间仅存在很小的间隔。然后调整作业面上的方木位置,使锤球尖对准标志的"十"字交点,则钢丝上端的方木铰结点就是该工作面的筒身中心点。在工作面上,根据相应高度的筒身设计半径转动木尺杆画圆,即可检查筒壁偏差和圆度,作为指导下一步施工的依据。烟囱每升高一步架,要用锤球引测一次中心点,每升高5~10m还要用经纬仪复核一次。复核时把经纬仪先后安置在各轴线控制点上,照准基础侧面上的轴线标志,用盘左、盘右取中的方法,分别将轴线投测到施工面上,并做标志。然后按标志拉线,两线交叉点即为烟囱中心点。它应与锤球引测的中心重合或偏差不超过限差,一般不超过所砌高度的1/1000。依经纬仪投测的中心点为准,作为继续向上施工的依据。

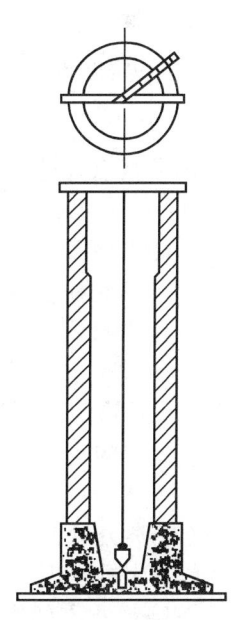

图11.30 吊垂线法

吊锤线法是一种垂直投测的传统方法,使用简单。但易受风的影响,有风时吊锤线发生摆动和倾斜,随着筒身增高,对中的精度会越来越低。因此,该方法仅适用于高度在100m以下的烟囱。

2) 激光导向法

高大的钢筋混凝土烟囱常采用滑升模板施工,若仍采用吊锤线或经纬仪投测烟囱中心点,无论是投测精度还是投测速度,都难以满足施工要求。采用激光铅直仪投测烟囱中心点,能克服上述方法的不足。投测时,将激光铅直仪安置在烟囱底部的中心标志上,在工作台中央安置接收靶,烟囱模板滑升25~30cm浇筑一层混凝土,每次模板滑升前后各进行一次观测。观测人员在接收靶上可直接得到滑模中心对铅垂线的偏离值,施工人员依此调整模板位置。在施工过程中,要经常对仪器进行激光束的垂直度检验和校正,以保证施工质量。

4. 标高传递

烟囱砌筑的高度，一般是先用水准仪在烟囱底部的外壁上测设出某一高度（如+0.500m）的标高线，然后以此线为准，用钢尺直接向上量取。筒身四周水平，应经常用水平尺检查上口水平，发现偏差应随时纠正。

11.5 房屋建筑物的变形观测

建筑物在施工过程中、竣工后及运营期间，在自身的荷载和外力作用下将会出现沉降、倾斜、裂缝等变形现象。当这种变形达到极限时，将会危及建筑物的安全，造成生命和财产损失。因此，对建筑物进行变形观测是十分必要的。

11.5.1 沉降观测

建筑物的沉降观测是用水准测量的方法，周期性地观测建筑物上的沉降观测点和水准基点之间的高差变化值，以测定基础和建筑物本身的沉降值。

1. 水准基点与观测点的布设

水准基点是进行建筑物沉降观测的依据，因此水准基点的埋设要求和形式与永久性水准点相同，必须保证其稳定不变和长久保存。水准基点一般应埋设在建筑物沉降影响之外，观测方便且不受施工影响的地方，如条件允许，也可布设在永久固定建筑物的墙角上。为了相互检核，水准基点的数目不应少于3个。对水准基点要定期进行高程检查，防止水准点本身发生变化，以确保沉降观测的准确性。

在布设水准点时应考虑下列因素：

（1）水准点应尽量与观测点接近，其距离不应超过100m，以保证观测的精度。

（2）水准点应布设在建筑物、构筑物基础压力影响范围及受振动范围以外的安全地点。

（3）离开铁路、公路和地下管道至少5m。

（4）水准点埋设深度至少要在冰冻线下0.5m，以保证稳定性。

沉降观测点的布设数量和位置，要能全面正确地反映建筑物的沉降情况。点位布设既要考虑均匀性，又要保证在变形缝两侧、基础深度或地质条件变化处、荷重及结构变化的分界处等最大可能发生沉降的地方有观测点。对于民用建筑，在墙角和纵横墙交界处，周边每隔10～20m处均匀布点。当房屋宽度大于15m时，应在房屋内部纵轴线上和楼梯间布点。对于工业建筑，应在房角、承重墙、柱子和设备基础上布点。对于烟囱和水塔等，应在其四周均匀布设3个以上的观测点。沉降观测点的结构形式及埋设方式如图11.31所示。

2. 沉降观测

沉降观测多用水准测量的方法。一般性高层建筑物或大型厂房，应采用精密水准测量的方法，按国家二等水准技术要求施测，将各个观测点布设成闭合或附合水准路线。对中小型厂房和建筑物，可采用三等水准测量的方法施测。

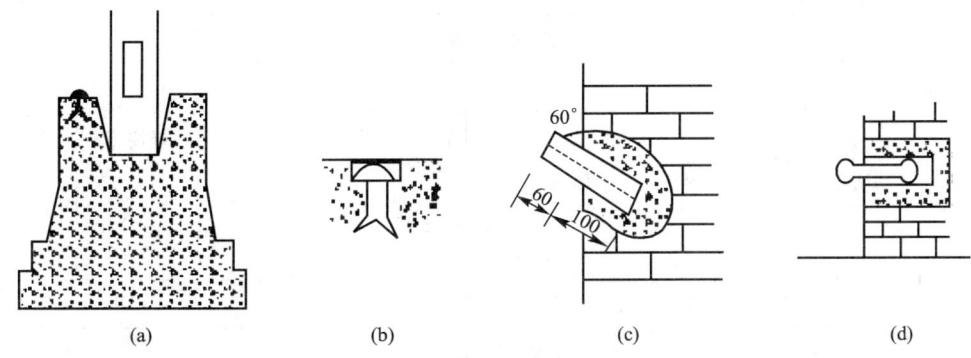

图 11.31 沉降观测点的布设

沉降观测的时间和次数根据建筑物(构筑物)特征、变形速率、观测精度和工程地质条件等因素综合考虑，并根据沉降量的变化情况适当调整。当埋设的观测点稳固后，即可进行第一次观测。施工期间，一般建筑物每1~2层楼面结构浇筑完就观测一次。如果中途停工时间较长，应在停工时或复工前各观测一次。竣工后应根据沉降的快慢来确定观测的周期，每月、每季、每半年观测一次，以每次沉降量在5~10mm为限，否则要增加观测次数，直至沉降稳定为止。

沉降观测的精度要求对于观测水准路线较短的闭合差一般不应超过1~2mm；二等水准测量高差闭合差容许值为$\pm 0.6\sqrt{n}$mm；三等水准测量高差闭合差容许值为$\pm 1.4\sqrt{n}$mm。

每次观测结束后，应及时整理观测记录。先检查记录的数据和计算是否正确，精度是否合格，然后调整闭合差，推算各沉降观测点的高程。接着计算各观测点本次沉降量和累计沉降量，并将计算结果、观测日期和荷载情况一并记入沉降量观测记录表中，见表11-1。

表 11-1 沉降量观测记录表

观测次数	观测时间	各观测点的沉降情况						...	施工进展情况	荷载情况 /MPa
		1			2			...		
		高程 /m	本次下沉 /mm	累计下沉 /mm	高程 /m	本次下沉 /mm	累计下沉 /mm	...		
1	1985.1.10	50.454	0	0	50.473	0	0		一层平口	
2	1985.2.23	50.448	−6	−6	50.467	−6	−6		三层平口	0.4
3	1985.3.16	50.443	−5	−11	50.462	−5	−11		五层平口	0.6
4	1985.4.14	50.440	−3	−14	50.459	−3	−14		七层平口	0.7
5	1985.5.14	50.438	−2	−16	50.456	−3	−17		九层平口	0.8
6	1985.6.04	50.434	−4	−20	50.452	−4	−21		主体完	1.1

观测次数	观测时间	各观测点的沉降情况						...	施工进展情况	荷载情况/MPa
		1			2			...		
		高程/m	本次下沉/mm	累计下沉/mm	高程/m	本次下沉/mm	累计下沉/mm			
7	1985.8.30	50.429	−5	−25	50.447	−5	−26		竣工	
8	1985.11.6	50.425	−4	−29	50.445	−2	−28		使用	
9	1986.2.28	50.423	−2	−31	50.444	−1	−29			
10	1986.5.06	50.422	−1	−32	50.443	−1	−30			
11	1986.8.05	50.421	−1	−33	50.443	0	−30			
12	1986.12.23	50.421	0	−33	50.443	0	−30			

为了更形象地表示沉降、荷载和时间之间的相互关系，同时也为了预估下一次观测点的大约数字和沉降过程是否渐趋稳定或已经稳定，可绘制荷载、时间、沉降量关系曲线图，简称沉降曲线图，如图 11.32 所示。

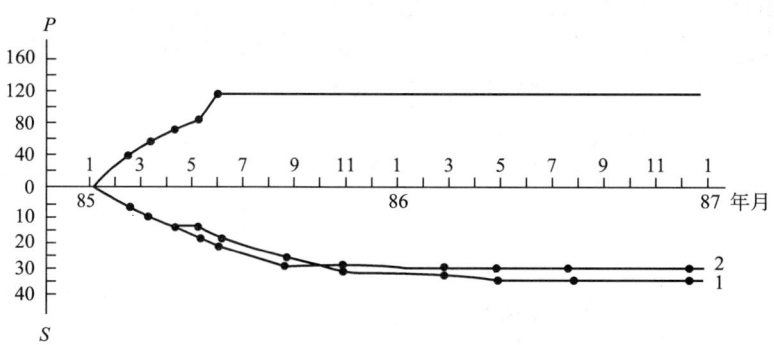

图 11.32 沉降曲线示意图

11.5.2 倾斜观测

1. 一般建筑物的倾斜观测

如图 11.33 所示，在房屋顶部设置观测点 M，在离房屋建筑墙面大于其高度 1.5 倍的固定测站上（设一标志）。安置经纬仪，瞄准 M 点，用盘左和盘右分中投点法将 M 点向下投影定出 N 点，做一标志。用同样的方法，在与原观测方向垂直的另一方向，定出上观测点 P 与下投影点 Q。相隔一段时间后，在原固定测站上安置经纬仪，分别瞄准上观测点 M 和 P，仍用盘左和盘右分中投点分别得 N'

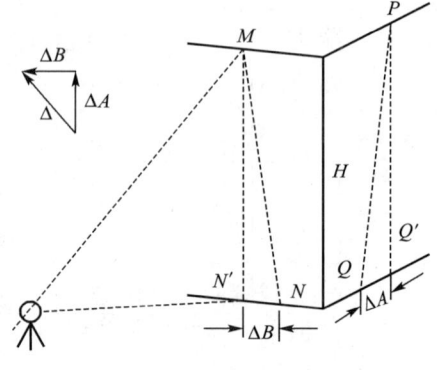

图 11.33 建筑物倾斜观测

和 Q'，若 N 与 N'，Q 和 Q' 不重合，说明建筑物发生倾斜。用尺量出倾斜位移分量 ΔA 和 ΔB，然后求得建筑物的总倾斜位移量，即

$$\Delta = \sqrt{\Delta^2 A + \Delta^2 B} \tag{11.6}$$

建筑物的倾斜度 i 由下式表示：

$$i = \frac{\Delta}{H} = \tan\alpha \tag{11.7}$$

式中 H——建筑物高度；

α——倾斜角。

2. 塔式建筑物的倾斜观测

水塔、电视塔、烟囱等高耸构筑物的倾斜观测是测定其顶部中心对底部中心的偏心距，即为其倾斜量。

如图 11.34a 所示，在烟囱底部横放一根水准尺，然后在标尺的中垂线方向上安置经纬仪。经纬仪距烟囱的距离尽可能大于烟囱高度 H 的 1.5 倍。用望远镜将烟囱顶部边缘两点 A 和 A' 及底部边缘两点 B 和 B' 分别投到水准尺上，即得读数，如图 11.34b 所示。烟囱顶部中心 O 对底部中心 O' 分别在 y 方向上的偏心距为

$$\Delta = \frac{y_1 + y_1'}{2} - \frac{y_2 + y_2'}{2} \tag{11.8}$$

同法可测得与 y 方向垂直的 x 方向上顶部中心 O 的偏心距为

$$\Delta = \frac{x_1 + x_1'}{2} - \frac{x_2 + x_2'}{2} \tag{11.9}$$

则顶部中心对底部中心的点偏心距和倾斜度 i 可分别用式(11.6)和式(11.7)计算。

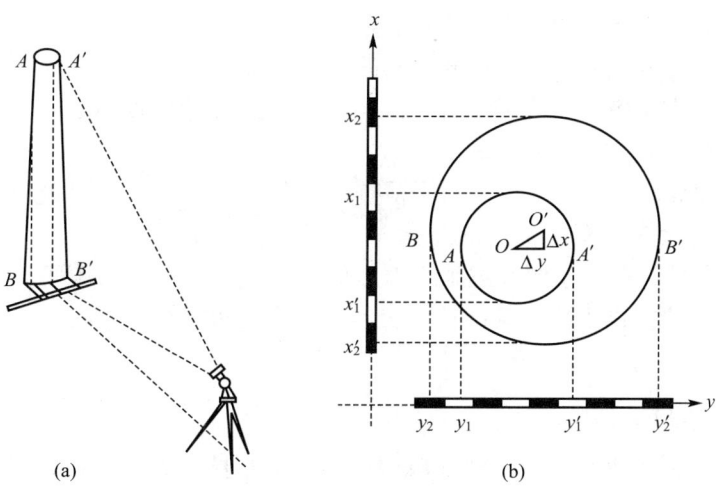

图 11.34 塔式建筑物倾斜观测

11.5.3 裂缝观测

当建筑物发生裂缝之后，应进行裂缝观测。裂缝观测通常是测定建筑物某一部位裂缝发展状况。观测时，应先在裂缝的两侧各设置一个固定标志，然后定期量取两标志的间

距，间距的变化即为裂缝的变化。通常是用两块大小不同的白铁皮钉在裂缝的两侧，如图11.35所示，并将两铁皮自由端的端线相互投到另一铁皮上，用红油漆以标志。有时，还要观测裂缝的走向和长度等。

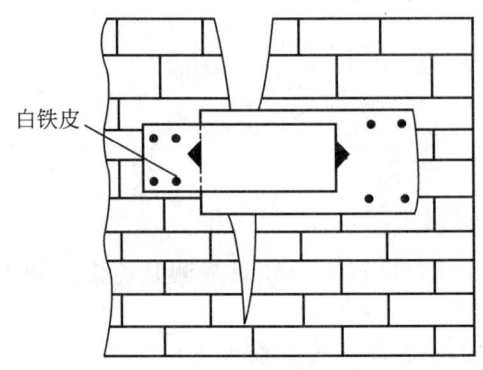

图 11.35 裂缝观测示意图

11.6 竣 工 测 量

建筑物和构筑物竣工验收时进行的测量工作，称为竣工测量。竣工测量可以利用施工期间使用的平面控制点和水准点进行施测。如原有控制点不够使用时，应补测控制点。

1. 竣工测量的意义

竣工测量的意义表现在以下几个方面：

（1）在工程施工建设中，一般都是按照设计总图进行，但是，由于设计的更改、施工的误差及建筑物的变形等原因，使工程实际竣工位置与设计位置不完全一致。因而需要进行竣工测量，反映工程实际竣工位置。

（2）在工程建设和工程竣工后，为了检查和验收工程质量，需要进行竣工测量，以提供成果、资料作为检查、验收的重要依据。

（3）为了全面反映设计总图经过施工以后的实际情况，并且为竣工后工程维修管理运营及日后改建、扩建提供重要的基础技术资料，应进行竣工测量，在其基础上编绘竣工总平面图。

2. 竣工测量的内容

在每个单项工程完成后，应由施工单位进行竣工测量，提出工程的竣工测量成果。其内容如下：

（1）工业厂房及一般建筑物：包括房角坐标，各种管线进出口的位置和高程，并附房屋编号、结构层数、面积和竣工时间等资料。

（2）铁路和公路：包括起止点、转折点、交叉点的坐标，曲线元素，桥涵等构筑物的位置和高程。

（3）地下管网：窨井、转折点的坐标，井盖、井底、沟槽和管顶等的高程，并附注管道及窑井的编号、名称、管径、管材、间距、坡度和流向。

(4) 架空管网：包括转折点、结点、交叉点的坐标，支架间距，基础面高程。

(5) 其他：竣工测量完成后，应提交完整的资料，包括工程的名称、施工依据、施工成果，作为编绘竣工总图的依据。

3. 竣工总平面图的编绘

编绘竣工总平面图的依据是：设计总平面图、单位工程平面图、纵横断面图和设计变更资料；施工放线资料、施工检查测量及竣工测量资料；有关部门和建设单位的具体要求。

竣工总平面图应包括测量控制点、厂房、辅助设施、生活福利设施、架空与地下管线、道路等建筑物和构筑物的坐标、高程，以及厂区内净空地带和尚未兴建区域的地物、地貌等内容。

竣工总平面图的编绘方法如下：

(1) 首先在图纸上绘制坐标方格网，一般使用两脚规和比例尺来绘制，其精度要求与地形测图的坐标格网相同。

(2) 展绘控制点：坐标方格网画好后，将施工控制点按坐标值展绘在图上。展点对临近的方格而言，其容许误差为±0.3mm。

(3) 展绘设计总平面图：根据坐标方格网，将设计总平面图的图面内容按其设计坐标，用铅笔展绘于图纸上，作为底图。

(4) 展绘竣工总平面图：一种是根据设计资料展绘；一种是根据竣工测量资料或施工检查测量资料展绘。

(5) 现场实测：对于直接在现场指定位置进行施工的工程，以固定地物定位施工的工程，多次变更设计而无法查对的工程，竣工现场的竖向布置、围墙和绿化情况，施工后尚保留的大型临时设施以及竣工后的地貌情况，都应根据施工控制网进行实测，加以补充。外业实测时，必须在现场绘出草图，最后根据实测成果和草图，在室内进行补充展绘，便成为完整的竣工总平面图。

本 章 小 结

建筑场地施工控制测量是施工放样的依据，按工程的要求布设施工控制网进行施工控制测量以确保施工放样精度和工程质量。

民用建筑的施工测量基本工作包括建筑物的定位、放线以及基础施工测量和主体施工测量等工作，这些工作对保证工程质量和工程进度有着重要意义；高层建筑施工测量要结合高层建筑的特殊要求，严格控制轴线投测的精度和适当采用高程传递的方法。

工业建筑施工测量中厂房控制网的测设一定要严格执行施工测量规范并严格校核，在厂房基础施工测量中要注意柱基中心线的测设和基础标高的控制，在厂房构件的安装测量中，安装完毕要严格检核。

对于烟囱、水塔建筑物的施工测量的过程，一定要严格把握中心线的垂直度，以确保工程质量；建筑物的沉降观测、倾斜观测、裂缝观测的方法及竣工测量的意义和编绘竣工总平面图的方法。

思考与练习

1. 建筑基线、建筑方格网如何测设？
2. 施工高程控制网如何布设？
3. 民用建筑施工测量工作主要包括哪些内容？
4. 什么是建筑物的定位、放线？
5. 在图 11.36 中已给出新建筑物与原有建筑物的相对位置关系（墙厚 37cm，轴线偏里），试述测设新建筑物的方法和步骤。

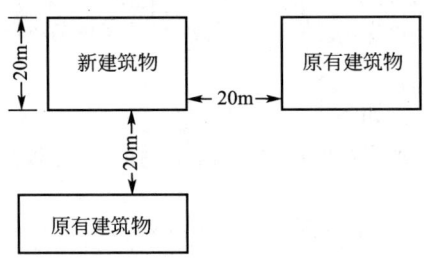

图 11.36　建筑物测设

6. 高层建筑物的轴线是如何投测的？高层建筑物如何进行高程传递？
7. 试述柱基的放样方法。
8. 如何进行柱子的竖直校正？
9. 怎样制定烟囱施工测量的施测方案？
10. 建筑物变形观测主要包括哪些内容？
11. 建筑物沉降观测时，如何布设水准基点和观测点？
12. 竣工测量的意义是什么？

第12章 线路测量

【教学目标】

本章着重介绍道路工程和管道工程中线路测量的基本方法。它包括中线测量、圆曲线的测设、线路纵横断面图的测绘、线路工程施工测量、管道施工过程中的测量工作。学生在学习时应掌握中线测量中的交点、转点和转向角的测定以及中桩的设置；圆曲线要素的计算和圆曲线主点及细部点的测设方法；线路纵横断面的测绘方法；线路施工控制桩和路基边桩的测设方法；地下管道和顶管施工测量方法。

【教学要求】

知识要点	能力要求	相关知识
中线测量	(1) 交点、转点和转向角的测定 (2) 中桩的设置	(1) 交点、转点和转向角 (2) 整桩和加桩
圆曲线	(1) 圆曲线要素的计算 (2) 圆曲线主点及细部点测设方法	(1) 切线长、曲线长、外矢距、切曲差 (2) 偏角法和切线支距法
线路纵横断面	(1) 线路纵断面的测绘 (2) 线路横断面的测绘	(1) 基平测量和中平测量 (2) 水准仪皮尺法和经纬仪视距
线路施工	(1) 施工控制桩的测设方法 (2) 路基边桩的测设方法	(1) 平行线法和延长线法 (2) 图解法和解析法
管道施工测量	(1) 地下管道施工测量方法 (2) 顶管施工测量方法	(1) 龙门板法和平行轴腰桩法 (2) 坡度板和水准点的测设 (3) 导轨的计算及安装 (4) 中线测量和高程测

12.1 概　　述

线路工程是指长宽比很大的工程，包括公路、铁路、运河、供水明渠、输电线路、各种用途的管道工程等。这些工程的主体一般是在地表，但也有在地下或在空中的，工程可能延伸十几千米乃至几百千米。线路工程是城市建设和工业建设的配套工程，也是建设工程中的重要环节之一，随着我国经济的快速发展，城市发展规模的不断扩大，线路工程会越来越多，在城市建设中的作用越来越重要。线路工程在勘测设计和施工、管理阶段所进行的测量工作，称为线路工程测量，简称线路测量。

12.1.1 线路测量的任务和内容

线路测量是为各等级的公路和各种管道设计及施工服务的。它的任务有两方面：一是为线路工程的设计提供地形图和断面图，主要是勘测设计阶段的测量工作；二是按设计位置要求将线路测设于实地，其主要是施工放样的测量工作。整个线路测量工作包括下列内容：

1. 线路工程勘测设计阶段

（1）收集规划设计区域内各种比例尺地形图、平面图和断面图资料，收集沿线水文、地质以及控制点等有关资料。

（2）根据工程要求，利用已有地形图，结合现场勘察，在中小比例尺图上确定规划路线走向，编制比较方案等初步设计。

（3）结合线路工程的需要，沿着基本走向测绘带状地形图或平面图，在指定地点测绘工地地形图（例如桥位平面图）。测图比例尺根据不同工程的实际要求参考相应的设计及施工规范选定。

（4）根据工程需要测绘线路纵断面图和横断面图。比例尺则依据不同工程的实际要求选定。

2. 线路工程施工阶段

（1）根据设计方案在实地标出线路的基本走向，沿着基本走向进行控制测量，包括平面控制测量和高程控制测量。

（2）根据设计图纸把线路中心线上的各类点位测设到地面上，称为中线测量。中线测量包括线路起止点、转折点、曲线主点和线路中心里程桩、加桩等。

（3）根据线路工程的详细设计进行施工测量。

（4）工程竣工后，按照工程实际现状测绘竣工平面图和断面图。

12.1.2 线路测量的基本特点

1. 全线性

测量工作贯穿于整个线路工程建设的各个阶段。测量工作开始于工程之初，深入于施工的各个点位，当工程结束后，还要进行工程的竣工测量及运营阶段的稳定监测。

2. 阶段性

线路工程测量分为初测阶段、定测阶段、放样阶段和监测阶段，每一个阶段测量工作均有不同的内涵。这种阶段性既是测量技术本身的特点，也是线路设计过程的需要。这些体现了线路设计和测量之间的阶段性关系。

3. 渐近性

线路工程从规划设计到施工、竣工经历了一个从粗到细的过程，在这个过程中，线路测量工作逐渐具体到工程实体。

12.1.3 线路测量的基本过程

1. 规划选线阶段

规划选线阶段是线路工程的开始阶段，一般内容包括图上选线、实地勘察和方案论证。

1) 图上选线

首先收集线路规划设计地区内的各种比例尺地形图及原有线路的平面图和断面图等资料，然后根据建设单位提出的工程建设目标和要求，选用合适比例尺的地形图（1∶50000～1∶5000），初步在地形图上比较、选取线路方案。地形图的时效性和合适的比例尺对规划选线起着重要的作用，可以在地形图上测算线路长度、桥梁和涵洞数量、隧道长度等项目，估算选线方案的建设投资费用等。

2) 实地勘察

根据图上选线的多种方案，进行实地踏勘、调查，进一步掌握线路沿途的实际情况，收集沿线的实际资料。地形图的现势性往往跟不上经济建设的速度，地形图与实际地形可能存在差异。因此，实地勘察获得的实际资料是图上选线的重要补充资料。

3) 方案论证

根据图上选线和实地勘察的全部资料，结合建设单位的意见进行方案论证，经比较后确定规划线路方案。

2. 线路工程的勘测阶段

线路工程的勘测通常分为初测和定测两个阶段。

1) 初测阶段

在确定的规划线路上进行勘测、设计工作。主要技术工作有：控制测量和带状地形图的测绘，为线路工程设计、施工和运营提供完整的控制基准及详细的地形信息。进行图上定线设计，在带状地形图上确定线路中线直线段及其交点位置，标明直线段连接曲线的有关参数。

2) 定测阶段

主要的技术工作内容是将定线设计的线路中线（直线段及曲线）测设于实地位置上；进行线路的纵、横断面测量，线路竖曲线设计等。

3. 线路工程的施工放样阶段

线路工程的施工放样又称线路工程施工测量。根据施工设计图纸及有关资料，测设线路工程的平面位置和高程位置，指导施工，保证线路工程建设顺利进行。

4. 工程竣工运营阶段的监测

工程竣工，要进行竣工验收，测绘竣工平面图和断面图，为工程运营做准备。在运营阶段，还要监测工程的使用状况，评价工程的施工质量和安全性。并作为线路使用过程中维修管理、改建、扩建的重要数据资料。

12.2 中线测量

12.2.1 交点和转点的测设

中线是指道路、管道以及其他管线的中心位置线，由直线和曲线构成，如图12.1所示。中线测量就是通过线路的测设，将线路工程中心线标定在实地上。中线测量主要内容有：测设中线的起点、中间交点及终点，测定转向角，测设里程桩和加桩等。

1. 交点测设

线路的转折点称为交点，它是布设线路、详细测设直线和曲线的控制点。中线交点包括线路中线的起点、中间交点和终点，多数交点在图纸上已确定其定位的条件。测设时应根据图纸上的定位条件，将它们测设到地面上。其测设的基本程序为：

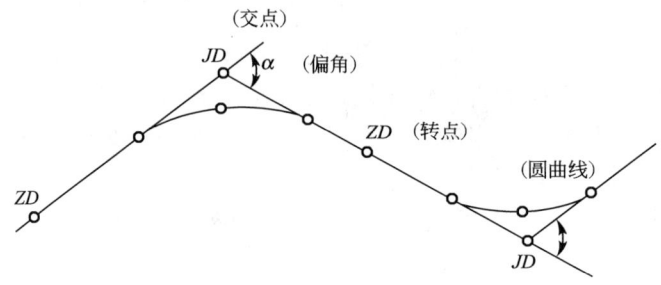

图 12.1　线路中线

（1）根据图纸上线路的起点、中间交点及终点的设计坐标，以及与线路附近地面已有控制点或固定地物点的关系，用解析法反算出放线所需要的角度和距离数据，将其测设于地面上。

（2）对于定线精度要求不高的一般线路，常采用一次定测的方法直接在现场测设出交点的位置。对于等级高的线路或地形复杂的地段，一般先在初测的带状地形图上进行纸上定线，然后再实地标定交点位置。

中线交点位置确定之后，均须用木桩标定点位，并作好编号、记录。由于定位条件和现场情况各异，施测工作中应根据实际情况合理选择测设方法。

2. 转点测设

在中线测量中，当相邻两交点不能通视时，需要在两交点连线或延长线上，测定一点或数点，供交点、测角、量距或延长直线时瞄准之用，这样的点称为转点。

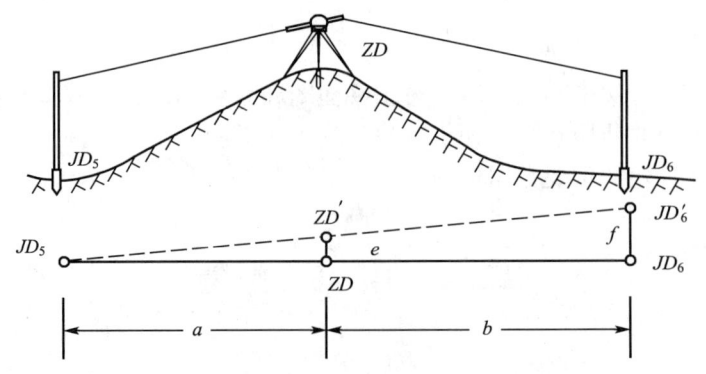

图 12.2　两交点间设转点

1）转点位于两交点之间

如图 12.2 所示，JD_5 和 JD_6 为相邻而互不通视的两个交点，ZD' 为初定转点。现检查 ZD' 是否在两交点的连线上，其方法是将经纬仪安置于 ZD' 处，用正倒镜分中法延长直线 $JD_5 ZD'$ 于 JD_6'，若 JD_6' 与 JD_6 重合或偏差 f 在路线容许移动范围内，则转点位置即为初定转点 ZD'，并将 JD_6 移至 JD_6'。若偏差 f 超过容许范围或 JD_6 不许移动时，则需重新设置转点。设 e 为 ZD' 应横移的距离。a、b 分别为用视距法测定的 $JD_5 ZD'$、$ZD' JD_6'$ 的距离，则：

$$e = \frac{af}{(a+b)} \tag{12.1}$$

将 ZD' 沿与偏差 f 相反的方向移动 e 至 ZD，然后将仪器移至 ZD，延长直线 $JD_5 ZD$，看其是否通过交点 JD_6 或偏差值是否在允许范围内。否则再重新设置转点，直至符合要求为止。

2）转点位于两交点之外

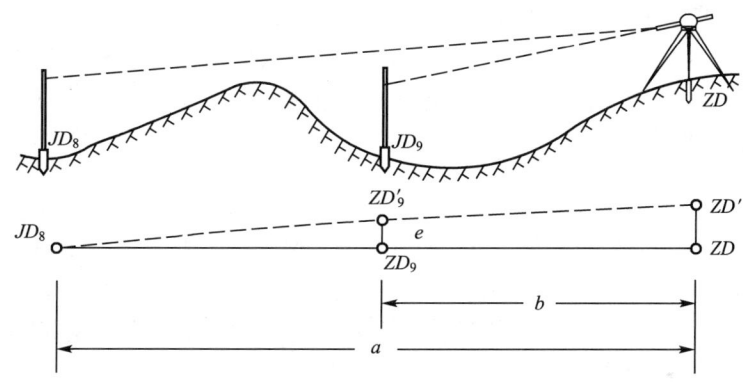

图 12.3 延长线上设转点

如图 12.3 所示，JD_8、JD_9 为互不通视的两点。ZD' 为两交点延长线上的初定转点。将经纬仪安置于 ZD' 处，盘左照准 JD_8，并俯视 JD_9 得一点，盘右再照准 JD_8，并俯视 JD_9 得另一点，取两点的中点为 JD_9'，若 JD_9' 与 JD_9 重合或偏差值 f 在容许范围内，即可将 JD_9' 作为交点，否则应调整 ZD' 的位置。设 e 为 ZD' 需横移的距离，a，b 分别为 $JD_8 ZD'$、$JD_9 ZD'$ 的距离，则：

$$e = \frac{af}{(a-b)} \tag{12.2}$$

将 ZD' 沿与 f 相反的方向移动 e，即可得转点 ZD。然后将仪器移至 ZD，重复上述过程，直至 f 值小于或等于容许值为止，并标出转点位置。

12.2.2 转向角的测设

转向角亦称转角，即中线由一个方向转到另一个方向时，转变后的方向与原方向延长线的夹角，如图 12.4 所示中各 α 角。中线的交点即为转折点，在中线交点标定以后，即可测定其转向角。由于中线在交点处转向的不同，转向角可分为左转角 $\alpha_{左}$ 和右转角 $\alpha_{右}$。在线路测量中，一般不直接测转角，而是先直接测转折点上的水平夹角，然后计算出转角。具体观测方法是：将经纬仪安置在交点上，采用测回法测定线路的右角 $\beta_{右}$。然后根据右角计算转角 $\alpha_{右}$。

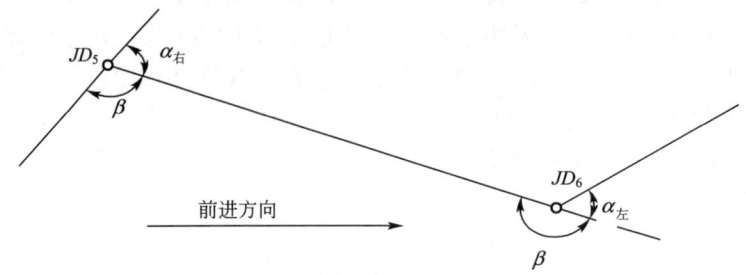

图 12.4 线路转向角

当 $\beta_右 < 180°$ 时，$\alpha_右 = 180° - \beta_右$，为右转角；
当 $\beta_右 > 180°$ 时，$\alpha_左 = \beta_右 - 180°$，为左转角。

12.2.3 中桩的设置

为了测定线路的长度，进行线路中线测量和测绘纵横断面图，从线路起点开始，除了要测设中线上的交点和转点以外，需沿线路方向在地面上测设里程桩，里程桩亦称中桩，里程桩分为整桩和加桩两种。

1. 整桩

整桩是由线路起点开始，每隔 50m 或 100m 设置一桩，百米桩、千米桩和线路起点桩均为整桩。

整桩的编号方法为："+"号前面为千米数；"+"号后面为米数。如整桩号为 DK3+150，即此桩距起点 3150m。如图 12.5a 所示。

2. 加桩

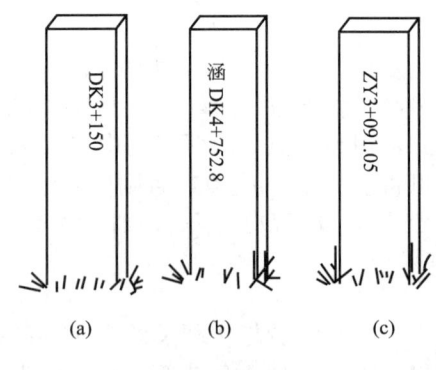

在相邻整桩之间线路穿越的重要地物处及地面坡度变化处要增设加桩。因此，加桩又分为地形加桩、地物加桩、曲线加桩和关系加桩等。地形加桩是沿中线地面起伏突变处和中线两侧地形变化较大处设置的桩；地物加桩是在中线上桥梁、涵洞等人工构筑物处，以及与公路、铁路、渠道等相交处设置的桩，如图 12.5b 所示。曲线加桩是在曲线的起点、中点、终点和细部设置的桩，如图 12.5c 所示。关系加桩是在转点和交点上设置的桩。

图 12.5 里程桩

12.3 圆曲线测设

线路由于受到地形、地物或其他因素的限制，需要改变方向。在线路改变方向处，相邻两直线间要求用曲线连接起来，以保证线路的平顺过渡。这种曲线称平面曲线，如图 12.6 所示。圆曲线的半径 R 应根据地形条件和线路的要求选定。线路的测设主要分两部分进行，首先测设圆曲线的主点：曲线起点、曲线中点和曲线终点，然后以主点为基础测设曲线上每隔一定距离的里程桩，详细测设曲线位置。

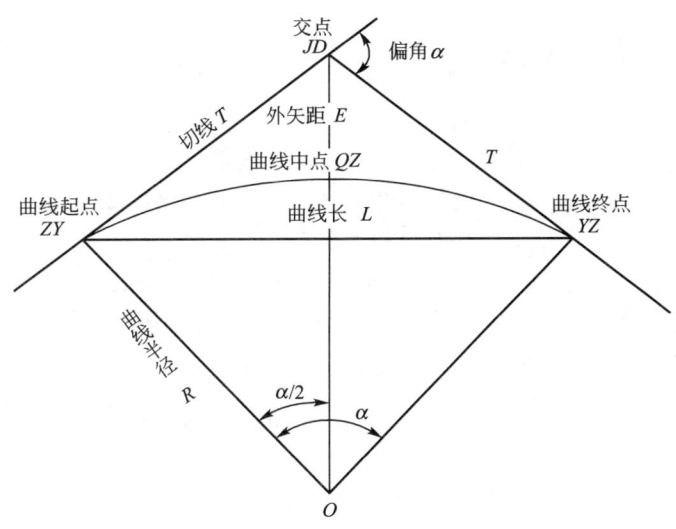

图 12.6　圆曲线

12.3.1　圆曲线要素的计算

1. 圆曲线的主点

如图 12.6 所示。

ZY——直圆点，即直线与圆曲线的分界点；
QZ——曲中点，即圆曲线的中点；
YZ——圆直点，即圆曲线与直线的分界点；
以上三点总称为圆曲线的主点。
JD——两直线的交点，也是一个重要的点，但不在线路上。

2. 圆曲线要素的计算

T——切线长，即交点至直圆点或圆直点的直线长度；
L——曲线长，即圆曲线的长度（$ZY-QZ-YZ$ 圆弧的长度）；
E——外矢距，即交点至曲线中点的距离（JD 至 QZ 之间距离）；
α——偏角（转向角），即直线转向角；
q——切曲差，切线总长与圆曲线总长之差；
R——曲线半径。

T、L、E、α、R 总称为圆曲线要素，其中 α 已经在定测时测出，R 已在线路设计时选定，其他曲线要素的计算公式为：

切线长 $$T=R\tan\frac{\alpha}{2} \tag{12.3}$$

曲线长 $$L=R\alpha\frac{\pi}{180°} \tag{12.4}$$

外矢距 $$E = R\sec\frac{\alpha}{2} - R = R\left(\sec\frac{\alpha}{2} - 1\right) \tag{12.5}$$

切曲差 $$q = 2T - L \tag{12.6}$$

12.3.2 圆曲线主点里程的计算

圆曲线上各主点的里程按下式计算：

$$ZY\text{ 点的里程} = JD\text{ 的里程} - T$$
$$QZ\text{ 点的里程} = ZY\text{ 点的里程} + L/2$$
$$YZ\text{ 点的里程} = QZ\text{ 点的里程} + L/2$$

【**例 12.1**】 某曲线，已测得其转向角 $\alpha = 55°43'24''$，$R = 500\text{m}$，已知 JD 的里程为 $K37+553.24$，求曲线要素 T、L、E 和各主要点的里程。

【**解**】 曲线要素计算如下：

$$T = 500 \times \tan\frac{55°43'24''}{2}\text{m} = 264.31\text{m}$$

$$L = 500 \times 55°43'24'' \times \frac{\pi}{180°}\text{m} = 486.28\text{m}$$

$$E = 500\left(\sec\frac{55°43'24''}{2} - 1\right) = 65.56\text{m}$$

曲线主要点的里程计算如下：

```
    JD              K37+553.24
   -T                   264.31
   ─────────────────────────────
    ZY              K37+288.93
   +L/2                 243.17
   ─────────────────────────────
    QZ              K37+532.07
   +L/2                 243.14
   ─────────────────────────────
    YZ              K37+775.21
```

12.3.3 曲线主点的测设

在交点安置经纬仪，如图 12.6 所示，以望远镜瞄准后视相邻交点或转点，沿此方向线量取切线长 T 得 ZY 点，再以望远镜瞄准前视相邻交点或转点，沿该方向线量取切线长 T 得 YZ 点，平转望远镜至分角线方向量 E，用盘左、盘右分中法得 QZ 点，这三个主点用方桩加钉小钉标志点位。

12.3.4 圆曲线细部点的测设

圆曲线的主点 ZY、QZ、YZ 定出之后，还不能在地面上标出圆曲线的形状，作为勘测设计及施工的依据，因而还必须在圆曲线上定出一些加密的点，这些点称为曲线点。曲线点的间距宜为 20m，在地形复杂地段一般取为 10m，在点上要钉设木桩，以标定曲线的形状，在地形变化处还要加钉木桩（称为加桩）。设置曲线的工作称曲线测设。常用的方法有偏角法和切线支距法。

1. 偏角法

偏角即是弦切角。

偏角法是利用偏角和弦长来测设圆曲线,如图 12.7 所示,从 ZY 点出发,根据偏角 δ_1 及弦长 $l_1(ZY-1)$ 测设曲线点 1;根据偏角 δ_2 及弦长 $l(ZY-1)$ 测设曲线点 2;…等。

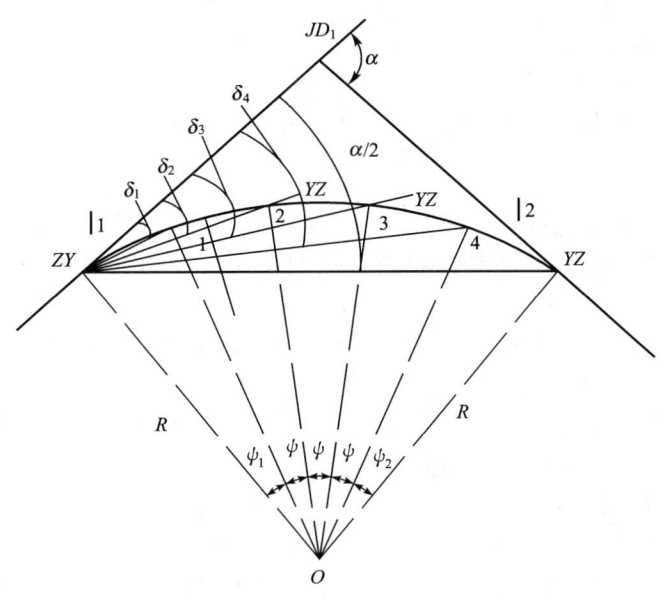

图 12.7 偏角法放样细部点

1) 计算测设数据

如图 12.7 所示,以 δ 表示。为了计算和施工方便,把各细部点里程凑整,曲线可以分为首尾两段零头弧长 l_1、l_2 和中间几段相等的整弧长 l 之和,即:

$$L = l_1 + nl + l_2 \tag{12.7}$$

弧长 l_1、l_2 及 l 所对的相应圆心角为 φ_1、φ_2、φ 可以按照下列公式计算:

$$\varphi_1 = \frac{180°}{\pi} \frac{l_1}{R} \tag{12.8}$$

$$\varphi_2 = \frac{180°}{\pi} \frac{l_2}{R} \tag{12.9}$$

$$\varphi = \frac{180°}{\pi} \frac{l}{R} \tag{12.10}$$

相应弧长 l_1、l_2 及 l 的弦长 c_1、c_2、c 计算公式如下:

$$c_1 = 2R\sin\frac{\varphi_1}{2} \tag{12.11}$$

$$c_2 = 2R\sin\frac{\varphi_2}{2} \tag{12.12}$$

$$c = 2R\sin\frac{\varphi}{2} \tag{12.13}$$

曲线上各点的偏角等于相应弧长所对圆心角的一半,即:

第1点的偏角为:
$$\delta_1 = \frac{\varphi_1}{2} \tag{12.14}$$

第2点的偏角为:
$$\delta_2 = \frac{\varphi_1}{2} + \frac{\varphi}{2} \tag{12.15}$$

第3点的偏角
$$\delta_3 = \frac{\varphi_1}{2} + \frac{\varphi}{2} + \frac{\varphi}{2} = \frac{\varphi_1}{2} + \varphi \tag{12.16}$$

……

终点 YZ 点的偏角为:
$$\delta_i = \frac{\varphi_1}{2} + \frac{\varphi}{2} + \frac{\varphi}{2} + \cdots + \frac{\varphi_2}{2} = \frac{\alpha}{2} \tag{12.17}$$

2) 测设方法

(1) 将经纬仪安置在曲线起点 ZY 上,以 $0°00'00''$ 前视 JD_1。

(2) 松开照准部,置水平度盘读数为1点的偏角值 δ_1,在此方向上用钢尺量取弦长 c_1,钉桩1点。

(3) 将角拨至2点的偏角值 δ_2,将钢尺零刻划线对准1点,以弦长 c 为半径,在经纬仪的方向线上,定出2点。

(4) 再将角拨至3点的偏角值 δ_3,将钢尺零刻划线对准2点,以弦长 c 为半径,在经纬仪的方向线上,定出3点,其余依此类推。

(5) 最后拨角到转角的一半处,视线应通过曲线终点 YZ。最后一个细部点到曲线终点的距离为 c_2,以此来检查测设的质量。

【例 12.2】 如图 12.7 所示,某线路交点 JD_1 桩号为 K2+687.89m,转角 $\alpha=45°16'00''$,设计圆曲线半径 $R=500$m,起点 ZY 的里程为 K2+646.20m,终点 YZ 的里程为 K2+725.20m。试计算按偏角法测设曲线细部的测设数据。

【解】 因为 ZY 的里程为 K2+646.20m,在曲线上最近的整里程为 K2+660.00m(20m 测设一个点),即图中1点,所以起始弧长为:
$$l_1 = [(2+660.00) - (2+646.20)]\text{m} = 13.80\text{m}$$

又因为 YZ 的里程为 K2+725.20m,在曲线上最近的整里程为 K2+720.00m,所以终了弧长为:
$$l_2 = [(2+725.20) - (2+720.00)]\text{m} = 5.20\text{m}$$

由式(12.8)~式(12.10)可以求得:
$$\varphi_1 = \frac{180°}{\pi} \times \frac{l_1}{R} = \frac{180°}{\pi} \times \frac{13.80}{500} = 1°34'53''$$

$$\varphi_2 = \frac{180°}{\pi} \times \frac{l_2}{R} = \frac{180°}{\pi} \times \frac{5.20}{500} = 0°35'45''$$

$$\varphi = \frac{180°}{\pi} \times \frac{l}{R} = \frac{180°}{\pi} \times \frac{20}{500} = 2°17'31''$$

由式(12.11)~式(12.13)可以求得:
$$c_1 = 2R\sin\frac{\varphi_1}{2} = 2 \times 500 \times \sin\frac{1°34'53''}{2} = 13.80\text{m}$$

$$c_2 = 2R\sin\frac{\varphi_2}{2} = 2 \times 500 \times \sin\frac{0°35'45''}{2} = 5.22\text{m}$$

$$c = 2R\sin\frac{\varphi}{2} = 2\times 500 \times \sin\frac{2°17'31''}{2} = 20.00\text{m}$$

计算求得曲线上各里程桩的偏角见表 12-1，表中偏角累计值是设仪器置于 ZY 点时求得的。

表 12-1 测设圆曲线偏角表

里程桩	点名	偏角 单值 ° ′ ″	偏角 累计值 ° ′ ″	弧长 (m)	弦长 (m)	备注
K2+646.20	ZY	0 47 23	0 47 23	13.80	13.79	
	1	01 08 46	01 56 09	20	19.99	$L=79.00$m
	2	01 08 46	03 04 55	20	19.99	$T=41.69$m
	3	01 08 46	04 13 41	20	19.99	$R=500$m
	4	0 17 53	04 31 34	5.22	5.22	$\alpha=45°16'00''$
	YZ					

2. 切线支距法

切线支距法又称直角坐标法。它是以曲线的起点（ZY）或终点（YZ）为坐标原点，以该点切线为 x 轴，过原点的半径为 y 轴建立坐标系，如图 12.8 所示。根据曲线上各细部点的坐标 (x, y)，按直角坐标法测设点的位置。

1) 计算测设数据

如图 12.8 所示，圆曲线上任一点的坐标为：

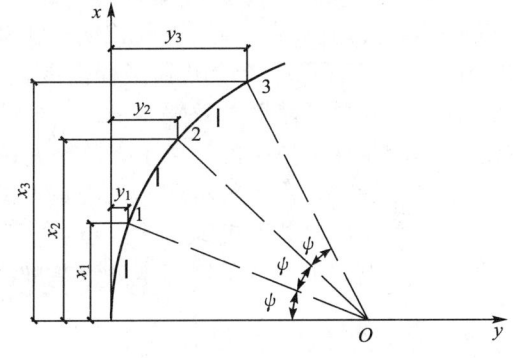

图 12.8 切线支距法放样细部点

$$\left.\begin{aligned}\varphi_i &= \frac{180°}{\pi} \times \frac{l_i}{R} \\ x_i &= R\sin\varphi_i \\ y_i &= R(1-\cos\varphi_i)\end{aligned}\right\} \quad (12.18)$$

2) 测设方法

(1) 在 ZY 点安置经纬仪，定出切线方向，沿视线方向分别量取 $x_1, x_2, x_3, \cdots$，并标定各点。

(2) 在标定的各点上安置经纬仪拨直角方向，分别量取支距 $y_1, y_2, y_2, \cdots$，由此得到曲线上 1，2，3，…，各点的位置。

(3) 曲线另一半也可以 YZ 为原点，用同样的方法测设。

(4) 测量曲线上相邻点间的距离（弦长）与计算长度比较，以此作为测设工作的校核。

12.4 线路纵、横断面测量

12.4.1 线路纵断面测量

线路纵断面测量又称线路水准测量。它的任务是测定中线上各里程桩的地面高程，绘制中线纵断面图，作为设计线路坡度、计算中桩填挖尺寸的依据。线路水准测量分两步进行：首先在线路方向上设置水准点，建立高程控制，称为基平测量；其次是根据各水准点高程，分段进行中桩水准测量，称为中平测量。基平测量的精度要求比中平高，一般按四等水准测量的精度；中平测量只作单程观测，按普通水准测量精度。

1. 基平测量

高程控制测量也称基平测量。布设的水准点是高程测量的控制点，分永久水准点和临时水准点两种，在勘测设计和施工阶段甚至工程运营阶段都要使用。因此，水准点应选在地基稳固、易于联测以及施工时不易被破坏的地方。水准点要埋设标石，也可设在永久性建筑物上，或将金属标志嵌在基岩上。

永久性水准点，在较长线路上一般应每隔25～30km布设一点；在线路起点和终点、大桥两岸、隧道两端，以及需要长期观测高程的重点工程附近均应布设。临时水准点的布设密度应根据地形复杂情况和工程需要而定。在重丘陵和山区，每隔0.5～1km布设一个，在平原和微丘陵区，每隔1～2km布设一个。此外，在中小桥梁、涵洞以及停车场等地段，均应布设。较短的线路上，一般每隔300～500m布设一点。

基平测量时，首先应将起始水准点与国家高程基准进行联测，以获得绝对高程。在沿线途中，也应尽量与附近国家水准点进行联测，以便获得更多的检核条件。若线路附近没有国家水准点，也可以采用假定高程基准。

2. 中平测量

线路纵断面测量也称中平测量。从一个水准点出发，逐个测定中线桩的地面高程，附合到下一个水准点上。相邻水准点间构成一条附合水准路线。测量时，在每一测站上首先读取后、前两转点的标尺读数，再读取两转点间所有中线桩地面点（间视点）的标尺读数。由于转点起传递高程的作用，因此，转点标尺应立在尺垫、稳固的桩顶或坚石上，尺上读数至毫米，视距一般不应超过150m。间视点标尺读数至厘米，要求尺子立在紧靠桩边的地面上。

当线路跨越河流时，还需测出河床断面、洪水位高程和正常水位高程，并注明时间，以便为桥梁设计提供资料。

12.4.2 纵断面图的绘制

纵断面图既表示中线方向的地面起伏，又可在其上进行纵坡设计，是线路设计和施工的重要资料。

纵断面图是在以中线桩的里程为横坐标、以其高程为纵坐标的直角坐标系中绘制。里程（水平）比例尺和高程（垂直）比例尺根据实际工程要求选取。为了明显地表示地面起伏，一般取高程比例尺较里程比例尺大10倍或20倍。高程按比例尺注记，但要参考其他中线桩的地面高程确定原点高程在图上的位置。使绘出的地面线处在图上适当位置。纵断面图一般自左至右绘制在透明毫米方格纸的背面，这样可以防止用橡皮修改时把方格擦掉。

图12.9是道路工程的纵断面图。图的上半部，从左至右绘有贯穿全图的两条线。细折线表示中线方向的地面线，根据中平测量的中线桩地面高程绘制；粗折线表示纵坡设计线。此外，上部还注有以下资料：水准点编号、高程和位置；桥梁的类型、长度、里程桩号；涵洞的类型、里程桩号；与其他线路工程交叉点的位置、里程桩号和有关说明等。图的下部表格，注记以下有关测量和纵坡设计的资料：在图纸左面自下而上各栏填写线型（直线和曲线）、里程、地面高程、设计高程、填挖高度、坡度和地质情况等，在地面高程一栏中，注上对应于各中线桩桩号的地面高程，并在纵断面图上按各中线桩的地面高程依次点出其相应的位置，用细直线连接各相邻点位，即得中线方向的地面线。在线型（直线和曲线）一栏中，按里程桩号标明线路的直线部分和曲线部分。曲线部分用直角折线表示，上凸表示线路右偏，下凹表示线路左偏，并注明交点编号和曲线参数。在上部地面线部分根据实际工程的专业要求进行纵坡设计。设计时，一般要考虑施工时土石方工程量最小、填挖方尽量平衡及小于限制坡度等与线路工程有关的专业技术规定。在坡度和距离一栏内，分别用斜线或水平线表示设计坡度的方向，线的上方注记坡度数值（按百分点注记），下方注记坡长。水平线表示平坡。不同的坡段以竖线分开。

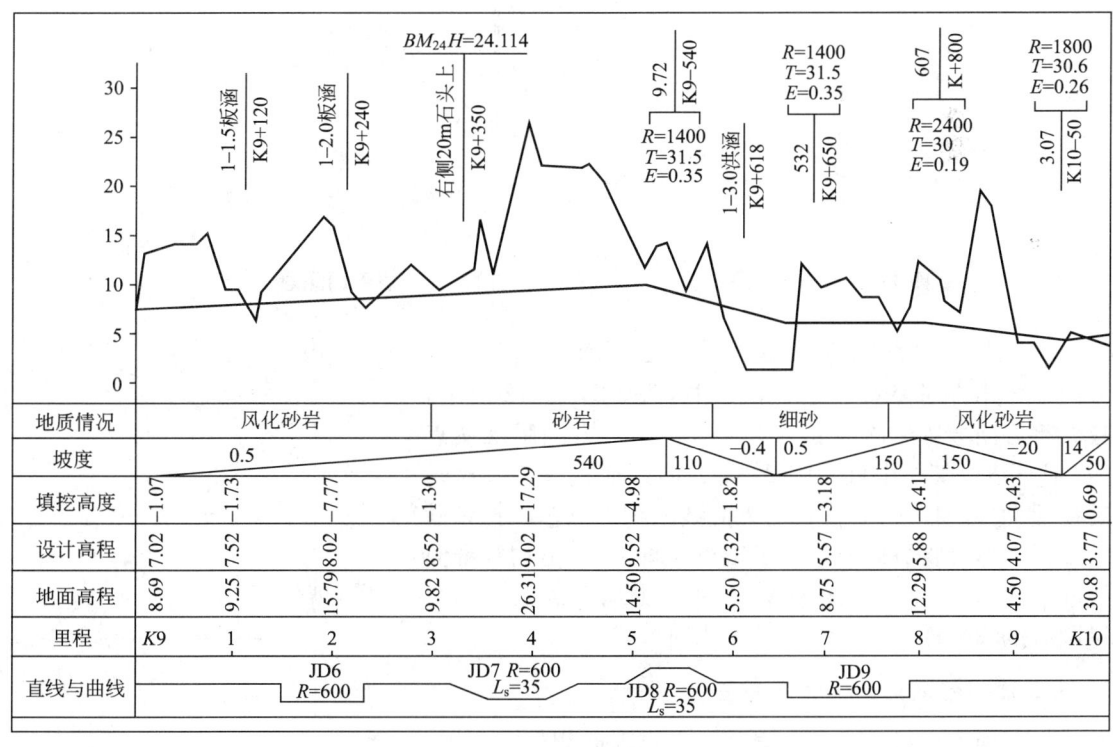

图12.9 线路纵断面图

12.4.3 线路横断面图测量

线路横断面测量的主要任务是在各中线桩处测定垂直于中线方向的地面起伏，然后绘成横断面图，是横断面设计、土石方等工程量计算和施工时确定断面填挖边界的依据。横断面测量的宽度，根据实际工程要求和地形情况确定。一般在中线两侧各测 15～50m，距离和高差分别准确到 0.1m 和 0.05m 即可满足要求。因此，横断面测量多采用简易的测量工具和方法，以提高工效。

1. 测设横断面方向

（1）测定直线部分横断面方向，直线段上的横断面方向是与线路中线相垂直的方向。在直线段上，如图 12.11 所示，将杆头有十字形木条的方向架，如图 12.10 所示，立于欲测设横断面方向的 A 点上，用架上的 $1-1'$ 方向线照准交点 JD 或直线段上某一转点 ZD，则 $2-2'$ 即为 A 点的横断面方向，用花杆标定。

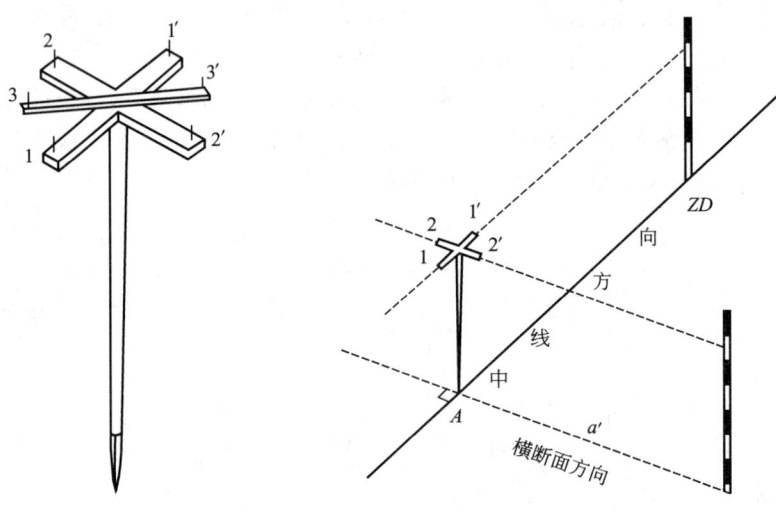

图 12.10　方向架　　　　图 12.11　横断面测量

（2）测定曲线部分横断面方向，曲线部分横断面的方向也可用方向架来测定，其使用方法如图 12.12 所示。首先将方向架置于曲线起点 ZY，使 $1-1'$ 方向瞄准交点 JD 或直线上某一中桩，则 $2-2'$ 方向即通过圆心。这时转动活动方向杆 $3-3'$ 使其对准曲线上细部点①，拧紧固定螺旋。然后将方向架移置于①点，将 $2-2'$ 方向瞄准曲线起点 ZY，则活动方向架 $3-3'$ 所指方向即为①点的通过圆心的横断面方向。

2. 测定横断面上点位和高差

横断面上中线桩的地面高程已在纵断面测量时测出，只要测量出各地形特征点相对于中线桩的平距和高差，

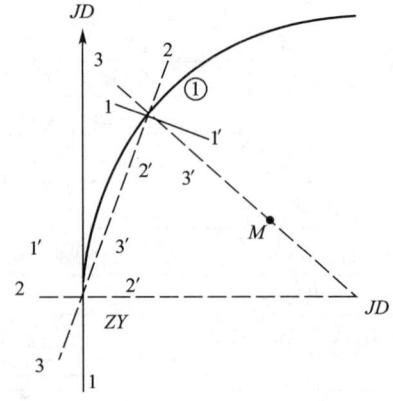

图 12.12　曲线部分横断面方向确定

就可以确定其点位和高程。平距和高差可用下述方法测定。

1) 水准仪皮尺法

此法适用于施测横断面较宽的平坦地区。如图 12.13 所示，安置水准仪后，以中线桩地面高程点为后视，以中线桩两侧横断面方向的地形特征点为前视，标尺读数读至厘米。用皮尺分别量出各特征点到中线桩的水平距离，量至分米。

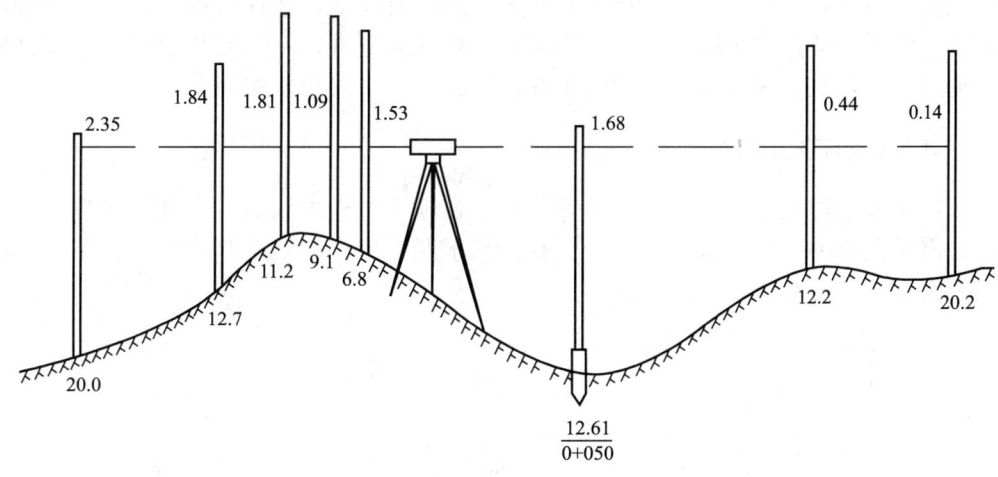

图 12.13 纵断面水准测量

2) 经纬仪视距法

安置经纬仪于中线桩上，可直接用经纬仪测定出横断面方向。量出至中线桩地面的仪器高，用视距法测出各特征点与中线桩间的平距和高差。此法适用于任何地形，包括地形复杂、山坡陡峻的线路横断面测量。利用电子全站仪则速度快、效率高。

12.4.4 横断面图的绘制

根据实际工程要求，确定绘制横断面图的水平和垂直比例尺。依据横断面测量得到的各点间的平距和高差，在毫米方格纸上绘出各中线桩的横断面图，如图 12.14 所示。绘制时，先标定中线桩位置，由中线桩开始，逐一将特征点展绘在图纸上，用细线连接相邻点，即绘出横断面的地面线。

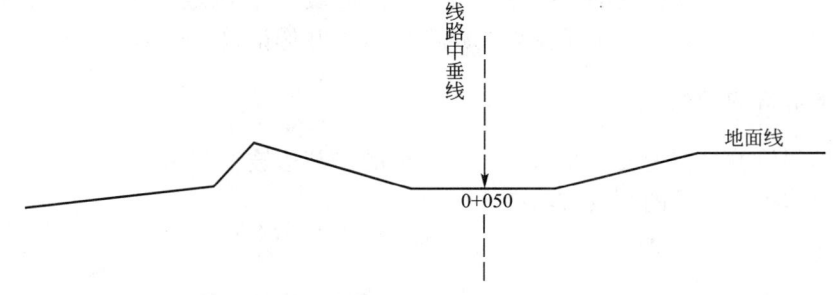

图 12.14 横断面图绘制

12.5 线路施工测量

线路工程施工测量的主要工作包括：恢复中线测量，施工控制桩、边桩和竖曲线的测设。从工程勘测开始，经过工程设计到开始施工这段时间里，往往会有一部分中线桩被碰动或丢失。为了保证线路中线位置的正确可靠，施工前应进行一次复核测量，并将已经丢失或碰动过的交点桩、里程桩恢复和校正好，其方法与中线测量相同。

12.5.1 施工控制桩的测设

中线桩在施工过程中要被挖掉或填埋。为了在施工过程中及时、方便、可靠地控制中线位置，需要在不易受施工破坏、便于引测、易于保存桩位的地方测设施工控制桩。测设方法主要有平行线法和延长线法两种。

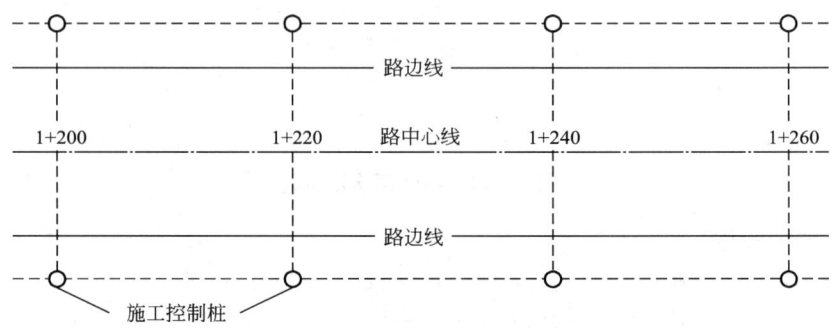

图 12.15 平行线测设施工控制桩

1. 平行线法

平行线法是在设计路基宽度以外，测设两排平行于中线的施工控制桩，如图 12.15 所示。控制桩的间距一般取 10~20m。此方法多用于地势平坦、直线段较长的线路。

2. 延长线法

延长线法是在线路转折处的中线延长线上以及曲线中点至交点的延长线上测设施工控制桩，如图 12.16 所示。控制桩至交点的距离应量出并作记录。

12.5.2 路基边桩的测设

路基边桩测设就是在地面上将每一个横断面的路基边坡线与地面的交点用木桩标定出来，该点即为边桩。常用的测设方法有：

1. 图解法

在线路工程设计时，地形横断面及设计标准断面都已绘制在横断面图上，边桩的位置可用图解法求得，即在横断面图上量取中线桩至边桩的距离，然后到实地在横断面方向上用卷尺量出其位置。

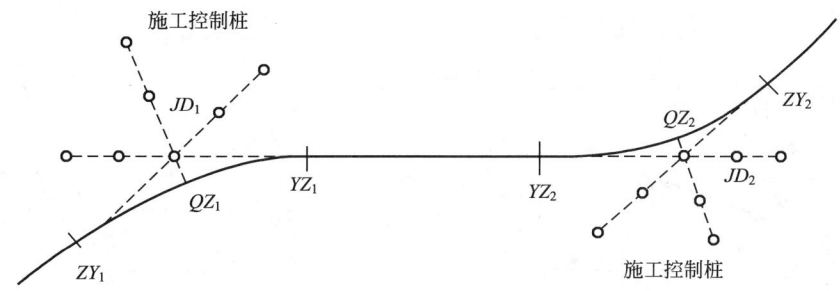

图 12.16　延长线测设施工控制桩

2. 解析法

解析法是通过计算求得中线桩至边桩的距离。在平地和山区计算和测设的方法不同。

1) 平坦地段路基边桩的测设

填方路基称路堤，如图 12.17a 所示，路堤边桩与中桩的距离为：

$$D=\frac{B}{2}+mh \tag{12.19}$$

挖方路基称为路堑，如图 12.17b 所示，路堑边桩与中桩的距离为：

$$D=\frac{B}{2}+s+mh \tag{12.20}$$

式中　B——为路基设计宽度；

　　　h——为填方高度或挖方深度；

　　　s——为路堑边沟顶宽。

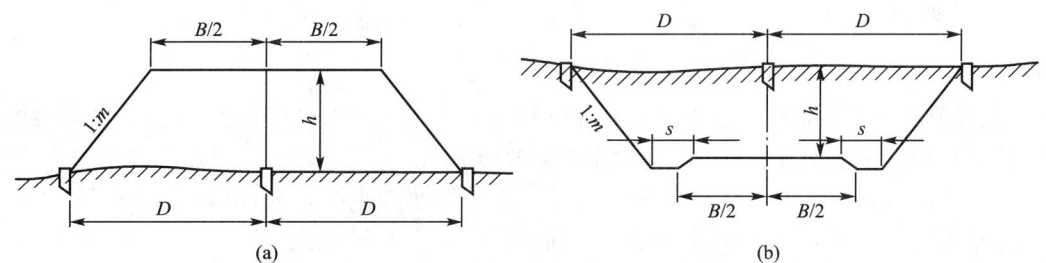

图 12.17　平坦地段路基边桩的测设

2) 倾斜地段路基边桩的测设

在倾斜地段，边桩至中桩的距离随着地面坡度的变化而变化。

路堤边桩至中桩的距离为，如图 12.18a 所示。

$$\left.\begin{aligned}\text{斜坡上侧}\quad D_{右}&=\frac{B}{2}+m(h-h_{右})\\\text{斜坡下侧}\quad D_{左}&=\frac{B}{2}+m(h+h_{左})\end{aligned}\right\} \tag{12.21}$$

路堑边桩至中桩的距离为，如图 12.18b 所示。

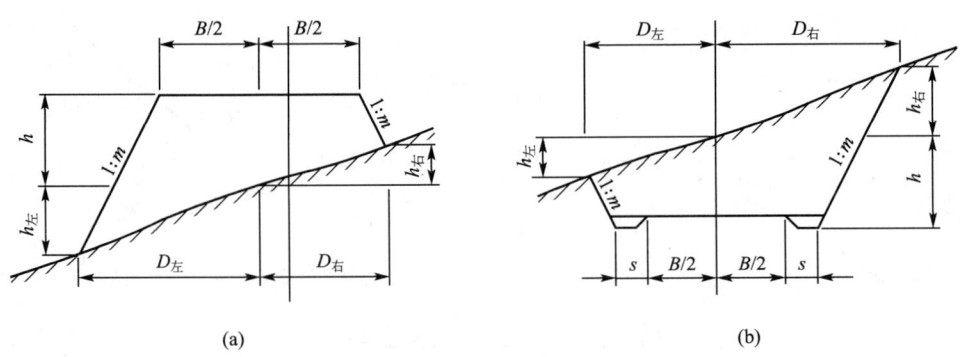

图 12.18 倾斜地段路基边桩的测设

$$\left.\begin{array}{ll}\text{斜坡上侧} & D_右=\dfrac{B}{2}+m(h-h_右) \\ \text{斜坡下侧} & D_左=\dfrac{B}{2}+m(h+h_左)\end{array}\right\} \qquad (12.22)$$

式中，B、s 和 m 均已知，h 为中桩处的填挖高度，亦已知，$h_右$、$h_左$ 分别为斜坡上、下侧边桩与中桩的高差，在边桩未定出之前则为未知数。因此在实际工作中采用逐渐趋近法测设边桩。先根据地面实际情况，并参考路基横断面，估计边桩的位置，然后测出该估计位置与中桩的高差，并以此作为 $h_右$、$h_左$ 代入式(12.21)或式(12.22)计算 $D_右$、$D_左$，据此在实地定出其位置。若估计位置与其相符，即得边桩位置。否则应按实测资料重新估计边桩位置，重复上述工作，直至相符为止。

12.6 管道施工测量

管道铺设，以地面为界可分为地下管道和地上管道。在本文中只介绍地下管道的地下开挖管道和顶管施工测量，地上管道的架空管道施工测量。施工前要熟悉图纸和现场情况、校核管道线路中线、定出施工控制桩外，在引测水准点时，应同时校测现有管道出入口和交叉管线的高程，若与设计图纸上数据不符时，应及时解决。

12.6.1 地下开挖管道施工测量

在设计阶段所作的纵断面测量，所定出的管道中线位置，如与管线施工时所需要的中线位置一致，且主点桩完好无损，则不必重设，否则需重新测设管道中线。测设中线时应同时定出井位等附属构筑物的位置。

由于管道中线桩在施工中要挖掉，为了便于恢复中线和查井位置，应在引测方便易于保存桩位的地方测设施工控制桩。管线施工控制桩分为中线控制桩和井位控制桩两种，如图 12.19a 所示。中线控制桩一般是测设在管线起止点及各转折点处中心线的延长线上，井位控制桩则测设于管道中线的垂直线上。

根据土质情况、管径大小、埋设深度，在地面上定出槽边线的位置，作为开槽的依据。当横断面坡度较平缓时，通常用以下方法求出槽口宽度，如图 12.19b 所示。

$$B=b+2mh \tag{12.23}$$

式中　b——槽底宽度；

　　　m——槽边坡坡度；

　　　h——中线上挖土深度。

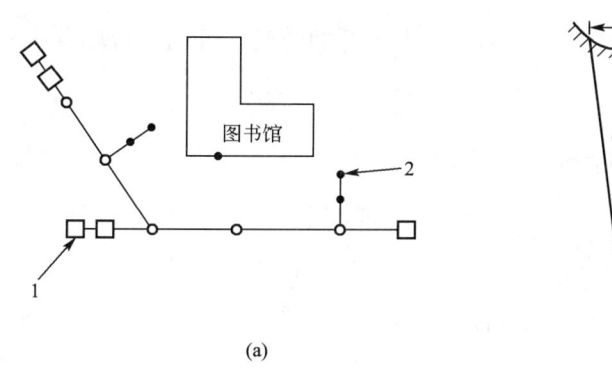

图 12.19　中线控制桩

管道施工是按照管道中线和高程进行，所以在开槽前应设置控制管道中线和高程的施工标志，一般有龙门板法和平行轴腰桩法两种测法。

1. 龙门板法

龙门板法是控制中线及掌握管道设计高程的常用方法，它由坡度板和高程板组成。一般沿中线每隔 10~20m 埋设一龙门板。

中线测设时，将经纬仪置于中线控制桩上，把管道中线投影到坡度板上，再用小钉标定其点位，如图 12.20a 所示。为了控制管道中线，可将中线位置投影到管槽内。

高程测设时，根据水准点，用水准仪测出各坡度板顶高程，以控制管槽开挖的深度。再从管道坡度，计算该处管底的设计高程，二者相减得：

板顶高程－管底高程＝下返数

由于各坡度板的下返数都不一致，无论施工或者检查都不方便，为了使下返数为一整数值 m，则须由下式算出每一坡度板顶应向下或向上量的改正数 ε。

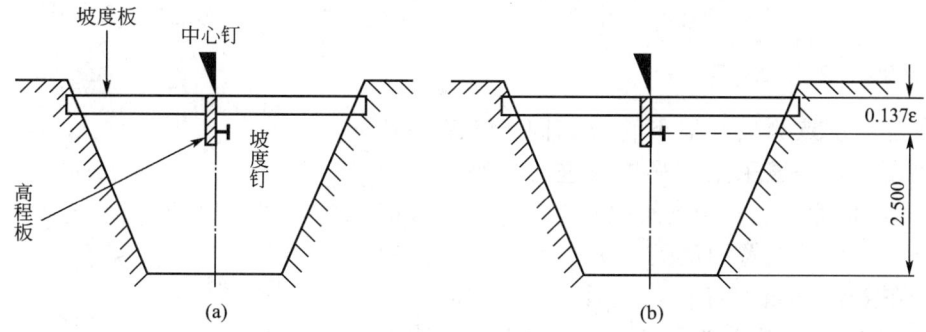

图 12.20　龙门板法

$$\varepsilon = m - (H_{板顶} - H_{管底}) \tag{12.24}$$

先在高程坡上定出点位，根据计算的改正数 ε 再钉上小钉，这个钉称为坡度钉，如图 12.20b 所示。如改正数 ε＝－0.137，则在高程板上向下量 0.137 即为该点坡度钉，再向下量下返数（整数值 m），便是管底设计高程。

2. 平行轴腰桩法

当现场坡度较大，而管径较小，精度要求较低的管道，可用平行轴腰桩法来控制管道中线和坡度，其步骤如下：

1) 测设平行轴线

开工前先在中线一侧或两侧定一排平行于中线的平行轴线桩，桩位要落在槽边线外，如图 12.21 所示中 A 点，各平行轴线桩与管道中线桩的平距为 a，各桩间距约在 20m 左右，各检查井位也应在平行轴线上定桩。

2) 钉腰桩

为了比较准确地控制管道中线的高程，在槽坡上（距槽底约 1m 左右）再定一排与 A 轴对应的平行轴线桩 B，其与槽底中线的间距为 b，这排槽坡上的平行轴线桩称为腰桩，如图 12.21 所示。

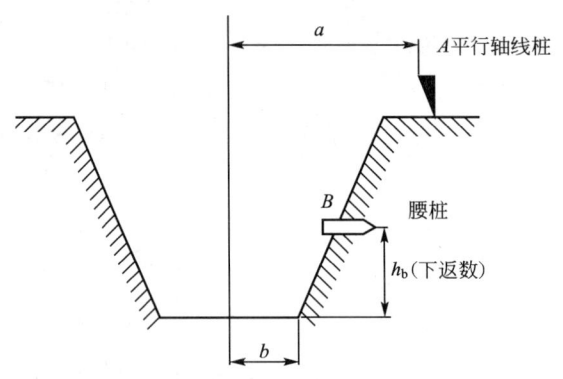

图 12.21 平行轴腰桩法

3) 引测腰桩高程

腰桩上钉一小钉。用水准仪测出腰桩上小钉的高程。小钉高程与该处管底设计高程之差为 h，用各腰桩的 b 和 h_b。可控制埋设管道的中线和高程。

腰桩上小钉与管底设计高程之差为 h_t，即为下返数，由于各点的下返数不一样，故腰桩法在施工和检查中较麻烦，容易出错。为此先确定到管底的下返数为一整数 m，在每个腰桩沿垂直方向量出该下返数 m 与腰桩下返数 h_b 之差 $\varepsilon(\varepsilon = m - h_b)$，打一木桩，并钉小钉，此时各小钉的连线与设计坡度线平行；而小钉的高程与管底高程相差为一常数 m，从小钉查该下返数，即可知是否挖到管底设计高程，应用十分简便。

12.6.2 架空管道施工测量

1. 管架基础施工测量

架空管道主点测设与地下管道相同。管架基础中心桩测设后，一般采用骑马桩法进行控制，如图 12.22 所示。因管线上每个支架中心桩（如 1 点）开挖时要挖掉，必将其位置引测到互为垂直的四个控制桩上，先在主点 A 置经纬仪，然后在 AB 方向上钉出 a、b 两控制桩，仪器移至 1 点，在垂直于管线方向标定 c、d 点，根据以上的控制桩，即可决定开挖边线进行施工。

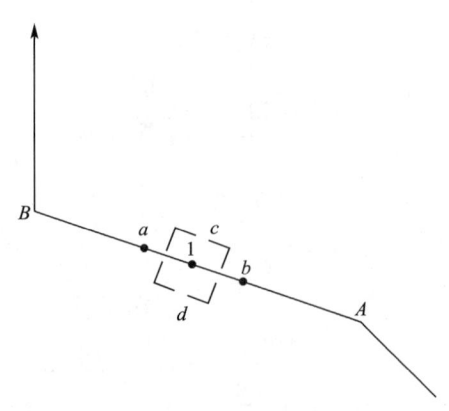

图 12.22 骑马桩法控制

架空管道支架基础开挖测量工作,与基础摸板定位、厂房柱子基础的测设相同。

2. 架空管道的支架安装测量

架空管道系安装在钢筋混凝土支架、钢支架上。安装管道支架时,应配合施工进行柱子垂直校正和标高测量工作,其方法、精度要求与厂房柱子安装测量相同。

12.6.3 顶管施工测量

在管道穿越铁路、公路、河流或建筑物时,由于不能或不允许开槽施工,故采用顶进管道施工方法。采用顶管施工时,应在欲顶管的两端先挖工作坑,在坑内安装导轨,导轨可以是钢轨或方木,将管材放在导轨上,用顶镐将管材沿要求的管线方向和高程顶进土中,达到设计位置后将管中的土取出,砌成管道。

1. 顶管测量的准备工作

1)顶管中线桩的设置

中线桩是工作坑放线和测设坡度板中心钉的依据,测设时首先根据设计图上管线要求,在工作坑的前后钉立二个桩,称为中线控制桩,然后确定开挖边界,开挖到设计高程后,再根据中线控制桩,用经纬仪将中线引测到坑壁上,并钉立木桩,此桩称为顶管中线桩,以标定顶管中线位置。中线控制桩及顶管中线桩与已建成的管线在一条直线上。

2)坡度板和水准点的测设

当工作坑开挖到一定深度时,在其两端应牢固地埋设坡度板,并在其上测设管道中线(钉中心钉),再按设计要求在高程板上测设坡度钉。中心钉是管材顶进过程中的中线依据,坡度钉用于控制挖槽深度和安装导轨。坡度板应单独埋设,不要与撑木等连在一起。其位置可选在管顶以上,距槽 1.8～2.2m 处为宜。

工作坑内的水准点是安装导轨和顶管顶避过程中掌握高程的依据。一般在坑内顶进起点的一侧设一大木桩,使桩顶或桩一侧小钉的高程与顶管起点管底设计标高相同(如图 12.23 所示)。为确保水准点高程准确,应尽量设法由施工水准点一次引测,并需经常校测,其高程误差应不大于±5mm。

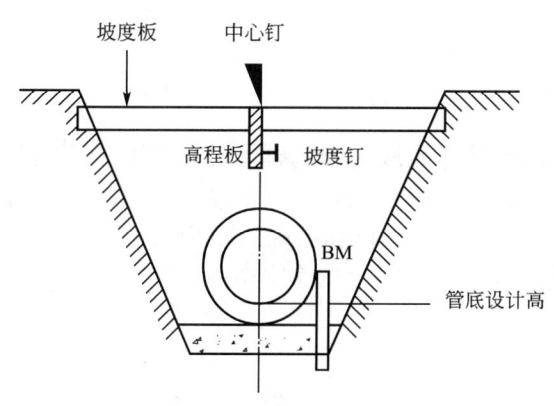

图 12.23 坡度板和水准点的测设

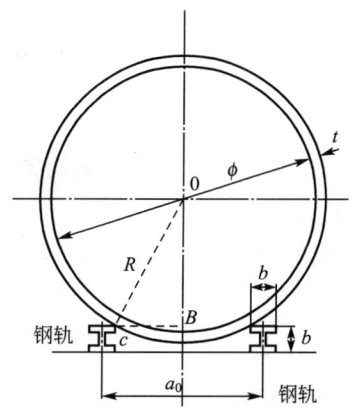

图 12.24 钢轨导轨轨距计算

3) 导轨的计算及安装

顶管时，管材必须安放在有正确轨距的导轨上。导轨轨距与管径和导轨的材料有关，用钢轨或方木作为导轨时的轨距计算如下：

(1) 钢轨导轨轨距计算，如图 12.24 所示。

$$\left.\begin{array}{l} a_0 = 2BC + b \\ BC = [R^2 - (R-h)^2]^{\frac{1}{2}} \end{array}\right\} \quad (12.25)$$

式中　R——管道外壁半径；
　　　h——钢轨高度；
　　　b——钢轨轨顶宽度。

(2) 方木导轨轨距及抹角 x 值计算，如图 12.25 所示。

$$\left.\begin{array}{l} BC = [R^2 - (R-100)^2]^{\frac{1}{2}} = 10\sqrt{2R-100} \\ B'C' = [R^2 - (R-150)^2]^{\frac{1}{2}} = 10\sqrt{3R-225} \\ a_0 = 2(BC+100) = 20\sqrt{2R-100} + 200 \\ x = B'C' - BC = 10\sqrt{3R-225} - 10\sqrt{2R-100} \end{array}\right\} \quad (12.26)$$

式中　R——管道外壁半径；
　　　a_0——导轨轨距；
　　　x——方木导轨抹角水平距。

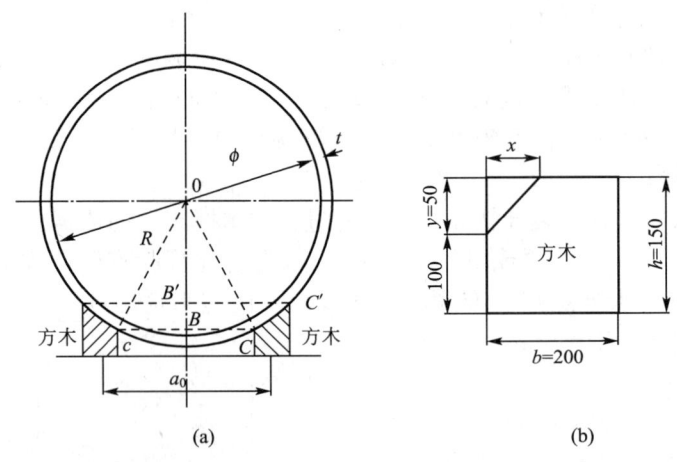

图 12.25　方木导轨轨距及抹角值计算

(3) 导轨安装。导轨一般设有基础，而基础多为枕木或混凝土。基础面的高程和纵坡度都应符合设计要求，导轨中间沿中线方向高程应略低些，有利于排水和减少顶管时管壁摩擦。根据 a_0 和 x 值稳好钢轨或方木，然后根据中线钉和坡度钉，用与管材半径实际大小相等的样板检查中心线和高程，误差满足要求之后将导轨稳定牢固。

2. 顶进过程中的测量工作

1) 中线测量

如图 12.26 所示，以顶管中线桩为方向线，挂好两个垂球，两垂球的连线即为管道方向线，这时拉一小线以两垂球线为准延伸于管内，在管内安置一个水平尺，其上有刻划和中心钉，通过拉入管内的小线与水平尺上的中心钉比较，可知管中心是否偏差，尺上中心钉偏向那一侧，即表明管道也偏向那个方向，为了及时发现顶进的中线是否有偏差，中线测量以每顶进 0.5m 量一次为宜。

此法在短距离顶管（一般在 50m 以内）是可行的，结果也较可靠。当距离较长时，如可在中线上每 100m 设一工作坑，分段施工，也可采取激光导向的仪器定向。

2）高程测量

如图 12.27 所示，以工作坑内水准点为依据，按设计纵坡用比高法检验，例如 0.5%的纵坡，每顶进 1m 就应升高 5mm，该水准点的读数应小于 5mm。

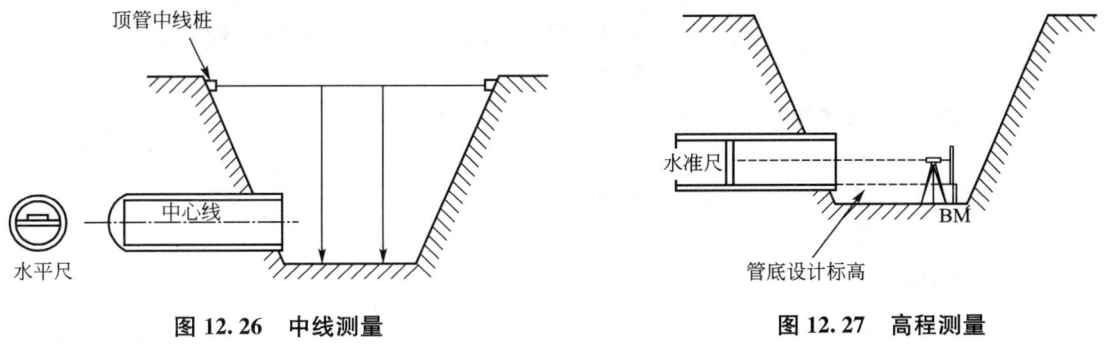

图 12.26　中线测量　　　　　　　图 12.27　高程测量

本 章 小 结

本章主要介绍了线路勘测设计阶段的测量工作和施工放样的测量工作。主要的知识点包括下列内容：

1. 中线测量的主要内容

交点、转点和转达向角的测定以及中桩的设置。

2. 圆曲线要素的计算

切线长、曲线长、外矢距、切曲差。

3. 圆曲线主点的测设方法

4. 圆曲线细部点测设方法

偏角法和切线支距法。

5. 线路纵断面的测绘

基平测量和中平测量。

6. 线路横断面的测绘方法

水准仪皮尺法和经纬仪视距。

7. 线路施工控制桩的测设

平行线法和延长线法。

8. 路基边桩的测设

图解法和解析法。

9. 地下管道的施工测量方法

龙门板法和平行轴腰桩法。

10. 顶管施工的中线测量和高程测量

思考与练习

1. 线路中线测量的内容有哪些？如何进行？
2. 什么是线路的转角？
3. 什么是线路的交点和转点？
4. 某桩号为 K23+240，说明该桩号的意义？
5. 试述测设圆曲线三个主点的方法。
6. 在某线路上有一圆曲线，已知交点的桩号为 K12+260，线路的转角 $\alpha=42°25'00''$，半径 $R=200m$，试计算该曲线的元素和主点的桩号。
7. 试根据第 5 题数据计算用偏角法测设圆曲线细部点的放样数据（曲线上每隔 20m 定一个点）。
8. 简述用切线支距法测设圆曲线细部点的方法和步骤。
9. 简述线路施工测量的中线桩和路基边桩的测量方法。
10. 简述线路横、纵断面测量的方法。
11. 管道施工测量中应进行哪些测量工作？

第 13 章　GPS 简介

【教学目标】
应初步掌握 GPS 基本工作原理，了解 GPS 测量方法。

【教学要求】

知 识 要 点	能 力 要 求	相 关 知 识
GPS 的三大组成部分	(1) 了解 GPS 组成部分 (2) 掌握 GPS 各组成部分的功能	(1) GPS 卫星星座 (2) GPS 地面监控系统 (3) GPS 接收机
GPS 定位的基本原理	(1) 了解 GPS 定位基本原理 (2) 了解用测距码测量伪距的原理 (3) 掌握伪距定位原理 (4) 掌握载波相位测量原理	(1) 伪距 (2) 测距码 (3) 整周未知数 (4) 静态定位和动态定位 (5) 单点定位和差分定位 (6) RTK 技术
GPS 测量主要技术指标	(1) GPS 精度指标 (2) GPS 测量的精度分级方法	(1) GPS 测量规范 (2) GPS 城市测量技术规程
GPS 测量实施方法	(1) GPS 测前准备 (2) GPS 外业实施步骤 (3) GPS 数据处理步骤	(1) GPS 测量规范 (2) GPS 测量精度指标

13.1　概　　述

全球卫星定位系统是美国国防部从 20 世纪 70 年代主持研制，1989 年开始正式实施的以卫星为基础的无线电导航定位系统。其英文全称为 Navigation by Satellite Timing and Ranging Global Positioning System，依据 Global Positioning System 的首字母缩写为 GPS。起初它的研制目标是为美国陆海空三军提供一种高效、成本低廉、全球性、全天候、连续性和实时性的导航定位服务，但通过 GPS 试验卫星的应用开发，发现 GPS 可以实现毫米级的静态定位、亚米级的动态定位以及 10 纳秒级（1 纳秒＝10^{-9} s）的定时精度，因此 GPS 被推广应用于各行业领域，并在测绘行业引起了一场深刻的技术革命。

13.2　GPS 组成

GPS 包括三大部分：空间部分——GPS 卫星星座；地面监控部分——地面监控系统；

用户设备——GPS 接收机。

13.2.1　GPS 卫星星座

空间部分由 GPS 卫星星座组成，如图 13.1 所示。基本参数是：24 颗卫星，其中 21 颗工作卫星，3 颗备用卫星；卫星分布在 6 个轨道面上。卫星高度为 20 200km，轨道倾角为 55°，卫星运行周期为 11h 58min(12 恒星时)，载波频率为 1575.42MHz、1227.60MHz 和 1176.45MHz，卫星通过天顶时，卫星的可见时间为 5h，在地球表面上任何地点、任何时刻，高度为 15°以上的天空中，平均可同时观测到 6 颗卫星，最多可达 11 颗卫星，最少也有 4 颗卫星。

GPS 卫星空间星座的分布保障了在地球的上任何地点、任何时刻至少有 4 颗卫星被同时观测，且卫星信号的传播和接收不受天气的影响，因此，GPS 是一种全球性、全天候的连续实时定位系统。

GPS 卫星的主体呈圆柱形，直径为 1.5m，质量为 843.68kg，两侧安装有 4 片拼接成的双叶太阳能电池翼板(如图 13.1 所示)。两侧翼板受对日定向系统控制，可以自动旋转使电池翼板面始终对准太阳，以保重卫星的电源供应；卫星上装有 4 台频率稳定度为 $10^{-13} \sim 10^{-12}$ 的高精度原子钟，为距离测量提供高精度的时间基准。

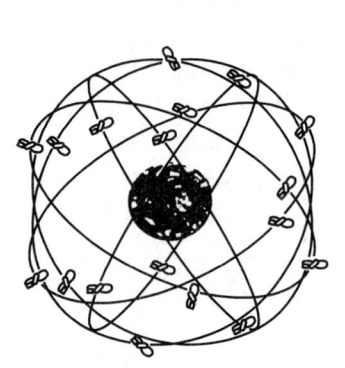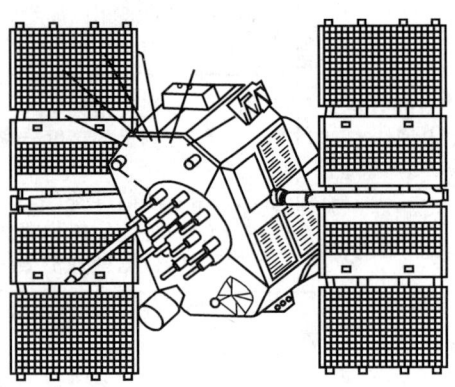

图 13.1　卫星星座分布图和 GPS 卫星

GPS 卫星的基本功能如下：
(1) 接收和储存由地面监控站发来的导航信息，接收并执行监控站的控制命令。
(2) 借助于卫星上的微处理机进行必要的数据处理工作。
(3) 通过星载的高精度铯原子钟和铷原子钟提供精密的时间标准。
(4) 向用户发送定位信息。
(5) 在地面监控站的指令下，通过推进器调整卫星轨道和启用备用卫星。

13.2.2　地面监控系统

对于导航定位来说，GPS 卫星是动态已知点。卫星的位置是依据卫星发射的星历——描述卫星运动及其轨道的参数——确定的。每颗卫星的广播星历是由地面监控系统提供的。卫星上各种设备是否正常工作，以及能否一直沿预定的轨道运行，都要由地面设备进行监测和控制。地面监控系统另一重要作用是保持各颗卫星处于同一时间标准。

GPS 地面监控系统包括一个主控站、3 个注入站和 5 个监测站。主控站位于美国科罗拉多州斯平士的联合空间执行中心，3 个注入站分别位于大西洋的阿森松群岛、印度洋的迪戈加西亚和太平洋的卡瓦加兰 3 个美国军事基地，5 个监测站除了一个位于主控站和 3 个位于注入站以外，还有一个设在夏威夷。地面监控系统的功能主要有以下几方面。

(1) 主控站：根据所有观测资料编算各卫星的星历、卫星钟差和大气层的修正参数，提供全球定位系统的时间基准，调整卫星运行的姿态，启用备用卫星。

(2) 注入站：在主控站的控制下，将主控站编算的卫星星历、钟差和导航电文和其他控制指令等注入到相应的卫星存储系统，并监测注入信息的正确性。

(3) 监测站：对 GPS 卫星进行连续观测，以采集数据和监测卫星的工作状况，经计算机初步处理后，将数据传输到主控站。

13.2.3 用户接收机

用户接收机主要由接收机主机、接收机天线和电源三部分组成，如图 13.2a 所示。现在的 GPS 接收机已经高度集成化和智能化，实现了将主机、接收天线和电源全部制作在天线内，如图 13.2b 所示，并能自动捕获卫星和采集数据。

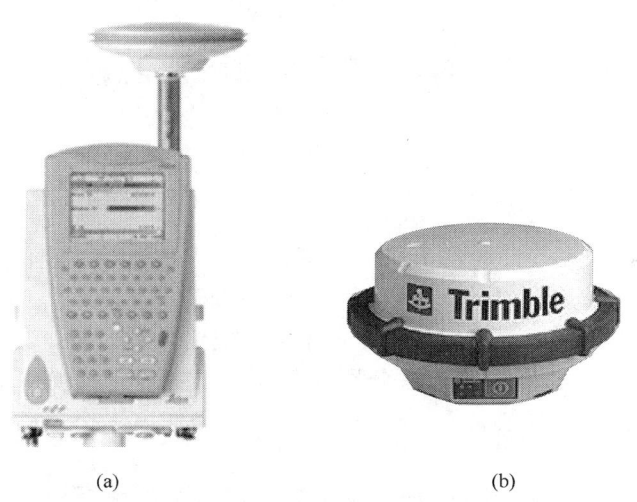

图 13.2　GPS 接收机
(a) Leica GX1230 接收机　(b) Trimble 4600 接收机

天线由接收天线和前置放大器两部分组成。天线的作用是将 GPS 卫星信号极微弱的电磁波能转化为相应的电流，而前置放大器则是将 GPS 信号电流予以放大，以便于接收机对信号进行跟踪、处理和测量。GPS 测量的结果就是接收机天线相位中心的点位坐标。

接收机主机主要部件包括变频器、中频放大器、信号通道、存储器和微处理器。其主要功能是搜索、跟踪、变换、放大和处理卫星信号。

GPS 用户接收机主要任务是：自动跟踪用户视界内的 GPS 卫星的运行，捕获 GPS 信号；变换、放大和处理接收到的 GPS 信号；测量出 GPS 信号从卫星到接收天线的传播时间，解译出 GPS 卫星发送的导航电文；实时计算出测站的三维位置，甚至三维速度和时间。

GPS用户接收机根据频率、用途和载体的不同分为很多不同类型的产品，其性能指标相差很大，价格从几百到几十万元不等。分类方法如下：

1) 按频率划分

按频率划分可分为单频接收机和双频接收机。双频接收机可以同时接收载波 L_1，L_2 ($L_1=1.575$GHz，$L_2=1227.60$MHz) 上的信号，单频接收机只能接收载波 L_1 上的信号。双频信号可以消除电离层折射的影响，因此双频接收机的定位精度比单频接收机高，可用于基线长达几千千米的精密定位，但其价格要高一些。

2) 按用途划分

按频率划分可分为导航型、测量型和授时型。导航型接收机主要用于运动载体的导航，它可以实时给出载体的位置和速度。这类接收机价格便宜，应用广泛，一般采用 C/A 码伪距测量，单点实时定位精度只有 10~30m；测量型接收机主要用于大地测量和工程测量，定位精度高，但仪器结构复杂，价格较贵；授时型接收机主要用于高精度授时，常用于天文台及无线电通信中时间同步。

3) 按载体划分

按载体划分可分为手持式、车载型、航海型、航空型和星载型。

13.3 GPS 定位的基本原理

13.3.1 概述

测量学中有测距交会确定点位的方法。与其相似，无线电导航定位系统、卫星激光系统测距定位系统，其定位原理也是利用测距交会的原理确定点位。

就无线电导航定位来说，设在地面上有 3 个无线电信号发射塔，其坐标已知，用户接收机在某一时刻采用无线电测距的方法分别测得了接收机至 3 个发射塔的距离 d_1、d_2、d_3。只需要以三个发射台为球心，以 d_1、d_2、d_3 为半径作出 3 个球面，即可交会出用户接收机的空间位置。

GPS 卫星定位也是通过距离交会原理来解算观测点坐标的。GPS 卫星是高速运动的卫星，其坐标值随时间快速变化。GPS 用户接收机通过接收和解译 GPS 卫星发送的卫星星历，可以实时计算出卫星的空间坐标，所以 GPS 卫星可看作是动态已知点。因为接收机上安装的是稳定性较差的石英钟，所以把接收机钟改正数 V_{tr} 作为一个未知数来处理，这样就有 (X, Y, Z, V_{tr}) 4 个未知数，至少需要观测四颗 GPS 卫星到测站（GPS 接收机天线相位中心）的距离，才能通过距离交会法解算出测站坐标 (X, Y, Z)（图 13.3）。

13.3.2 伪距测量

1. 伪距

伪距就是由卫星发射的测距码信号到达 GPS 天线接收机的传播时间乘以光速所得出的量测距离。由于卫星钟、接收机钟的误差以及无线电信号经过电离层和对流层的延迟，实测距离和与卫星到接收机的几何距离有一定的差值，因此一般称量测出的距离为伪距。

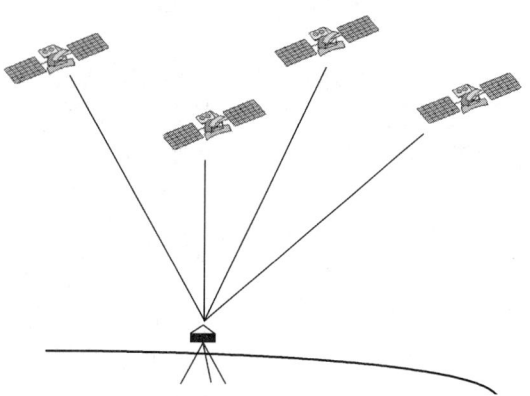

图 13.3　GPS 卫星定位原理示意图

2. GPS 信号

GPS 卫星信号是一种调制波,它在载波上调制了导航电文和测距码。

GPS 卫星的导航电文主要内容包括:卫星星历、时钟改正、电离层时延改正、工作状态信息、C/A 码转换到捕获 P 码的信息。

GPS 卫星信号同时调制了两种测距码,面向军用的 P 码和民用的 C/A 码。前者被加密,只有美国军方及其授权的特殊用户才能使用,其精度可以达到米级,频率为 10.23MHz;后者的精度为 10~30m,频率为 1.023MHz。

GPS 卫星信号采用二级调制方法:GPS 卫星向广大用户发送的导航电文,是一种不归零二进制码组成的编码脉冲串,称为数据码 D(t) 或 D 码,频率为 50Hz。首先,把 D 码和测距码调制在一起,形成组合码 P(t)D(t) 和 G(t)D(t),其中 P(t) 是 P 码,G(t) 是 C/A 码;然后,再把组合码 P(t)D(t) 和 G(t)D(t) 调制到载波 L_1、L_2 上,从而形成向用户发送的已调波。

3. 测距码

伪距测量是通过测距码实现的,测距码是一种伪噪声码。所谓伪噪声码,是一个具有一定周期的取值 0 和 1 的离散字符串,它具有类似白噪声的自相关函数。GPS 卫星所用的伪噪声码是一种 m 序列,以 15bit 的 m 序列为例:

1 1 1 1 0 0 0 1 0 0 1 1 0 1 0

m 序列的突出特点是具有良好的自相关性。对于 m 序列而言,它的自相关系数是:

$$\rho(\tau)=\begin{cases} 1 & \tau=iTP,\ i=0,\ \pm1,\ \pm2,\ \cdots \\ -\dfrac{1}{LP} & \tau=j\tau_0,\ j\neq 0,\ j\neq nLP,\ n=1,\ 2,\ 3,\ \cdots \end{cases}$$

式中,j 等于除 0 和 LP 的整数倍以外的任何数。

通俗地说,自相关系数 $\rho(\tau)$ 表示同样结构的两个 m 序列 $x_1(t)$ 和 $x_2(t)$ 之间的"相似"程度。GPS 信号接收机恰好利用这个自相关系数等于 1 的特性,使 GPS 接收机接收的测距码和机内复制产生的 C/A 码达到对齐同步的目的,进而捕获和识别来自不同 GPS 卫星的伪噪声码,解译出它们所传送的导航电文,并计算出伪距。

4. 测距码测距的基本原理

卫星依据自己的时钟发出某一结构的测距码，该测距码经过 Δt 时间的传播后到达接收机。接收机在自己的时钟控制下产生一组结构完全相同的测距码——复制码，并通过时延器使其延迟时间 τ。将这两组测距码进行相关处理，若自相关系数 $R(t)$ 不等于1，则继续调整延迟时间 τ，直到 $R(t)=1$ 为止。此时复制码已经和接收到的来自卫星的测距码对齐，复制码的延迟时间 τ 就等于卫星信号的传播时间 Δt。将 Δt 乘以光速 c 后即可求出卫星至接收机的伪距。

由于测距码和复制码在产生的过程中均不可避免地存在误差，而且测距码在传播过程中还会由于各种外界干扰而产生变形，因而参加比对的这两组测距码虽然从理论上讲是结构完全相同的，但实际上难免有差异。所以自相关系数在不可能达到理论值"1"，只能在自相关系数 $R(t)=\max$ 时就认为这两组测距码已经对得尽可能齐了。

13.3.3 伪距定位方程

伪距定位法是由GPS接收机在某一时刻同时测量测站到4颗以上卫星的伪距，再根据GPS卫星坐标，采用距离交会的方法求定测站三维坐标的方法。接收机到第 i 颗卫星的伪距 ρ_i' 与其真实距离 ρ_i 之间的关系：

$$\begin{aligned}\rho_i' &= \rho_i + (\delta\rho_i)_{ion} + (\delta\rho_i)_{trop} + cVt_i - cVt_r \\ &= [(x_i-X)^2+(y_i-Y)^2+(z_i-Z)^2]^{\frac{1}{2}} \\ &\quad + (\delta\rho_i)_{ion} + (\delta\rho_i)_{trop} + cVt_i - cVt_r\end{aligned} \quad (13.1)$$

式中 (X, Y, Z)——测站坐标，是想要得到的观测值；

(x_i, y_i, z_i)——第 i 颗卫星的坐标值；

$(\delta\rho_i)_{ion}$——第 i 颗卫星到接收机的大气电离层(ionospheric)折射改正数；

$(\delta\rho_i)_{trop}$——大气对流层(tropspheric)折射改正数；

c——光速；

V_{ti}——第 i 颗卫星的钟改正数；

V_{tr}——接收机钟改正数。

$(\delta\rho_i)_{ion}$、$(\delta\rho_i)_{trop}$、V_{ti} 可以根据卫星导航电文中给出的参数求出。

把式(13.1)的4个未知数 (X, Y, Z, V_{tr}) 都移到等式左边，得到伪距观测方程式为：

$$\begin{aligned}&[(x_i-X)^2+(y_i-Y)^2+(z_i-Z)^2]^{\frac{1}{2}} - cV_{tr} \\ &= \tilde{\rho}_i + (\delta\rho_i)_{ion} + (\delta\rho_i)_{trop} - cV_{ti}\end{aligned} \quad (13.2)$$

式中 $i=1, 2, 3, \cdots$。

同时观测4颗卫星就可以得到4个伪距观测方程式，联立组成一个方程组求解就可以得到 (X, Y, Z)。如果锁定的工作卫星超过4颗，伪距观测方程就有多余观测，此时要使用最小二乘法的原理通过平差求解待定点的坐标。

13.3.4 载波相位测量方法

载波相位测量的观测量是GPS用户接收机所接收的卫星载波信号与接收机本振参考信号的相位差，从而确定传播距离的方法。由于载波 L_1、L_2 的频率比测距码(C/A 码和P码)的频率高得多，因此其波长就比测距码短很多。如果使用载波 L_1 或 L_2 作为测距信号，将卫星传播到接收机天线的余弦载波信号与接收机产生的基准信号（其频率和初始相位与卫星载波信号完全相同）进行比相求出它们之间的相位延迟从而计算出伪距，就可以获得很高的测距精度。如果测量 L_2 载波相位位移的误差为 1/100，则伪距测量精度可达 19.03cm/100＝1.9mm。

图 13.4 所示为使用载波相位测量法单点定位的情形。与相位式电磁波测距仪的原理相同，由于载波信号是余弦波信号，相位测量时只能测出其不足一个整周期的相位移部分 $\Delta\Phi(\Delta\Phi<2\pi)$，因此存在整周数 N_0 不确定性问题，N_0 也称为整周模糊度。

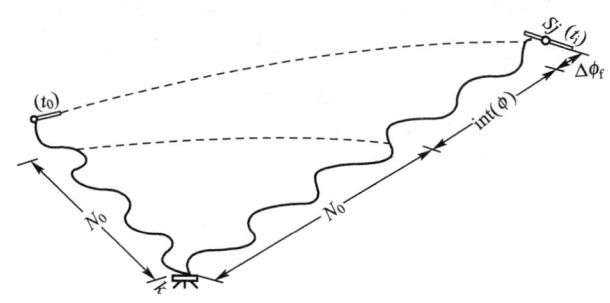

图 13.4　载波相位测量

由图 13.4 可知，在 t_0 时刻（也称历元 t_0），某颗工作卫星发射的载波信号到达接收机的相位移为 $2\pi N_0+\Delta\Phi$，则该卫星至接收机的距离为：

$$\frac{2\pi N_0+\Delta\Phi}{2\pi}\lambda = N_0\lambda+\frac{\Delta\Phi}{2\pi}\lambda \tag{13.3}$$

式中　λ——载波波长。

当卫星进行连续跟踪观测时，由于接收机内有多普勒计数器，只要卫星信号不失锁，N_0 不变，故在 t_k 时刻（历元 t_k），该卫星发射的载波信号到达接收机的相位移变成 $2\pi N_0+\mathrm{int}(\Phi)+\Delta\Phi_k$，式中 $\mathrm{int}(\Phi)$ 由接收机内的多普勒计数器自动累计求出。

考虑钟差改正数 $c(V_{ts}-V_{tr})$、电离层折射改正 $\delta\rho_{ion}$ 和对流层折射改正数 $\delta\rho_{trop}$，接收机至某一颗卫星载波相位观测方程为：

$$\begin{aligned}\rho &= [(x_s-X)^2+(y_s-Y)^2+(z_s-Z)^2]^{\frac{1}{2}}\\ &= N_0\lambda+c(V_{ts}-V_{tr})+\delta\rho_{ion}+\delta\rho_{trop}\end{aligned} \tag{13.4}$$

能否快速准确求出 N_0 是载波相位定位的关键问题。载波相位定位方程的求解比较复杂，本书不作介绍。

13.3.5　GPS 定位的几个基本概念

1. 静态定位

在定位观测时，若 GPS 接收机天线在捕获和跟踪 GPS 卫星的过程中固定不变，则称为静态定位。观测对象既可以是一个固定点，也可以是若干点位构成的 GPS 网。静态定位的特点是多余观测量大，可靠性强，定位精度高。在进行控制网观测时，一般均采用这种方式由几台接收机同时观测，它能最大限度地发挥 GPS 的定位精度。

2. 动态定位

运动载体上的 GPS 接收机天线在跟踪 GPS 卫星的过程中相对地球运动，接收机用 GPS 信号实时地测得运动载体的状态参数（瞬间三维位置和三维速度）。动态定位的特点是多余观测量少，定位精度低。

3. 单点定位

独立确定待定点在坐标系中绝对位置的方法称为单点定位。其优点是只需要一台接收机，既可以独立定位，数据观测又较为自由方便，数据处理速度快，无多值性问题，从而在运动载体的导航定位上得到了广泛的应用；缺点是定位结果受卫星钟的钟误差、卫星星历误差、卫星信号在大气中的传播误差的影响比较显著，定位精度比较差。单点定位由于受大气电离层和对流层折射误差、星历误差的影响，所以单点定位的精度不高。定位精度一般为 10~30m。

4. 差分定位

差分定位又叫相对定位，是确定同步跟踪相同的 GPS 卫星信号的若干台接收机之间相对位置的一种定位方法。由于用同步观测资料进行相对定位时，对于几个同步测站来讲有许多误差是相同或大体相同的（如卫星钟的钟误差、卫星星历误差、卫星信号在大气中的传播误差），在相对定位的过程中这些误差可以消除或大幅度削弱，因而可以获得很高精度的相对位置。相对定位的解算结果不再是点位坐标 (X, Y, Z)，而是各观测点之间的三维坐标差 $(\Delta X, \Delta Y, \Delta Z)$（又称为基线向量）。差分定位至少需要给出 GPS 网中一点的已知坐标才能求出其余各点的坐标。但在测绘工作中，为了检验解算结果的可靠性，一般至少要求给出两个点的已知坐标，一个用作起算点，其他点作检核点使用。差分定位不仅可以用于静态定位，也可以用于动态定位。

差分定位根据测距原理的不同，又可以分为伪距差分定位和载波相位差分定位。前者精度可以达到亚米级，可用于对精度要求不高的地图测量及放样工作；后者精度可达到毫米级，控制测量时必须使用载波相位差分定位才能满足要求。

5. 动态 RTK 技术

在已知坐标的点上安置一台 GPS 接收机（称为基准站），利用已知坐标和卫星星历计算出观测值的校正值，并通过无线电通信设备将校正值发送给运动中的 GPS 接收机（流动站），流动站应用接收到的校正值对自己的 GPS 观测值进行改正，以消除卫星钟差、接收机钟差、大气电离层和对流层折射误差的影响，这种 GPS 观测方法称为实时差分定位（或动态差分定位）。根据测距原理不同，动态 RTK 技术也可分为伪距实时差分和载波相位实时差分两类方法。

实时差分定位必须使用带实时差分功能的 GPS 接收机才能够进行。实时差分定位技术的关键在于数据处理技术和数据传输技术，它要求基准站接收机实时地把观测数据（伪距观测值、相位观测值）及已知数据传输给流动站接收机，数据量比较大，一般都要求 9600 的波特率，这在无线电上不难实现。

载波相位实时差分技术（Real time kinematic，RTK），是载波相位定位原理进行实时动态定位的技术。由于要解算整周模糊度，所以要求基准站与流动站之间同步接收相同的卫星信号,且两者相对距离要小于 30km,其定位精度可以达到 1～2cm。

RTK 定位技术可广泛用于图根点测量、地形图碎部点测量和工程放样,相比传统测绘工作,可以大大减少人力强度和提高工作效率,测一个控制点在几分钟甚至于几秒钟内即可完成。

13.4 GPS 测量主要技术指标

GPS 定位网设计及外业测量的主要技术依据是测量任务书和测量规范。测量任务书是测量施工单位上级主管部门下达的技术文件;而测量规范则是国家测绘管理部门制定的技术法规。中国国家测绘局发布并实施了《全球定位系统(GPS)测量规范》,对各种等级的 GPS 观测作了具体规定,见表 13-1,中华人民共和国建设部发布了行业标准《全球定位系统城市测量技术规程》见表 13-2。

表 13-1 《全球定位系统(GPS)测量规范》规定的 GPS 测量精度分级

级别	平均距离/km	固定误差 a/mm	比例误差/10^{-6}	用　　途
AA	1000	≤3	≤0.01	全球地球动力学研究、地壳变形测量
A	300	≤5	≤0.1	区域地球动力学研究、地壳变形测量
B	70	≤8	≤1	局部变形观测和各种精密工程测量
C	10～15	≤10	≤5	大、中城市及工程测量的基本控制网
D	5～10	≤10	≤10	中、小城市、城镇及测图、地籍、土地信息、建筑施工等控制网测量
E	0.2～5	≤10	≤20	

表 13-2 《全球定位系统城市测量技术规程规范》规定城市及工程 GPS 测量精度分级

等　级	平均边长	固定误差 a/mm	比例误差/10^{-6}	最弱边相对中误差
二等	9	≤10	≤2	1/12 万
三等	5	≤10	≤5	1/8 万
四等	2	≤10	≤10	1/4.5 万
一级	1	≤10	≤10	1/2 万
二级	1	≤15	≤20	1/1 万

GPS 测量控制网一般使用载波相位差分定位法,使用两台或两台以上的接收机同时对一组卫星进行同步观测。精度指标通常是以相邻点间基线长的标准差表示:

$$m_D = \sqrt{a^2 + (bD)^2} \tag{13.5}$$

式中　m_D——标准差,mm;
　　　a——固定误差,mm;
　　　b——比例误差;
　　　D——基线长,km。

13.5　全球卫星定位系统测量实施

GPS 测量与常规测量过程相类似,在实际工作中也分为测前准备、外业实施及数据处理 3 个阶段。

13.5.1　测前准备

这一阶段的主要工作包括项目立项、技术设计、实地踏勘、设备检验、资料收集整理和人员组织等。

1. 测前必须详细调查了解的信息

（1）测区位置及其范围。测区的地理位置、范围,控制网的控制面积。

（2）用途和精度等级。控制网将用于何种目的,其精度要求是多少,要求达到何种等级。

（3）点位分布及点的数量。控制网的点位分布、点的数量及密度要求,是否有对点位分布有特殊要求的区域。

（4）提交成果的内容。用户需要提交哪些成果,所提交的坐标成果分别属于哪些坐标系,所提交的高程成果分别属于哪些高程系,除了提交最终的结果外,是否还需要提交原始数据或中间数据等。

（5）时限要求。即何时是提交成果的最后期限。

（6）投资经费。对工程的经费投入数量。

2. 技术设计

负责 GPS 测量的单位在获得了测量任务后,需要根据项目要求和相关技术规范进行测量工程的技术设计。

3. 测绘资料的搜集与整理

在开始进行外业测量之前,对现有测绘资料的搜集与整理也是一项极其重要的工作。需要收集整理的资料主要包括测区及周边地区可利用的已知点的相关资料(点之记、坐标等)和测区的地形图等。

4. 仪器的检验

对将用于测量的各种仪器,包括 GPS 接收机及相关设备、气象仪器等进行检验,以确保它们能够正常工作。

5. 实地踏勘

在完成技术设计和测绘资料的搜集与整理后,需要根据技术设计的要求对测区进行踏勘,了解设计方案是否符合实地情况。

6. 人员组织

根据 GPS 点数量、时限要求和 GPS 仪器的数量,确定观测人员数量。观测前应该指定一名现场技术负责人，负责整个方案的进度控制、人员调遣、质量检查以及应急事件的处理。

13.5.2 外业实施

GPS外业测量的实施包括GPS点的选埋、观测、数据传输及数据处理等工作。

1. 选点

与传统控制测量的选点相比，由于GPS测量不要求测站间相互通视，且网的图形结构比较灵活，所以选点工作简单很多。但由于点位的选择对于保证观测工作的顺利进行和保证测量结果的可靠性有重要意义。所以在选点工作开始前，除了收集和了解有关测区的地理情况和原有测量控制点分布及标型、标石完好情况外，选点工作还应遵守以下原则：

（1）点位应设在地面基础稳定，易于保存点的地方。最好设在交通方便、易于安装接收机、视野开阔的较高点上，便于与其他观测手段扩展与联测。

（2）点位目标要显著，视场周围15°以上不应有障碍物，以减小GPS信号被遮挡或被障碍物吸收。为了避免电磁场对GPS信号的干扰，点位应远离大功率无线电发射源（如电视塔、微波站等）其距离不小于200m；远离高压输电线。

（3）点位附近不应有大面积水域或不应有强烈干扰信号接收的物体，以减弱多路径效应的影响。

（4）选点人员应按技术设计进行踏勘，在实地要求选定点位。

（5）当所选点位需要进行水准联测时，选点人员应实地踏勘水准路线，提出有关建议。

（6）网形应有利于同步观测边、点联测。

（7）当利用旧点时，应对旧点的稳定性、完好性及觇标是否安全可用进行认真检查，符合要求后方可利用。

2. 埋设标志

GPS网点一般应埋设具有中心标志的标石，以精确标志点位，点的标石和标志必须稳定、坚固。利于长久保存和利用。在基岩露头地区，也可直接在基岩上嵌入金属标志。每个点位标石埋设结束后，应提交以下资料：

（1）点之记。

（2）GPS网的选点网图。

（3）土地占用批准文件和测量标志委托保管书。

（4）选点与埋石工作技术总结。

3. 观测

与架设传统测绘仪器相同，把天线架设在三脚架上，在离天线适当位置的地面上安放GPS接收机，接通接收机与电源、天线、控制器的连接电缆，即可启动接收机进行观测。

一般来说，在外业观测工作中，仪器操作人员应注意以下事项：

（1）GPS观测方法必须遵守《静态GPS测量作业技术规定》（表13-3）。

（2）架设天线不应过低，一般应距地面1m以上。天线架设好以后，在圆盘天线间隔120°的3个方向分别量取天线高，3次测量结果之差不应超过3mm，取其3次结果的平均值记入测量观测手簿中,天线高记录取位到 0.001m。仪器高要在观测开始、结束时各量测一次,并及时输入仪器和记入测量观测手簿。

(3) 当确认外接电源电缆及天线等各项连接完全无误后,方可接通电源,启动接收机。观测过程中要特别注意供电情况,听到仪器低电压报警要及时予以处理,否则可能会造成仪器内部数据的破坏或丢失。

(4) 在正常情况下,一个时段观测过程中不允许进行以下操作:关闭又重新启动;进行自测试;改变卫星高度角;改变天线位置;改变数据采样间隔;按动关闭文件和删除文件等功能。

(5) 进行高精度 GPS 观测时,一般应在每一观测时段的始、中、末各观测记录一次气象元素,当时段较长时可以适当增加观测次数。

(6) 在观测过程中不要靠近接收机使用对讲机;雷雨季节架设天线要防止雷击,雷雨过境时应关机停测,并卸下天线。

(7) 测站的全部预定作业项目均应完成且记录与资料完整无误后方可迁站。

(8) 每日观测结束后,应及时将数据导入计算机,确保数据不丢失。

表 13-3 静态 GPS 测量作业技术规定

等级	二等	三等	四等	一级	二级
卫星高度角	≥15	≥15	≥15	≥15	≥15
PDOP	≤6	≤6	≤6	≤6	≤6
有效观测卫星	≥4	≥4	≥4	≥4	≥4
平均重复设站数	≥2	≥2	≥1.6	≥1.6	≥1.6
时段长度	≥90	≥60	≥45	≥45	≥45
数据采样间隔(s)	10~06	10~60	10~60	10~60	10~60

13.5.3 数据处理

每一个厂商所生产的接收机都会配备相应的数据处理软件,它们在使用方法都会有各自不同的特点,但是,无论是那种软件,它们在使用步骤上是大体相同的。GPS 基线解算的过程如下:

1. 原始观测数据的导入

各接收机厂商随接收机一起提供的数据处理软件都可以直接处理从接收机中传输出来的 GPS 原始观测值数据,而由第三方所开发的数据处理软件则不一定能对各接收机的原始观测数据进行处理,要处理这些数据,首先需要进行格式转换。目前,最常用的格式是 RINEX 格式,对于按此种格式存储的数据,大部分的数据处理软件都能直接处理。

2. 外业输入数据的检查与修改

在读入了 GPS 观测值数据后,就需要对观测数据进行必要的检查,检查的项目包括:测站名、点号、测站坐标、天线高等。对这些项目进行检查,是为了避免外业操作时的误操作。

3. 基线解算

先设定基线解算的控制参数。它是基线解算时的一个非常重要的环节，通过控制参数的设定，确定数据处理软件采用何种处理方法进行基线解算。选择较好的控制参数可以提高基线解算精度。如何设置控制参数，要根据 GPS 观测数据实际情况而定。

设置好控制参数后，就可以进行基线解算。基线解算的过程一般是自动进行的，无需过多的人工干预。

基线解算完毕后，基线结果并不能马上用于后续的处理，还必须对基线的质量进行检验，只有质量合格的基线才能用于后续的数据处理，如果不合格，则需要对基线进行重新解算或重新测量。

4. 网平差

先进行三维无约束平差。根据无约束平差的结果，判别在所构成的 GPS 网中是否有粗差基线，如发现含有粗差基线，需要进行相应的处理，必须使最后用于构网的所有基线向量均满足质量要求。

在进行完三维无约束平差后，需要进行约束平差或联合平差，平差可根据需要在三维空间进行或二维空间中进行。约束平差的具体步骤是：

（1）指定进行平差的基准和坐标系统。
（2）指定起算数据。
（3）检验约束条件的质量。
（4）进行平差解算。

5. 成果转化输出

根据实际生产需要，转化为当地坐标，一般商用软件均有该功能。

本 章 小 结

GPS 是 Global Positioning System（全球卫星定位系统）的首字母缩写。

本章涉及四部分内容：GPS 系统组成、GPS 定位原理、GPS 测量主要技术指标和 GPS 测量方法。

GPS 系统由三大部分组成：空间部分——GPS 卫星星座；地面监控部分——地面监控系统；用户设备——GPS 接收机。要了解每一部分的结构特点和功能。

GPS 是基于空间距离交会的原理定位的。根据测距原理，可分为伪距测量和载波相位测量；根据定位方式，可以分为单点定位和差分定位（相对定位）。要重点掌握伪距和整周未知数两个概念，掌握伪距定位观测方程；掌握静态定位、动态定位、单点定位、差分定位和 RTK 技术等几个基本概念。

GPS 测量精度指标通常是以相邻点间基线长的标准差表示；GPS 网设计的技术指标主要依据《全球定位系统（GPS）测量规范》和《全球定位系统城市测量技术规程》。

GPS 测量实施方法包括测前准备、外业观测和内业数据解算。测前准备阶段的主要工作包括项目立项、技术设计、实地踏勘、设备检验、资料收集整理和人员组织等；外业观测的主要步骤有选点、埋设点位标志、观测；内业解算步骤包括数据传输、外业输入数据的检查与修改、基线解算、网平差和成果输出。本部分内容应重点掌握GPS测量实施方法的主要内容和步骤。

思考与练习

1. 名词解释：伪距测量、载波相位测量、单点定位、差分定位、伪距、整周未知数。
2. GPS由哪些部分组成？简述各组成部分的功能。
3. 写出伪距定位观测方程。
4. 载波相位测量的核心问题是什么？
5. 写出GPS外业观测的主要步骤。
6. 写出GPS内业数据解算的主要步骤。

参 考 文 献

[1] 武汉测绘科技大学测量学编写组. 测量学 [M]. 北京：测绘出版社，1991.
[2] 聂让，施锁云等. 测量学 [M]. 北京：中国科学技术出版社，2004.
[3] 王金玲. 工程测量 [M]. 武汉：武汉大学出版社，2006.
[4] 赵文亮. 地形测量 [M]. 郑州：黄河水利出版社，2005.
[5] 王侬，过静珺. 现代普通测量学 [M]. 北京：清华大学出版社，2001.
[6] 许娅娅. 测量学 [M]. 北京：人民交通出版社 2003.
[7] 王云江，赵西安. 建筑工程测量 [M]. 北京：中国建筑工业出版社，2002.
[8] 徐绍铨. GPS测量原理及应用 [M]. 武汉：武汉大学出版社，2003.
[9] 魏二虎，黄劲松. GPS测量操作与数据处理 [M]. 武汉：武汉大学出版社，2004.

北京大学出版社高职高专土建系列技能型规划教材

序号	书号	书名	编著者	定价	出版日期
1	978-7-301-12335-5	建筑工程项目管理	范红岩 宋岩丽	30.00	2008.1 (第4次印刷)
2	978-7-301-12337-9	建筑工程制图	肖明和	36.00	2008.4 (第2次印刷)
3	978-7-301-13578-5	建筑工程测量	王金玲 周无极	26.00	2008.5
4	978-7-301-12336-2	建筑施工技术	朱永祥 钟汉华	38.00	2008.7 (第3次印刷)
5	978-7-301-13576-1	建筑材料	林祖宏	28.00	2008.7 (第4次印刷)
6	978-7-301-14158-8	工程建设法律与制度	唐茂华	26.00	2008.8 (第4次印刷)
7	978-7-301-13581-5	建设工程招投标与合同管理	宋春岩 付庆向	30.00	2008.7 (第7次印刷)
8	978-7-301-14283-7	建设工程监理概论	徐锡权 金 从	32.00	2008.10 (第3次印刷)
9	978-7-301-14468-8	AutoCAD建筑制图教程	郭 慧	32.00	2009.1 (第5次印刷)
10	978-7-301-14471-8	地基与基础	肖明和	39.00	2009.1 (第4次印刷)
11	978-7-301-14467-1	房地产开发与经营	张建中 冯天才	30.00	2009.2 (第2次印刷)
12	978-7-301-14477-0	建筑施工技术实训	周晓龙	21.00	2009.2 (第2次印刷)
13	978-7-301-14465-7	建筑构造与识图	郑贵超 赵庆双	45.00	2009.2 (第3次印刷)
14	978-7-301-14466-4	工程造价控制	斯 庆	26.00	2009.2 (第3次印刷)
15	978-7-301-14464-0	建筑工程施工技术	钟汉华 李念国	35.00	2009.3 (第3次印刷)
16	978-7-301-14915-7	市政工程计量与计价	王云江	38.00	2009.3 (第2次印刷)
17	978-7-301-13584-6	建筑力学	石立安	35.00	2009.4 (第3次印刷)
18	978-7-301-15017-7	建设工程监理	斯 庆	26.00	2009.4 (第2次印刷)
19	978-7-301-15136-5	建筑装饰材料	高军林	25.00	2009.5
20	978-7-301-15215-7	PKPM软件的应用	王 娜	27.00	2009.6
21	978-7-301-15359-8	建筑施工组织与管理	翟丽旻 姚玉娟	32.00	2009.6 (第3次印刷)
22	978-7-301-15376-5	建筑工程专业英语	吴承霞	20.00	2009.7 (第2次印刷)
23	978-7-301-15443-4	建筑工程制图与识图	白丽红	25.00	2009.7 (第3次印刷)
24	978-7-301-15404-5	建筑制图习题集	白丽红	25.00	2009.7 (第2次印刷)
25	978-7-301-15405-2	建筑制图	高丽荣	21.00	2009.7
26	978-7-301-15586-8	建筑制图习题集	高丽荣	21.00	2009.8
27	978-7-301-15406-9	建筑工程计量与计价	肖明和 简 红	39.00	2009.7 (第3次印刷)
28	978-7-301-15449-6	建筑工程经济	杨庆丰 侯聪霞	24.00	2009.7 (第4次印刷)

序号	书号	书名	编著者	定价	出版日期
29	978-7-301-15439-7	建筑装饰施工技术	王 军 马军辉	30.00	2009.7（第2次印刷）
30	978-7-301-15504-2	设计构成	戴碧锋	30.00	2009.7
31	978-7-301-15542-4	建筑工程测量	张敬伟	30.00	2009.8（第3次印刷）
32	978-7-301-15548-6	建筑工程测量实验与实习指导	张敬伟	20.00	2009.8（第3次印刷）
33	978-7-301-15516-5	建筑工程计量与计价实训	肖明和 柴 琦	20.00	2009.8（第2次印刷）
34	978-7-301-15549-3	工程项目招投标与合同管理	李洪军 源 军	30.00	2009.8（第2次印刷）
35	978-7-301-15541-7	建筑素描表现与创意	于修国	25.00	2009.8
36	978-7-301-15518-9	建设工程监理概论	曾庆军 时 思	24.00	2009.8
37	978-7-301-15517-2	建筑工程造价管理	李茂英 杨映芬	24.00	2009.8
38	978-7-301-15658-2	建筑力学与结构	吴承霞	40.00	2009.8（第3次印刷）
39	978-7-301-15652-0	安装工程计量与计价	冯 钢 景巧玲	38.00	2009.8（第2次印刷）
40	978-7-301-15613-1	室内设计基础	李书青	32.00	2009.8
41	978-7-301-15614-8	施工企业会计	辛艳红 李爱华	26.00	2009.8（第2次印刷）
42	978-7-301-15598-1	土木工程实用力学	马景善	30.00	2009.8
43	978-7-301-15606-3	中外建筑史	袁新华	30.00	2009.8（第3次印刷）
44	978-7-301-15687-2	建筑装饰构造	赵志文 张吉祥	27.00	2009.9
45	978-7-301-15817-3	房地产估价	黄 晔 胡芳珍	26.00	2009.9
46	978-7-301-16905-6	建筑工程质量事故分析	郑文新	25.00	2010.2
47	978-7-301-16716-8	建筑设备基础知识与识图	靳慧征	34.00	2010.2（第2次印刷）
48	978-7-301-16727-4	建筑工程测量	赵景利	30.00	2010.2
49	978-7-301-16731-1	建设工程法规	高玉兰	30.00	2010.3（第2次印刷）
50	978-7-301-16072-5	基础色彩	张 军	42.00	2010.3
51	978-7-301-16732-8	工程项目招标与合同管理	杨庆丰	28.00	2010.3
52	978-7-301-16864-6	土木工程力学	吴明军	38.00	2010.4
53	978-7-301-17086-1	建筑结构	徐锡权	62.00	2010.6
54	978-7-301-16730-4	建设工程项目管理	王 辉	32.00	2010.7
55	978-7-301-16070-1	建筑工程质量与安全管理	周连起	35.00	2010.7
56	978-7-301-16071-8	建筑工程计量与计价——透过案例学造价	张 强	30.00(估)	2010.7
57	978-7-301-16130-2	地基与基础	孙平平	32.00(估)	2010.7
58	978-7-301-16073-2	Photoshop 效果图后期制作	脱忠伟 姚 炜	38.00(估)	2010.7
59	978-7-301-16726-7	建筑施工技术	叶 雯	30.00(估)	2010.7
60	978-7-301-16728-1	建筑材料与检测	梅 杨	30.00(估)	2010.7
61	978-7-301-16729-8	建筑材料实验指导	王美芬	21.00(估)	2010.7
62	978-7-301-16688-8	市政桥梁工程	刘 江	42.00	2010.7
63	978-7-301-17331-2	建筑与装饰装修工程工程量清单	翟丽旻 杨庆丰	25.00	2010.7

电子书(PDF版)、电子课件和相关教学资源下载地址：http://www.pup6.com/ebook.htm，欢迎下载。
欢迎免费索取样书，请填写并通过 E-mail 提交教师调查表，下载地址：http://www.pup6.com/down/教师信息调查表 excel 版.xls，欢迎订购。
欢迎投稿，并通过 E-mail 提交个人信息卡，下载地址：http://www.pup6.com/down/zhuyizhexinxika.rar。
联系方式：010-62750667，laiqingbeida@126.com，linzhangbo@126.com，欢迎来电来信。